新工科建设之路·计算机类专业系列教材

Java Web 项目开发实训教程

——网上图书商城

鲁恩铭　曹虎山　主　编

高建华　曾小舟　谢振华　副主编
石　毅　许小龙

電子工業出版社
Publishing House of Electronics Industry
北京·BEIJING

内 容 简 介

本书按照项目管理的思想，重点讲解项目计划、需求分析、软件设计、软件编码、项目规范与版本控制、过程管理、软件测试、项目验收与维护总结等的相关知识和实现过程。

本书是典型的以项目为主导、以应用为出发点、以项目需求为轨迹的教材，将实践项目开发工作过程与教学过程进行无缝对接，使学生建立项目工程的意识，夯实学生的专业基础和项目能力，为以后从事软件开发与项目管理工作打下坚实的基础。

本书适合已具备相应前置技术基础、动手能力强的软件开发类专业的高职院校的学生及其广大编程爱好者阅读与使用。

图书在版编目（CIP）数据

Java Web 项目开发实训教程：网上图书商城 / 鲁恩铭，曹虎山主编. —北京：电子工业出版社，2022.5
ISBN 978-7-121-43577-5

Ⅰ. ①J… Ⅱ. ①鲁… ②曹… Ⅲ. ①JAVA 语言－程序设计－高等职业教育－教材 Ⅳ. ①TP312.8

中国版本图书馆 CIP 数据核字（2022）第 093076 号

责任编辑：郝志恒
印　　刷：三河市华成印务有限公司
装　　订：三河市华成印务有限公司
出版发行：电子工业出版社
　　　　　北京市海淀区万寿路 173 信箱　　邮编：100036
开　　本：787×1092　1/16　　印张：13.75　　字数：396 千字
版　　次：2022 年 5 月第 1 版
印　　次：2022 年 5 月第 1 次印刷
定　　价：59.00 元

凡所购买电子工业出版社图书有缺损问题，请向购买书店调换。若书店售缺，请与本社发行部联系，联系及邮购电话：（010）88254888，88258888。

质量投诉请发邮件至 zlts@phei.com.cn，盗版侵权举报请发邮件至 dbqq@phei.com.cn。

本书咨询联系方式：QQ 9616328。

前言

本书是研究 Java 程序设计、Java Web 应用开发、软件工程与软件项目管理的一门工程科学，是软件技术、移动应用开发等相关专业的主干课程，也是软件开发人员、分析设计人员、软件测试人员、软件管理人员、软件销售工程师、软件高层决策者等相关人员必学的课程。而软件开发与项目管理是与软件工程类似的一门课程，侧重于理论的具体应用。

本书以培养软件技术专业学生的综合职业能力为目标，根据本课程的目标和软件工程项目的实际开发过程，基于对课程体系和教学内容的考虑，选用一个真实的、已实际开发完成的项目作为载体，将项目的开发过程与管理过程贯穿全书，并对各个阶段的内容根据实际工作过程划分成若干任务，每个任务都反映了软件开发过程中不同工作环节的要求。每章的最后还设置了实战演练项目，让学生利用课余时间进行实战演练，根据要求自主完成，以进一步巩固所学的知识并获得软件项目开发的实战经验。

通过对本书的学习，学生可重点掌握需求分析、软件设计、编码、软件测试、部署与维护、项目管理的相关知识，掌握主流的编程技术，并培养组织协作等综合素质，为以后从事软件开发与项目管理工作打下坚实的基础。

本书作为一本依据软件企业的开发流程和开发规范，以软件项目应用为主线，旨在培养高素质、技能型软件开发人员的教材，具有以下几个特点。

1. 引入软件开发及管理规范，突出对学生综合职业能力的培养

本书以软件项目应用为主线，采用业界流行的软件开发过程规范和管理规范进行软件项目的开发和管理，通过体验式的软件项目开发实训模式，选取真实项目作为载体，将整个管理系统软件的开发过程分解为开发方法与模型的选取、需求分析、软件设计、编码、软件测试、软件部署与维护和项目管理 7 个能力培养模块，让学生经历真实的软件开发过程，体会企业规范化、标准化、专业化的软件开发流程和管理规范，使学生在走出校门之前具备实际、正规的软件开发项目的经验，以及作为程序员应有的基本技能和素质。

2. 以软件开发工作过程设计学习过程，选取典型工作任务组织教学内容

将项目的开发过程与管理过程贯穿全书，并对各个阶段的内容根据实际工作过程划分成若干任务，每个任务都以任务简介、任务分析、支撑知识、任务实施、任务小结和拓展任务进行展开。以工作任务为载体设计教学过程和教学模块，使学习内容联系软件技术行业的实际工程项目，实现任务驱动式教学，从而使学生在发现问题、提出问题、思考问题、探究问题、解决问题的动态过程中学习和掌握相关内容。

在实际的软件开发过程中，会遇到各种各样的问题。此时不要害怕，只要把握住问题的核心，

通过耐心的分析，确定问题的解决步骤和要点，然后对应到程序的输入、处理和输出环节中，再运用所学的知识和技能或通过上网学习新的知识，问题一般都会解决。

本书的贯穿案例是“网上图书商城”，其几乎贯穿每章内容，利用各章所学技能对该案例功能进行实现或优化。在学习技能的同时获取项目的开发经验，一举两得。

在学习过程中，一定要亲自实践书中的案例代码，如果不能完全理解书中所讲的知识点，可以通过互联网等途径寻求帮助。另外，如果在理解知识点的过程中遇到困难，建议不要纠结于某个点，可以先往后学习。通常来讲，随着对后面知识的不断深入了解，前面看不懂的知识点一般就能理解了。如果在动手练习的过程中遇到问题，建议多思考，理清思路，认真分析问题发生的原因，并在问题解决后多总结。本书采用“基础知识＋案例”相结合的编写方式，可以使读者快速地掌握技能点。千里之行，始于足下。让我们马上一起进入 Java Web 应用开发的精彩世界吧！

限于作者水平，教材中难免会有不妥之处，欢迎各界专家和读者来函给予宝贵意见，作者将不胜感激。读者在阅读本书时，如发现任何问题或有不认同之处可以通过电子邮件与我们联系。请发送电子邮件至 14760774@qq.com。

作者

目录

第 1 章　案例概述与项目计划 1
本章目标 1
本章简介 1
技术内容 2
1.1　案例概述 2
1.2　组建团队 2
1.2.1　软件开发团队建设 2
1.2.2　软件开发团队成员的职责 4
1.3　项目立项 5
1.3.1　制定软件项目计划的原则 8
1.3.2　制定软件项目计划的执行步骤 9
1.3.3　使用软件工具制定软件项目计划 12
1.4　项目开发计划 13
1.5　实战训练 14
本章总结 15
本章作业 15

第 2 章　需求分析 16
本章目标 16
本章简介 16
技术内容 17
2.1　软件生命周期 17
2.2　传统生命周期模型 18
2.2.1　瀑布模型 18
2.2.2　快速原型模型 20
2.2.3　增量模型 21
2.3　敏捷生命周期模型 22

2.3.1 初识 Scrum......23
2.3.2 Scrum 的开发过程......25
2.3.3 敏捷生命周期模型的优势......26
2.4 需求分析......27
2.4.1 需求获取......27
2.4.2 软件需求分析......30
2.4.3 需求分析常用图......30
2.4.4 需求规格说明书编写......32
2.4.5 原型设计与需求变更......36
2.5 实战训练......39
本章总结......41
本章作业......42

第 3 章 软件设计......43

本章目标......43
本章简介......43
技术内容......44
3.1 软件设计概述......44
3.2 软件概要设计......45
3.2.1 概要设计概述......46
3.2.2 系统架构设计......49
3.2.3 软件结构设计......54
3.2.4 软件架构设计的 4+1 视图模型......55
3.2.5 公共数据结构设计......58
3.2.6 系统环境约定......59
3.2.7 概要设计文档......59
3.3 软件详细设计概述......60
3.3.1 详细设计基本任务......60
3.3.2 结构化程序设计......61
3.3.3 面向对象程序设计......62
3.3.4 详细设计说明书......67
3.4 详细设计——界面设计......67
3.4.1 用户界面......67
3.4.2 用户界面设计原则......68
3.4.3 用户界面分类......70

3.5 详细设计——数据库设计 71
3.5.1 数据库设计定义 71
3.5.2 数据模型设计 71
3.5.3 提取业务规则 74
3.5.4 数据规范化设计 74
3.5.5 数据库安全性设计 75
3.5.6 数据库设计规范 76
3.6 详细设计——模块设计 78
3.6.1 模块化 78
3.6.2 抽象与逐步求精 80
3.6.3 工厂设计模式 80
3.7 实战训练 81
本章总结 88
本章作业 88

第 4 章 软件实现——程序编码 90

本章目标 90
本章简介 90
技术内容 90
4.1 程序编码的目的 90
4.2 编码风格与规范 91
4.2.1 Java 编码规范 92
4.3 代码调试 97
4.3.1 代码调试过程 97
4.3.2 调试原则 97
4.3.3 主要调试方法 98
4.3.4 错误分类 98
4.4 实战训练 99
本章总结 142
本章作业 142

第 5 章 项目规范与版本控制 144

本章目标 144
本章简介 144
技术内容 145

5.1 为什么需要项目规范 145
5.2 什么是项目规范 146
5.2.1 项目规范概述 146
5.2.2 常用项目规范 146
5.3 源代码管理 149
5.3.1 VSS 版本控制工具 150
5.3.2 SVN 版本控制工具 150
5.3.3 Git 版本控制工具 151
5.3.4 VSS、SVN 和 Git 的对比 151
5.4 实战训练 152
本章总结 152
本章作业 152

第 6 章 软件开发的过程管理 154

本章目标 154
本章简介 154
技术内容 155
6.1 进度管理 155
6.2 风险控制 158
6.2.1 关注软件项目风险 158
6.2.2 软件项目风险控制 159
6.3 质量管理 160
6.3.1 软件质量 161
6.3.2 软件质量管理 161
6.3.3 项目实训评审 163
6.4 实战训练 163
本章总结 169
本章作业 169

第 7 章 软件测试 171

本章目标 171
本章简介 171
技术内容 172
7.1 软件测试流程 172
7.1.1 软件测试模型 174

7.1.2 软件测试的基本流程......176
7.2 软件测试方法......177
7.2.1 黑盒测试方法......177
7.2.2 白盒测试方法......181
7.3 软件测试用例及测试报告......182
7.3.1 测试用例......182
7.3.2 测试报告......186
7.4 缺陷跟踪系统......187
7.5 实战训练......189
本章总结......189
本章作业......190

第 8 章 项目验收交付与维护总结......192

本章目标......192
本章简介......192
技术内容......193
8.1 版本发布......193
8.2 验收交付......196
8.2.1 现场安装调试......196
8.2.2 用户培训......197
8.2.3 试运行......198
8.2.4 项目验收......200
8.3 项目维护......201
8.4 项目总结......204
8.5 过程改进......206
8.5.1 过程改进定义......207
8.5.2 CMM......207
8.6 实战训练......209
本章总结......209
本章作业......210

第 1 章

案例概述与项目计划

本章目标

学习目标

- ◎ 了解实训项目日程安排
- ◎ 确定项目组成员及分工
- ◎ 编制实训项目开发计划

实战任务

- ◎ 了解软件项目组项目经理的职责
- ◎ 了解编制软件项目计划的原则、方法
- ◎ 会使用 Microsoft Project 制定项目实训开发计划

本章简介

从现在起，各位学生就进入了项目实训软件项目设计和开发工作中。本章将结合项目实训的要求，介绍软件开发过程中的团队管理和制定软件项目计划（Software Project Planning）。通过本章的学习，我们将明确本次项目实训的目标，确定本次实训软件项目的日程安排，其中包括两个阶段的划分、中期评审的安排和答辩的时间；确定项目小组的人员分工和角色安排，每位同学都将有属于自己的小团队；学习制定软件开发计划的目的、原则和步骤，以及软件项目开发的流程与规范；学习并掌握使用 Microsoft Project 软件工具编制一个软件项目计划的技能。

本章将传递项目经验和软件工程中一些成熟的思想，希望学生们在未来的职业发展道路上能够熟练运用软件工程的思想和方法论来应对并解决工作中的问题。

再次强调，软件工程基本知识对于软件工程师具有重要意义，希望学生们在项目实训过程中，不仅能将所学到的知识和技能综合运用到项目设计和开发中，还能把软件工程的理论、流程和规范融入项目开发的各个环节。相信有一天你会发现今天所学的一切已经让你站在了一个更高的高度。

技术内容

1.1 案例概述

在网上图书商城中，用户可以进行注册、登录、购书、对所购买图书留言等操作。这些功能为用户提供便捷的购物服务，使用户足不出户，就能在网上买到所需物品，给用户带来参与感和归属感。

本项目将构建网上图书商城的框架，主要包括安装和配置开发环境，进行网上图书商城整体功能的需求分析，设计和开发网上图书商城的数据库及导航栏等，讲解环境配置和基本 JSP 技术，应用 JSP + Servlet + JavaBean 实现“网上图书商城”项目的开发。

1.2 组建团队

随着互联网技术的发展，软件项目的规模越来越大。单个软件开发人员无法在给定的期限内完成整个软件的开发工作，必须把多名软件开发人员合理地组织起来，有效地分工协作，共同完成开发工作。因此，在软件开发中引入了软件工程的概念。软件工程是一门使用工程化方法解决软件项目开发中问题的学科。所有从事与软件开发相关工作的人员，多多少少都会与软件工程有着千丝万缕的关系。在工作中，都会用到软件开发的工作方法论、团队协同合作方法或者标准化流程。因此软件开发的核心就是软件工程。

在日常的开发工作中，软件工程知识发挥着非常重要的作用。随着参与开发的软件项目逐渐增多，软件工程师会遇到各种各样的问题，在自己和团队的努力下会采用相应的解决方案完成开发任务，不断积累项目经验，丰富个人的工作经历，提升就业的竞争力。

1.2.1 软件开发团队建设

软件开发团队的建设在软件开发中是非常重要的。建立一个成功的团队需要具备共同的愿景与目标、组织协调与团队关系、规章制度和领导力 4 个基本要素。

1）共同的愿景与目标

杰出团队的显著特征便是具有共同的愿景与目标。俗话说：“人同此心，心同此理。”只要能具有同理心，加上已掌握的知识和技能，就能建立共同的目标。

2）组织协调与团队关系

人之间的关系存在着正式关系与非正式关系。例如，经理与部下，这是正式关系；小明和小刚是同乡，则是非正式关系。团队关系需要领导者创建环境与机会，通过协调、沟通、安抚、调整、启发、教育，让团队成员从生疏到熟悉，从不稳定到稳定，甚至从排斥到接纳，从怀疑到信任。团队成员的关系越稳定、越信赖，组织内耗就越小，团队效能就越大。

3）规章制度

没规矩无以成方圆。立规章制度容易，但执行并坚持很困难。领导者必须有能力建立合理、有利于组织的规范，同时团队成员也要认同、遵守规范，并坚决执行。经过团队所有成员的共同努力，才能形成一个具有战斗力的团队。

4）领导力

一名称职的团队领导应具备对团队中出现的各种情况做合理分析判断，决定何时、何处针对何人提出何种对策的能力；在工作中，运用各种方式以促使团队目标趋于一致，建立良好的团队关系，制定并推行规范的能力。使用的技巧有沟通、协调、任务分配、目标设定、激励、教导评价、适当批评、建议、授权、组织召开会议和奖惩等。

图 1.1 所示为软件开发团队常见的两种组织结构。

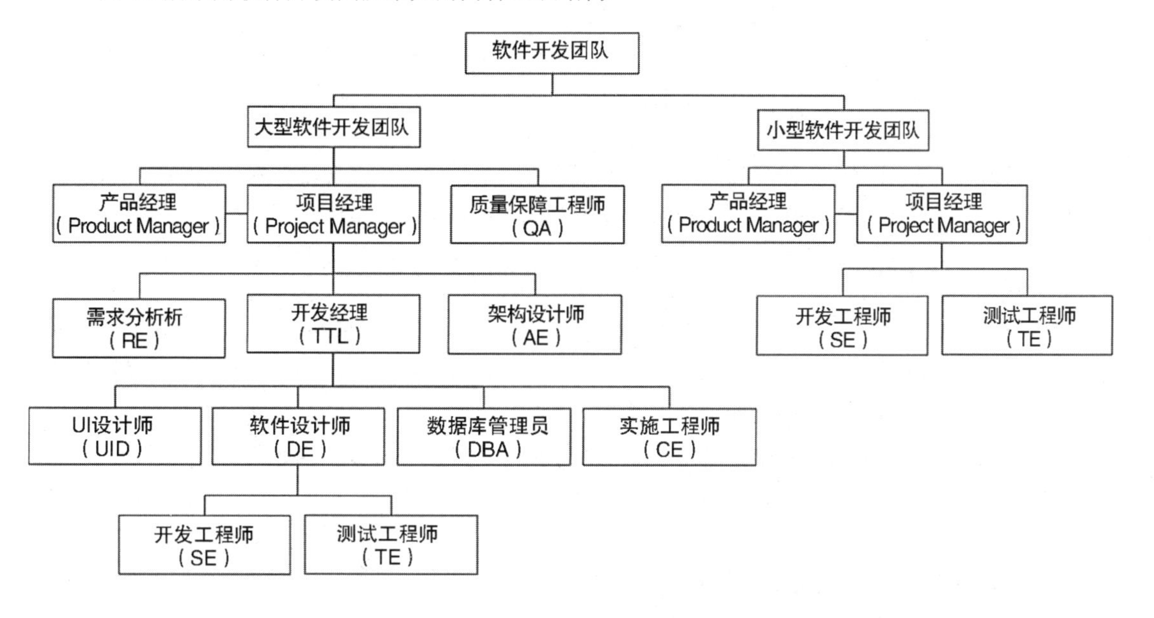

图 1.1　软件开发团队常见的两种组织结构

1. 大型软件开发团队

在大型软件开发团队的组织结构中，人员配置比较齐全。术业有专攻，分工非常细致，能够充分发挥每个人的技术专长。计划、需求、设计、开发、测试、验收各个阶段都有专人负责，每个阶段的工作成果都比较精准，但会给项目管理者带来管理上的困难，也会增加沟通成本。

2. 小型软件开发团队

在小型软件开发团队中，人员配置精简实用。采用项目经理负责制，由项目经理直接带领产品经理、开发工程师和测试工程师来完成项目的开发。

这种组织结构的好处在于分工灵活，但同时每个人也是“多面手”，一个人要承担多个角色的工作。例如，项目经理既要有很高超的技术，又要有相应的管理经验，需要对软件项目的成本、成员、进度、质量、风险、安全等进行准确的分析和管理，使得软件项目能够按照预定的计划顺利完成。在互联网项目中，项目经理往往还要负责产品经理的工作，负责软件产品规划、设计和产品生命周期管理。开发工程师除了进行需求分析、系统设计、程序开发，也要懂得数据库设计与开发，并且要了解一些软件测试知识。团队中的每个人都要担负开发工程师和测试工程师的职责。

团队规模小的话，以 2～8 名成员为宜，不仅可以减少彼此沟通的问题，还有其他的好处。例如，容易确定小组的质量标准，使用民主的方式确定的标准更易被大家遵守；开发团队中成员之间关系密切，能够互相学习，共同进步。

在这样的开发团队里，如果能积极主动、善于观察、勇于承担相关工作，就会在技术和项目经验方面迅速提高，经过 1～2 个项目开发便能成为一名受开发团队成员欢迎的技术高手。

近年来，越来越多的项目管理者倾向于小团队组织结构。在能够按期完成项目的情况下，应使团队尽可能小，小团队可以有效地降低沟通的成本并且比较灵活。在小团队中，成员们可以犯错并快速地修正，可以根据实际情况调整工作优先级，快速改变自己的想法。“船小好调头”，在遭遇风险时，小团队能够快速应对，并做出规避和调整。

1.2.2 软件开发团队成员的职责

项目经理和产品经理是软件开发团队的灵魂，这两个角色的工作会直接影响一个软件项目是否能如期完成，并满足用户的需求；是否能在市场上成功发布，受到用户的欢迎。

1．项目经理的职责

项目经理的职能核心是项目宏观管理者和协调者，也是项目实际的总策划人和负责人。他主要侧重于项目规划、管理、协调工作，重点关注项目的进度、质量和成本。通过管理控制项目风险，并保证相关成果。跨职能部门应定期进行沟通，以确保公司内部信息和资源对称；协调项目资源，保证项目正常推进。通过制定实施方法论和项目管理规范，对整体项目进行把控。某些场景下，项目经理还会参与需求调研，引导客户需求，编写项目需求文档和相应的技术规范文档，对实施完成的项目进行总结，并提供产品研发、项目管理建议。具有较好的号召力、领导力、沟通能力、应变能力和管理能力是胜任该角色的基本前提。

了解项目经理的岗位职责将更有助于每个项目成员与项目经理进行配合，也可以为我们今后的发展确定方向。

在实际开发中，项目经理的职责如下。

（1）需求管理，负责带领团队完成需求分析、概要设计、架构设计与详细内容设计。

（2）协调、组织、解决团队问题。

（3）制定软件项目计划、召集会议。

（4）控制进度，获取并调配资源（分配任务）。

（5）做出决策。

（6）风险控制，解决危机。

（7）考核团队成员。

项目经理在做项目管理时要做到项目管理民主化，让每个人都能成为项目的一份子，只有每个人都负责流程的一部分，这样整合起来项目才能做得更好。

在我们的项目实训中，项目经理要协调和组织团队成员完成项目、定期检查成员的进度等。

2．产品经理的职责

产品经理是微观层面落实具体需求的关键推动者，也是辅助项目经理进行项目把控的关键人物。产品经理主要负责配合项目经理完成项目规划、管理、协调，以及规范和文档制定工作，并负责项目内产品的规划与设计，制定产品开发、设计、跟踪和优化方案。在项目开展过程中，需要保持与视觉设计、前端架构、前端开发等人员的沟通，并保证产品需求的可理解、可实现、可执行性。根据企业规划，编制产品设计文档、原型设计文档和产品交互原型设计（含界面、流程、功能、组件等）文档。产品经理应对整体产品进行项目质量管理和进度管理，保证项目按照计划完成策划、设计、开发、测试和上线。

3．其他项目组成员的职责

我们在学习软件工程基础时已经了解了软件工程师的主要职责，包括分析需求、按照需求规格说明书的描述和项目规范开发程序代码，实现程序功能和修正开发过程中产生的缺陷。

在实际开发中，测试工程师根据需求规格说明书的描述和项目规范对发布的软件进行黑盒测试，发现并报告软件缺陷，督促开发工程师修改缺陷。

软件项目组中还有其他角色，每个角色都有自己的岗位职责。一个项目的开发是否成功，与每个角色的工作成果都有紧密的关联。所以，项目组的每位成员都需要本着对项目负责的态度，在认真做好自己本职工作的同时，还需要具有一定的产品意识，一切从用户的角度出发，设计开发出具有良好的用户体验的项目。

1.3　项目立项

计划、组织、控制是管理的三项职能。计划是管理工作之先。一项工作，首先要具有计划，才会有后续的组织和控制。因此，为了更好地把控项目实训开发进度，在完成项目组组建、确定人员分工后，接下来的工作就是制定软件项目计划。

软件项目计划是一个软件项目进入系统实施的启动阶段，主要包括：确定详细的项目实施范围，定义递交的工作成果、评估实施过程中的主要风险、制定项目实施的时间计划、成本和预算计划、人力资源计划等。

软件项目开发是一个长期、复杂的工程，计划在其中起着非常重要的作用。计划能让项目组及成员非常清晰地知道什么时候该做什么事，方便项目组成员合理分配自己的时间和精力，同时也能让非技术人员，如投资人、公司财务、产品经理等了解项目组的开发进度。这正是做计划的意义。

在实际开发中，一般由项目经理编制软件项目计划。在制定了计划后，项目经理会与项目组开发人员进行确认。根据开发人员的意见进行调整和优化。作为项目组的成员，了解制定软件项目计划的过程有助于了解项目整体的计划工期，明确各个环节的开始时间和结束时间，明确分配给每个成员所承担的任务，也可以更准确地预估该工作需求的工时和资源。

编制计划的时候，可以根据工作经验，估算该项目需要的角色、人数、用时、设备、费用；结合客户对项目的要求，明确开发中各个关键点，对人、财、物做一个详尽的安排，具体到哪个人哪天使用什么设备（软件）做什么事情。这样，项目组成员就可以按照已制定的计划有条不紊地完成项目各阶段的任务，公司也可以按时把资源（主要是人员、服务器等）分配给项目组。

如何在有限的时间周期内开发出一个符合用户需求的软件，这在现在和未来都是软件开发团队及其人员的终极目标。为了实现这个目标，既需要深刻理解软件开发过程中的 6 个阶段需要完成的任务和各阶段的关系，也需要选择必要的软件开发过程模型和软件开发方法来开展对应的实际软件开发活动。软件项目开发过程一般是瀑布模型的演变，大多分为软件计划、需求分析、软件设计、程序编码、软件测试、项目实施和运行维护 7 个阶段，如图 1.2 所示。

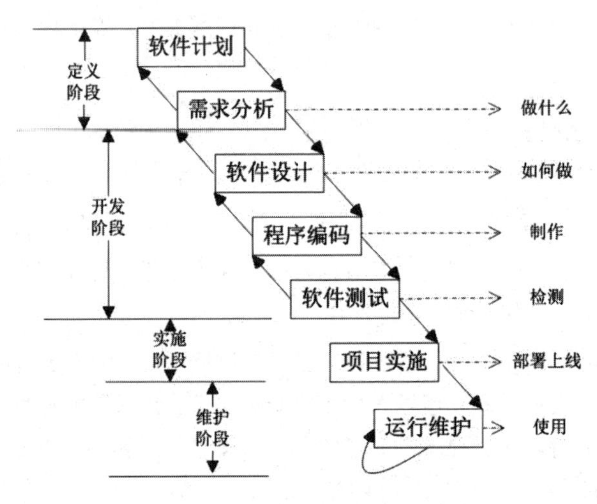

图 1.2　软件项目开发过程

通常，一个阶段的工作要在前一阶段的工作成果上展开，但未必需要等前一阶段结束了才开始进入这一阶段。例如，开发和测试是同时进行的，在开始编写实现代码的同时，对应的测试用例也要开始编写了。

但实际工作中，虽然我们制定了计划，但往往“计划赶不上变化”。计划再详尽、周密，在计划的实际实施过程中，仍然会因为这样或那样的因素出现意外情况。如何保证按计划实施？如何保质保量完成任务？

“管理=计划+追踪+调控”是管理学上一个有名的公式。这个公式离我们并不远，无论我们做什么事情，它都可以帮我们完成。

案例分析

张三在长沙一家软件企业工作。一天，老板安排他到广州出差，为当地客户进行 1 天的技术培训。与客户电话沟通后，双方约定第二天 9:00~18:00 在一层会议室进行培训。客户告诉张三从广州南站到客户的培训地点乘坐出租车大约需要 30 分钟。放下电话，张三马上登录 12306 网站查看了从长沙到广州的火车车次。

为了保证培训效果，他决定在预留 30 分钟乘坐出租车时间的基础上，再预留 30 分钟熟悉场地的时间。于是，他购买了当天晚上 23:30 从长沙发车、第 2 天 7:30 到广州的车票。因为不能确定培训效果，可能会安排答疑时间，所以他没有提前购买返回长沙的车票。张三编制了广州客户的培训计划，把计划中的关键节点用粗笔标识出来，如表 1-1 所示。完成后，他通过微信发送给老板审阅。

表 1-1　广州客户的培训计划

日　　程	工作说明
前一天 23:30~当天 7:30	乘火车从长沙到广州
7:30~8:30	出站，从广州站到客户培训地点
8:30~9:00	熟悉培训环境，做培训准备
9:00~12:00	实施培训任务
12:00~13:00	午餐
13:00~18:00	实施培训任务
18:00~19:00	晚餐
19:00 以后	准备返回长沙

老板同意了这个计划，和张三约定一定要保持微信联系，并及时告知计划的完成情况。张三向老板保证一定能顺利完成任务。

当天，张三提前赶到长沙站，准时坐上了前往广州的火车。车上他收到老板发送的微信消息“赶上火车了吗？”，他回复老板：“我已在去广州的火车上，请放心。”

8:28 张三乘车到达培训地点，走进暂时作为教室的会议室，开始培训前的准备工作。8:35 他收到老板的微信：“到达培训地点了吗？一切都顺利吗？”

老板在追踪小张的进度，看是否和计划一致。张三回复：“已到达，正在做准备，一切顺利。”8:50 参加培训的人员陆续进场就座。

时间到了 9:00，培训正式开始。

中午 12:10，张三再次收到老板的微信“上午的培训怎样？效果如何？”他马上回复：“培训顺利，一切正常。13:00 继续下午培训。”

下午的培训按计划进行。

到了 17:30，张三开始进行培训的收尾工作，他请参训人员把培训中存在的疑惑写在纸条上。

张三收集并阅读了参训人员传来的小纸条后，默默估算了一下时间，发现意外情况出现了。于是，他和这次培训的组织人进行了沟通，决定调整计划。先安排大家休息 10 分钟，再用 30 分钟集中解答参训人员的疑惑。

19:00 张三终于结束了一天的培训工作，走出培训地点，乘车向广州站出发。21:36 在车站购买了 21:49 前往长沙的车票，乘火车返回长沙。在车上，他发微信给老板：“今天的培训工作顺利结束，我已在返回长沙的火车上，明天公司见。”

由此可见，一个好的计划是以把工作做好（完成项目）为前提的。在此基础上，还要不断地确认（追踪）关键事件（里程碑或关键节点）的完成情况，确认每项工作是否按计划进行。如果有意外发生，要立即想办法解决（调控）。

里程碑一般是指建立在道路旁边刻有数字的固定标志，通常每隔一段距离便设立一个，以展示具体地及特定目的地的距离。例如，高速公路或国道，省道上设立的公路及城市郊区道路里程的碑石，每 1000 米设一块，用以计算里程和标出地点位置。我们在路上行走的时候，通过观看沿途的路标，就会知道还有多长距离或多长时间才能到达终点。

项目管理中引用里程碑概念，以阶段性明确的可交付物来衡量项目进度。它的一种含义是指某种重大标志性事件，或发生某种特定意义的典型事件，或具有开创性意义的重大事件，或具有重大学术理论意义的公认事件等。在软件项目开发中，里程碑是标志项目重大事件的参照点，用于识别项目日程中的重要阶段。里程碑的设置没有特别的规则，可以是项目生命周期的特定时间，也可以是一些关键的时间点。有经验的项目经理会在项目启动后，根据制定好的初步计划，确定几个关键的里程碑。例如，第一个时间点是通过需求分析报告的评审；第二个时间点是完成系统设计；第三个时间点是通过测试验收，准备上线。

确定里程碑的时间点后，计划可以灵活调整，但里程碑的时间一般不会轻易改变，因为里程碑代表着一份承诺。确定里程碑对项目组有两个重要的影响，一方面是项目组成员会有明显的来自项目截止日期的进度压力；另一方面是在里程碑完成后，所有参与项目的人员都会获得一种正面激励的成就感。

一般在需求分析阶段完成后，项目组需要对需求进行一次评审。评审组由项目组成员与客户代表团两组人员组成。在评审会上，客户方会对需求规格说明书进行确认，不明确的地方由产品经理或项目经理做出解释。需求评审通过称为“需求确认”，此时“需求确认”就是一个里程碑。因为这对客户和项目组的意义都是很重要的。对于客户，意味着“项目组已经完全理解你要做什么了，快签字确认吧”；对于项目组，则意味着“客户已经确认需求了，我们可以开始动手做设计了”。这个里程碑是一个明确的分界点，代表着需求分析阶段的结束、设计阶段的开始。

下面以“软件开发计划”为例，介绍制定软件项目计划的原则和执行步骤。

1.3.1 制定软件项目计划的原则

制定软件项目计划需要遵循下面 3 个原则。

1. 充分了解原则

在制定软件项目计划时，要对所做的项目、团队成员进行充分的了解，只有了解充分才能知道这个项目中有哪些功能，需要多少人来完成，谁合适做什么。

2. 有效追踪原则

任务点是进行有效追踪的基本单元，有效追踪原则是对任务点的划分而言的，是指在划分任务点时，力度要适中。力度太大，追踪的效果就差；力度太小，效率就太低。一般软件开发任务所用工时控制在 1~3 个工作日比较合适。

在确定计划后，还要跟踪和调整计划。项目的跟踪是非常必要的，项目管理者可以了解计划的执行情况，了解成员的工作情况，及时掌握项目任务是否能按时完成，需要什么样的帮助。

跟踪项目进度的方式主要有两种，一种是项目经理定期收集信息跟踪，另一种是项目成员主动汇报。项目经理在向每个成员逐个收集工作现状信息时，需要一个沟通确认的过程，使他对项目进度、遇到的问题及可以采取的措施了解得更准确。而项目成员主动汇报可以减少项目经理收集信息的工作量，但存在信息不准确的可能性。毕竟每个项目成员只专注自己所承担的任务。因此，可以采取以下两种方式帮助项目经理、成员之间互相了解项目进度。

（1）每天站立会议。在每天的站立会议上，每个项目组成员都需要介绍自己上一个工作日做了什么，今天计划做什么，工作中是否遇到问题，遇到问题又是如何解决或打算如何解决的。通过这种方式，项目经理可以快捷地了解每个人的任务完成情况，同时对于某个成员遇到的困难，其他人也可以及时给予支持。

（2）使用看板。通过看板，项目经理可以非常直观地看到每个成员在干什么、进展如何。

通过对软件项目计划的跟踪，项目经理可以很容易地了解项目进度，并发现偏差。计划出现偏差是常见的，需要定期进行调整，但要注意不要太频繁。例如，可以在每周一对计划做一次调整。

3．共同参与原则

一般情况下，安排任务和编制计划是项目经理的工作，团队成员只管执行。但在软件开发中，可以采取更合理的做法，制定计划使相关人员也参与进来，这在制定计划的步骤中可以体现出来。

在这里我们要明白，制定计划的目的是根据我们的经验做提前规划，但所有的事情都是变化的，没有一成不变的计划，如开发过程中发生人员变动、遇到技术难题、客户需求发生重大变化、公司战略发生变化等，都需要对软件项目计划做适时调整。

在实际开发过程中，制定软件项目计划要做到前紧后松，要给后续发生的不可预料的事情留出足够的反应时间；否则一旦发生变化，整个团队将会很被动。

大家要注意：并不是只有项目经理才能制定计划，生活、工作中的每一件事情都可以视为一个项目，都可以通过制定计划来帮助我们实现目标。

1.3.2　制定软件项目计划的执行步骤

在做项目管理时，要记住任何管理者都要关注的 3 个要素：任务、时间和资源。其中，资源包括人、财、物。只要把这 3 个要素理清理顺了，计划也就容易实现了。

制定软件项目计划和制定作战计划是一致的。在准备一场战斗之前，指挥官首先会把战斗任务分成一个个的任务点，做好任务点的分配方案，有的要在前方冲锋陷阵，有的要在后方炮火支援，有的要侧面插入，还有的负责后勤补给。接着，部队首长会集合参战部队，举行战前动员会以鼓舞士气。

现代项目管理在制定计划时遵循 SMART [Specific（具体）、Measurable（可度量）、Attainable（可实现）、Relevant（相关性）、Time-bound（时限）]原则，要求制定的计划是具体的、可衡量的、达成一致的、可实现的、有时间限制的。一项基本完整的项目计划需要具有以下要素（可概括为 5W2H）。

1）5W：What、Who、When、Where、Why

What：计划要做什么或完成什么，明确工作任务。

Who：计划由谁执行，明确工作任务的担当者。

When：什么时候执行到什么程度，明确工作任务进度。

Where：在什么地方进行工作，明确工作开展地点、区域。

Why：为什么要执行，明确工作起因、动机。

2）2H：How、How many

How：怎么开发工作，明确工作方式、方法。

How many：完成多少工作，明确工作量。

因此，制定软件项目计划时，首先要考虑完成哪些任务，每项任务在多长时间内完成，需要哪些资源来完成这项任务。然后，又可以细化，这个任务需要哪些步骤或阶段，每个步骤需要多少时间，在每个步骤和阶段需要哪些资源。这样不断地细化下去，整个项目开发就变得逐渐清晰了。另外，要根据团队成员的情况决定谁来完成这些任务：在开发中，如果有些成员对前端界面开发很擅长就不要让他去做后台开发；否则会影响项目开发的进度。

制定软件开发计划通常有 3 个基本步骤：分解任务、分配资源、获得项目成员的承诺。

1. 分解任务

做事情要学会将复杂问题简单化，把复杂的问题拆分成简单的问题，大的模块拆成小的模块。这在工程里面，叫作分而治之。做项目管理也是如此。一个项目可以看作是一个大任务，将大任务进行分解，分解到我们可以估计的程度。

项目管理把开发任务的划分称为“工作分解结构（Work Breakdown Structure，WBS）”，它是一种逐步明确和解决问题的基本思路，一个庞大的、模糊不清的任务或者问题肯定难以解决，只有把它细分成可以看清楚的、明确的小任务或者工作项才能够明确，并加以管理。

例如，软件项目计划可以分解为需求分析、概要设计、详细设计、程序编码、软件测试、项目实施、运行维护 7 个任务点。图 1.3 中呈现了各任务点之间的关系，及其每个任务点要完成的工作及可交付物。

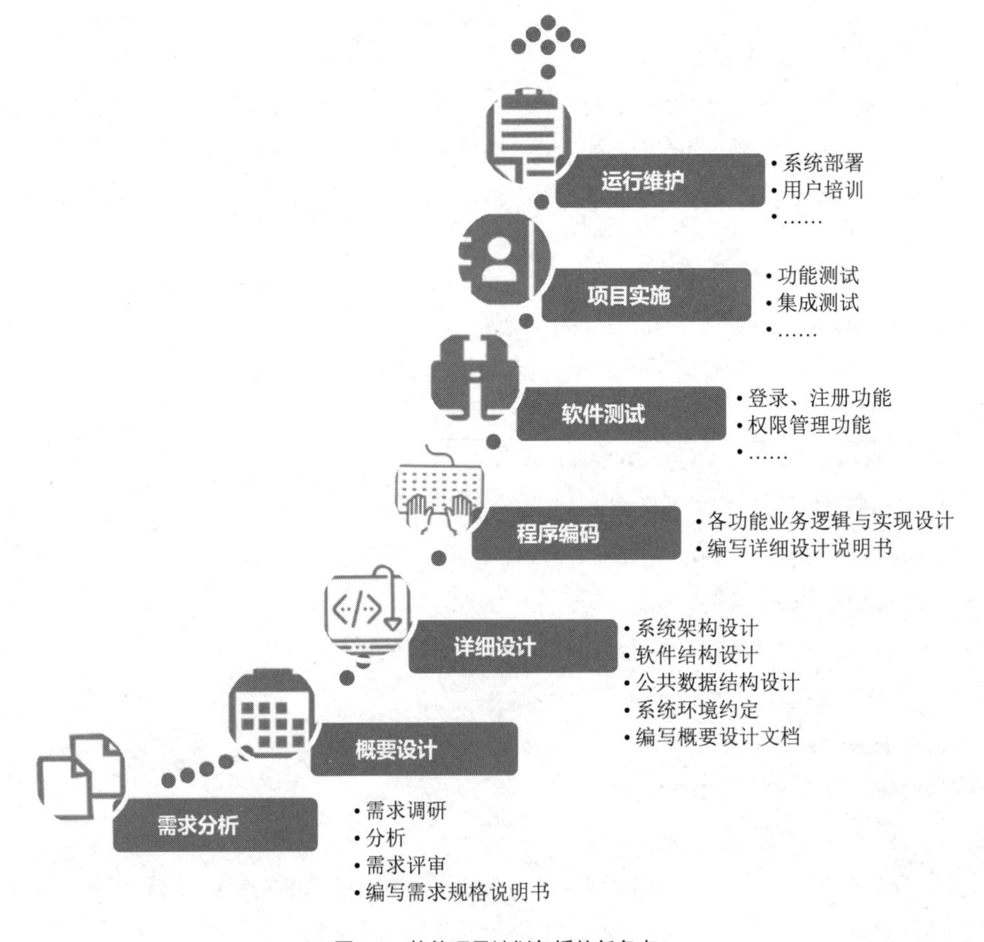

图 1.3　软件项目计划包括的任务点

在此基础上，还可以进一步分解任务点，按照软件生命周期把各任务点再细分解为一个个小任务。这些小任务是小而具体、可交付结果的任务，且不能再进一步拆分。

把大任务分解成多个小任务，可以帮助我们进行更加精确的估计，暴露出在其他情况下可能没有想到的工作活动，并且保证可以完成更加精确的状态跟踪。

通过这些小任务，就能够估计项目需要什么样的资源、需要多少时间、存在什么样的风险、应采取什么样的方式应对等。

制定项目计划，必须制定一个工作分解结构（即便是非 IT 方面的工作项目也是这样），这是前提，基于此才谈得上真正意义上的实施和控制。

2. 分配资源

拆分好任务点后，就要给每个任务指定人手和必需的设备物资。完成任务必需的人手、设备和物资统称为资源。

现在虽只是计划阶段，并不是真正的分配资源，但可以从全局的角度检查资源分配是否合理、当需要的时候资源是否能够到位，从而避免资源过度使用或浪费的情况。

在分配资源（主要是人手）时，不仅要指定某个任务的执行人是谁或哪几个人，还要明确完成这个任务的开始时间和结束时间。

我们知道，项目中有些任务是可以并行执行的，而有些任务之间则是有依赖关系需要串行执行的。例如，系统设计需要在需求分析阶段评审后进行，而开发源代码和编写测试用例则是可以同时进行的。

安排任务路径是根据任务之间的关系、资源的占用情况，安排出合适的任务先后顺序。这是一个比较复杂的工作，需要了解任务之间的依赖关系和所需的时间。特别是小型软件公司团队人员少，需要考虑每个人所承担任务的开始时间和结束时间，以充分调配人力，发挥每个人的能量；同时，也避免出现一人同时身兼数职、疲于奔命的现象。

在安排任务路径时，尽可能让几个任务并行进行，避免相互等待。借助 Microsoft Project 软件完成安排路径，可以直观地得到各任务之间的关系。

完成了这一步，是否项目计划就制定完成了？别急，我们还缺少至关重要的一步，那就是获得项目成员的承诺。

3. 获得项目成员的承诺

要想估算准确，需要从两个方面入手：任务点拆分得越细致，想得越清楚，就能估算得越准确；要让每个任务的项目成员参与估算。

为什么要让每个任务的项目成员参与估算呢？

如果项目经理只凭自己的主观判断制定计划，那么在项目实施的时候可能会遇到很大的阻力。例如，有一个任务，项目经理预估需要 3 天完成，但是在实际执行时，这个任务可能需要 5 天，结果可能会导致开发人员加班。这时，开发人员可能会有不满的情绪，认为是项目经理的错误估算导致了他的加班。如果这个任务所需的时间是由项目经理和开发人员一起估算出来的，在实施中最终发现是错误地估算了任务的难度，开发人员多半会主动加班加点，争取在 3 天内完成，也不会轻易怪罪到项目经理头上了。

如果让开发人员本人对项目经理或开发经理分配给自己的任务表示同意，也就是“做出承诺”。这样做，并不意味着项目经理不控制任务的工作量。通常，项目经理先要自己有一个预估，然后再请开发人员一起评估。如果结果和项目经理的预估差不多，就可以达成一致。如果不一致，就要双方一起沟通，消除偏差。特别要注意：开发人员对工作量的预估大多比较乐观，到最后时间会偏紧。需要项目经理加强沟通，消除偏差。因为估算的主要目的是尽可能得到准确的时间。

一般情况下，当一个团队长期合作、彼此了解的时候，不会逐项确认计划是否合理。但项目经理（或开发经理）制定出开发计划后都会在正式发布前给自己留一些余量，以便提前发现计划中不合理的部分，并进行调整。在得到估算结果后，项目经理通常还要考虑留一些余量。毕竟在实际的项目开发过程中，不能保证所有成员都是全身心投入，可能会并行有其他工作，还会有一些突发事件或事先没有考虑到的任务都有可能影响项目的开发进度。至于留多少余量，要根据项目的实际情况和项目经理的个人经验来判断。

项目组在编写完成软件项目计划后，需要得到项目组全体成员和主管领导确认，确认完成后计划才正式生效，发布并开始实施。项目组必须严格遵守，确保每个成员都要在计划规定的时间内完成分配给自己的任务。如果有意外情况发生，当事人要提前提出，以便团队能够做出相应的安排来规避问题或及时调整计划。在一些公司计划生效后，计划变更要走相应的流程进行申请，不能由项目组随意更改。

1.3.3 使用软件工具制定软件项目计划

在着手编制软件项目计划时，可以使用多个软件工具，如 Microsoft Project、Excel。在重要设计项目中，将使用当今软件企业最流行的 Microsoft Project 软件工具完成软件项目计划的编制。

Microsoft Project Professional 是 Microsoft 公司提供的企业管理工具产品，是一个专业的项目管理软件，如图 1.4 所示。

图 1.4 Microsoft Project Professional

Microsoft Project 软件凝聚了许多成熟的项目管理的现代理论和方法，不仅可以快速、准确地创建项目计划，也可以帮助项目管理者管理项目、安排任务、控制成本和分配资源，还可以监视项目的状态和进度，以图形化方式直观地展示已完成的和未完成的任务，对于未完成的任务可以显示其已完成的百分比，使项目经理能有效地组织和跟踪任务和资源，以保证项目在计划的时间内按时完成。图 1.5 所示是使用 Microsoft Project 编制的办公自动化系统开发计划。

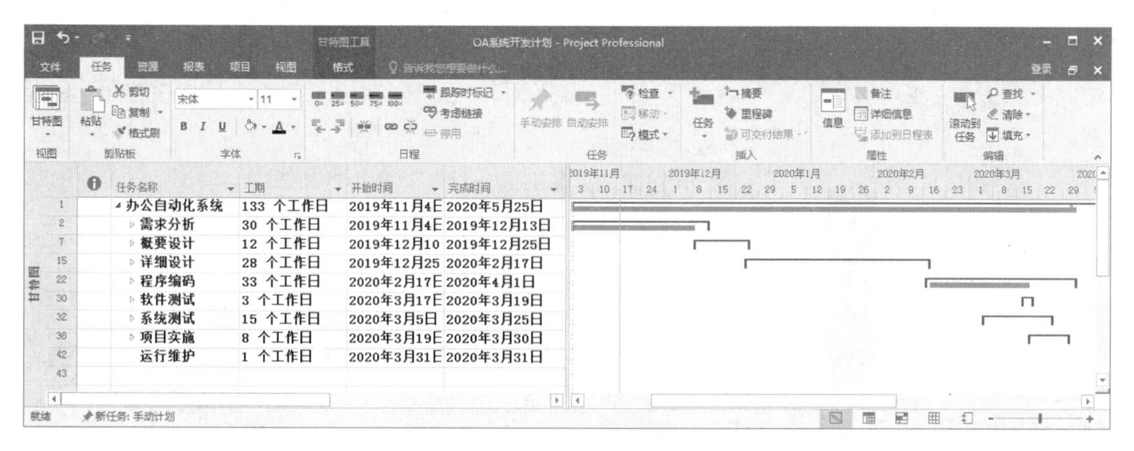

图 1.5　办公自动化系统开发计划

1.4　项目开发计划

通过前面的学习，我们已经掌握了软件工程师应具备的所有知识。现在，到了检验我们所学知识和技能是否扎实的时候了。

在接受项目实训任务之前，需要明确项目实训的目标，了解项目实训的日常安排，创建项目实训的项目组，做好项目组成员的分工，让每位成员都知道自己的任务职责和计划完成的时间。

1．明确项目实训的目标

项目实训以项目组为单位进行，希望通过完成项目实训达到以下目标。

（1）巩固并能综合运用软件工程师课程的所有知识和技能。

（2）积累项目经验和行业经验。

（3）能综合运用软件工程知识、流程和规范，完成软件项目的开发任务。

每个项目组将从教员提供的备选项目实训库中选择一个软件项目，运用已学到的知识和技能，以团队的形式完成软件项目的需求分析、系统设计、开发和测试任务。希望大家发挥团队精神，互帮互助，协作共进，在约定的时间内完成一个高质量的项目。

2．了解项目实训的日程安排

企业在开发一个项目之前，都会先评估项目组在人员配备、技术能力方面是否满足项目要求。如果人员不足，则要提出招聘需求；如果项目组成员技术能力达不到要求，则需要提前对所用技术进行研究或考虑替代技术。

我们的项目实训也应这样组织。在整个项目实训中，应按照教学计划安排软件工程课程，推荐步骤如下。

（1）学习软件开发团队的相关知识，在中心教员的指导下，组建属于自己的项目实训团队，编制软件项目计划，了解软件项目开发流程和规范要求。

（2）学习软件工程的开发模型，会编写项目需求规格说明书，完成权限管理系统的需求文档，并深入理解项目需求。

（3）根据项目需求完成概要设计与详细设计，概要设计和详细设计对后续开发具有重要的指导意义。在需求文档中明确定义"做什么"之后，能针对软件的需求给出软件开发的解决方案，也就是"如何做"。

（4）在项目组进入开发阶段后，开发团队的每一名成员都需具备软件质量意识，重点关注编写高质量代码的方法和源代码及相关文档的项目版本控制管理工作。

（5）在软件开发过程中，团队中的每个人都要具备规避风险、保证项目进度的意识，掌握通过项目评审保证软件项目质量的方法。

（6）正式进入测试阶段，标志着项目实训工作进入尾声，软件项目开发即将完成。团队中的成员将深入学习软件测试的相关知识，包括编写测试用例、缺陷管理、与测试工程师沟通等内容。

（7）学习软件项目验收交付的过程及注意事项，并了解过程改进的相关知识。

为了保证项目开发的质量，项目实训开发到中期将会组织中期评审；在开发完成后，将进行答辩。在干中学，在做中练，一分耕耘将会获得一分收获。

3．创建项目实训的项目组与做好项目组成员的分工

在本次项目实训中，将采用小型软件公司团队组织结构。我们将对班级成员进行分组，分组规则及小组任务如下。

（1）每组 4 人（特殊情况下可以 3 人或 5 人）。

（2）每组所有成员都承担开发工程师和测试工程师的职责。

（3）每组都设置一个项目经理。

在确定了将要做的项目、分组和小组角色后，请完成本书附录 A 项目组信息部分的填写。学生对照自己的角色（用 A、B、C、D 标识）和选择的项目，明确自己在项目实训中所负责开发的功能点，并通过自己的努力完成。

1.5 实战训练

任务 1　组建项目组，并明确分工

※ 需求说明

（1）确定网上图书商城项目实训。

（2）组建网上图书商城项目组，选出项目经理。

（3）明确网上图书商城项目组成员的职责和角色。

任务 2　制定项目实训软件项目开发计划

需求说明

（1）根据项目实训日程安排、项目实训功能、小组人员情况合理制定开发计划。

（2）由项目经理和项目组成员共同完成。

（3）使用 Microsoft Project 软件制定出项目实训开发计划。

本章总结

- 巩固并综合运用软件工程师课程的所有知识和技能，积累项目经验和行业经验，综合运用软件工程知识、流程规范，完成软件项目的开发任务。
- 项目经理的职责有需求管理，负责带领团队完成需求分析、概要设计、架构设计与详细设计；协调、组织、解决团队问题；制定软件项目计划、召集会议；控制进度，获取并调配资源（分配任务）；做出决策；风险控制，解决危机；考核团队成员。
- 在做项目管理时，要记住任何管理者都要关注的 3 个要素：任务、时间和资源。其中，资源包括人、财、物。
- 制定软件开发计划的步骤是分解任务、分配资源和获得项目成员的承诺。项目管理要使用工作分解结构把任务逐步分解，把它细分成可以看清楚的明确的小任务或者工作项，并加以管理。
- 制定软件项目计划的原则是充分了解、有效追踪和共同参与。

本章作业

一、选择题（每个题目中有一个或多个正确答案）

1．建立一个成功团队需要具备的基本要素不包括（　　）。

A．共同的愿景与目标　　B．组织协调与团队关系

C．规章制度　　D．执行力

2．软件开发团队中常见的组织结构有（　　）。

A．大型软件开发团队　　B．中型软件开发团队

C．小型软件开发团队　　D．微型软件开发团队

3．制定软件项目计划需遵循的原则不包括（　　）。

A．充分了解原则　　B．有效追踪原则

C．奖惩分明原则　　D．共同参与原则

4．一项基本完整的项目计划需要具有（　　）要素。

A．5W2H　　B．4W2H　　C．5W1H　　D．3W1H

5．制定软件项目计划的步骤不包括（　　）。

A．分解任务　　B．分配资源

C．获得项目成员的承诺　　D．获得公司的投资

二、简答题

1．结合组建软件开发团队的相关知识，谈谈你对项目实训组每个成员的岗位职责的认识。你希望在项目组中担任哪个岗位的工作？为什么？

2．制定软件开发计划需要注意哪些？如果由你来制定项目实训开发计划，你会怎么做？为什么？

第 2 章

需求分析

本章目标

学习目标

◎ 了解软件生命周期

◎ 理解软件开发过程模型

◎ 理解软件开发方法

◎ 了解瀑布模型、快速原型模型、增量模型，掌握生命周期开发模型与适用场景

◎ 掌握静态模型的作用，以及需求变更的解决方案

◎ 能够编写需求规格说明书

实战任务

◎ 能区分主流开发模型的特点，并根据场合合理选取开发模型

◎ 会使用敏捷开发过程模型和面向对象开发方法

◎ 能够编写项目实训的需求规格说明书

本章简介

为了指导软件的开发，用不同的方式将软件生命周期中的所有开发活动组织起来，即形成不同的软件过程模型。本章将首先介绍软件生命周期，然后针对常见的软件开发模型，即传统生命周期模型和敏捷生命周期模型分别进行详细说明。

除此之外，还会延续项目实训课中学习的需求调研，编写需求规格说明书的方法等内容，要求学生编写项目实训的需求文档，在此过程中，能够对软件设计有更深入的思考和理解。

技术内容

2.1　软件生命周期

任何事物都会经历一个从发生、发展、成熟，到衰亡的过程，系统和软件产品也一样，需经历从定义、实现、运行维护，到被淘汰的过程，一般称为软件的生命周期，又称为软件开发过程，是软件产品开发的任务框架和规范。

通常，软件生命周期可细分为可行性分析与开发计划、需求分析、软件设计、编码、软件测试、运行维护等阶段。

1. 可行性分析与开发计划

可行性分析与开发计划阶段最主要的任务就是讨论和确定一个项目的可行性。

可行性分析首先要通过了解客户的目的和期望，进行概要的分析和研究，初步确定项目的规模和目标，确定项目的约束和限制，然后进行简要的需求分析，抽象出该项目的逻辑结构，建立逻辑模型，然后从逻辑模型出发，探索出可供选择的解决办法，对每种解决办法都要从技术可行性、经济可行性和社会可行性 3 个方面进行研究。如果该解决方法确定可行，就可以为工程制定一个初步的开发计划。

开发计划是软件工程中的一种管理文档，主要对开发项目的费用、时间、进度、人员组织等进行说明和规划。开发计划是项目管理人员对项目进行管理的依据，实现对项目的费用、进度和资源进行控制和管理的目的。

2. 需求分析

需求分析阶段是在确定软件开发可行的情况下，对软件需要实现的各个功能进行详细分析。需求分析阶段是一个很重要的阶段，为整个软件开发项目的成功打下良好的基础。由于用户的需求随着项目的进展而不断变化，因此应采用合适的方法对需求变化进行管理，以保证整个项目的顺利开展，这个过程称为需求变更管理。

此外，应充分理解和掌握用户对目标软件的期望，除功能性需求外，还要对系统设计有影响的非功能性需求加以识别和分析，最终形成需求规格说明书，成为后续软件设计阶段的依据。

3. 软件设计

软件设计阶段的主要目的是设计如何把已经确定的需求转换成实际的软件。软件设计是从需求规格说明书出发，根据需求分析阶段确定的功能设计软件系统的整体架构，划分功能模块，确定每个模块的实现算法及编写具体的代码，形成软件的具体设计方案。软件设计一般分为概要设计和详细设计两个阶段。

（1）概要设计就是架构设计，主要目标是给出软件的模块结构，也就是全局框架蓝图。其包括系统的基本处理流程、系统的组织结构、模块划分、功能分配、接口设计、数据库设计和出错处理设计等，为软件的详细设计提供基础。概要设计输出的主要文档有概要设计说明书。

（2）详细设计是在概要设计基础上，描述具体模块所涉及的主要算法、数据结构、类的层次结构及调用关系，以便进行编码和测试。需要说明系统各个层次中的每个模块的设计考虑，方便编码和测试，详细设计输出的主要文档有详细设计说明书。

4. 编码

编码是将软件设计的结果翻译成某种计算机语言可实现的程序代码。在编码中，必须制定一套统一的编码标准规范，尽量提高程序的可读性、易维护性，提高程序的运行效率。

5. 软件测试

程序编码后需要对代码进行严密的测试，以发现软件在整个设计过程中存在的问题并加以纠正。软件测试可以分为单元测试（unit test）、集成测试（integration test）及系统测试（system test）3 个阶段。

软件测试过程需要有详细的测试计划，编写测试用例，记录并分析测试结果，以保证测试过程实施的有效性，避免测试的随意性。

6. 运行维护

运行维护阶段是软件生命周期模型中持续时间最长的阶段，其目的是使软件能够持续适应用户的要求、延续软件使用寿命。运行维护包括对用户的培训、对软件缺陷的跟踪和升级准备。

软件开发的生命周期是一般软件开发过程中都需要经历的一些阶段和步骤，为了指导软件的开发，用不同的方式将软件生命周期中的所有开发活动组织起来，即形成不同的软件生命周期模型。

软件生命周期模型可以划分为传统生命周期模型和敏捷生命周期模型两类。传统生命周期模型本质上严格按照开发顺序进行软件开发过程的组织，包括顺序式的瀑布模型和快速原型模型、增量式的增量模型、迭代式的螺旋模型和喷泉模型等。敏捷生命周期模型注重更短的迭代和更少的增量，包括极限编程和 Scrum 等。

2.2 传统生命周期模型

一种最简单实用的软件开发过程的组织方式就是顺序地将生命周期阶段组织起来，这就是传统生命周期模型，也称为软件开发过程模型。软件开发过程模型就是对于项目开发过程的概念建模，从而能够在理论上对软件开发过程进行量化分析。软件开发活动的多样性决定了软件开发过程模型也是多样的，开发技术和工具的发展也推动着软件开发过程模型的更新和发展。选择一个合适的软件开发过程模型，对于软件开发的质量和效率有着重要的意义。软件开发过程模型是软件开发全过程、软件开发活动及它们之间关系的结构框架。其中具有代表性的模型有瀑布模型、快速原型模型和增量模型，它们都是基本的软件开发模型。

2.2.1 瀑布模型

1970 年温斯顿・罗伊斯提出了著名的瀑布模型。直到 20 世纪 80 年代早期，它一直是唯一被广泛采用的软件开发模型。瀑布模型是将软件生命周期的各项活动规定为按固定顺序而连接的若干阶段工作，形如瀑布流水，最终得到软件产品，它将整个软件生命周期分为计划阶段、开发阶段和运行阶段 3 个阶段，如图 2.1 所示。

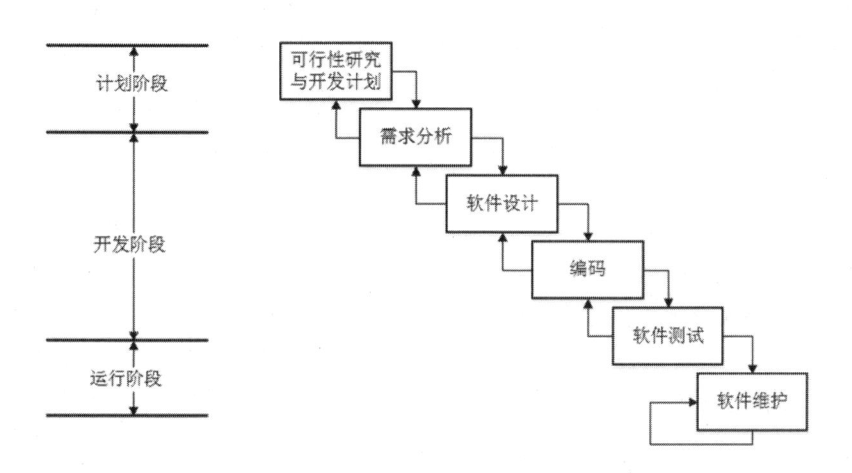

图 2.1　瀑布模型

1. 瀑布模型的优点

（1）为项目提供了按阶段划分的检查点，利于分工协作。

（2）当前阶段完成后，只需要关注后续阶段。

（3）各阶段由文档驱动，以保证开发质量。前一阶段成果及文档审核通过后，才能开始下一阶段的任务。

2. 瀑布模型的缺点

（1）难以响应需求的变更。尤其是需求模糊或者不明确的系统，当需求发生改变时，系统返工的风险和工作量巨大。

（2）工作量分布不均。例如，前期开发，测试人员无法参与；后期开发，测试人员工作量巨大。

（3）前期进展受阻，会一直压缩后续工期，导致延期或影响质量。

（4）直到最后阶段才能看到最终结果。例如，只有编码阶段完成后，用户才能看到结果。

以下用盖房子的过程来对比介绍瀑布模型的各阶段。

案例分析

小张国庆节期间回到四川老家，看到隔壁王二为父亲盖的 4 层洋房已经拔地而起。小张和王二聊起时，王二兴奋地和小张介绍盖房的过程。

（1）王二找来施工队，表述自己想在父母居住的院子里盖一栋新房。（初步想法）

（2）王二一开始并没有想清楚要盖什么样的房子。（需求不明确）

（3）施工队开始找王二确定，房子有哪些用途，需要几层，什么建筑风格，希望什么时间完工，预算是多少。施工队根据王二提出的需求，对比工期和预算，评估是否可接单。（可行性分析）

（4）施工队评估后觉得可行，双方签订合同，约定价钱和工期。（立项、制定项目计划）

（5）施工队与王二沟通确认需求，如每层户型、用途、装修风格等。（需求分析）

（6）施工队根据需求，绘制建筑施工图以及建筑效果图。（软件设计）

（7）将设计图纸与王二确定后，开始施工。（编码）

（8）这期间王二去参观施工情况，只能看到毛坯房，只有最后施工完成才能看到最终的房子。（编码阶段客户看

不到结果，只有全部完成才能看到结果）

（9）原定二层是两间卧室，在施工过程中，王二突然想起应该为小侄子留一间卧室，寒暑假时可以回来小住，因此需要增加一间卧室。这样施工队就要重新设计，很多已经盖好的部分要拆掉重建。（瀑布模型难以适应需求变更，越到后期代价越高）

（10）第三方工程质量检查人员对施工结果进行质量检测，如果不满足质量要求，需求重新调整。（测试）

（11）最后验收通过，老人高高兴兴地住进新房。（系统上线）

从以上案例看出，王二请施工队盖房子的过程阶段划分清晰明确，按部就班，利于施工队工人进行分工协作，职责划分清晰，便于工期控制，最终房屋质量有保障。但是在中间过程中，也存在因王二提出新的需求而带来的返工情况，因此对需求变更的适应度较低。

2.2.2 快速原型模型

瀑布模型简单易行，对于软件质量有比较高的保障，但是在开发初期对用户的需求并不十分明确，后期存在需求变更的风险，而瀑布模型难以适应这种需求的变化。基于这方面原因，人们设计了快速原型模型。

快速原型模型要求对系统进行简单、快速的分析，快速构造一个软件原型，用户和开发者在试用或演示原型过程中需要加强沟通和反馈，通过反复评价和改进原型，获得新版本的原型。重复这一过程，最终可得到令用户满意的软件产品。实际上就是通过初始的原型逐步演化成最终软件产品的过程，如图 2.2 所示。

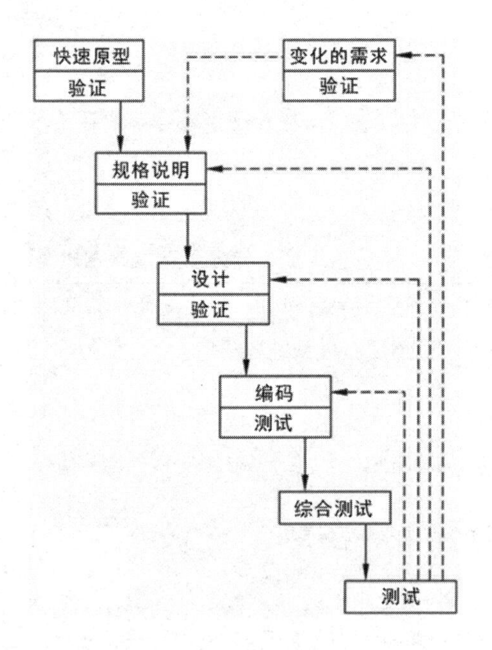

图 2.2 快速原型模型

快速原型模型有利于逐渐确定用户的真正需求，减少由于需求不明确带来的开发风险。其缺点是原型的开发速度快，设计方面有可能考虑不周，如果保留原型，可能导致产品质量低下或造成返工的情况。

案例分析

以下结合快速原型模型来描述王二请施工队盖房子的过程。

王二让施工队帮忙盖房子，但是王二家从前住的是平房，空间比较狭小，各处物品摆放也比较紧凑，现在要设计带阁楼的洋房，王二突然没有了想法，如每层房间如何布局、房间应该多大、风格是怎样的，等等。王二与施工队交流了初步的想法，但是很多细节还不确定。（项目初期需求模糊）

于是施工队按照王二的想法，先搭建了一栋彩钢房子（就像工地里的临时房），让王二先用起来，然后再反馈调整。（展示原型）

因为彩钢房子搭建简单快捷，改起来也相对容易。等到王二确定了更详细的需求，再在已搭建好的彩钢房子的基础上继续完善，或者直接重新按照确定好的需求建造房子。（修改原型）

在以上案例中，彩钢房子质量一般，住得不算舒服，但能够快速搭建，可以比作软件原型，功能可以不完整，可靠性和性能要求不高，但开发速度快，能够反映软件核心功能并进行交互，便于确定用户需求。

1．快速原型模型的缺点

（1）没有考虑软件的整体质量和长期的可维护性。

（2）这种模型在大部分情况下是不合适的，采用该种模型往往是为了演示功能的需要或方便性。

（3）由于达不到质量要求可能被抛弃，而采用新的模型重新设计。

2．快速原型模型的优点

（1）该原型模型比较适合下面情况。用户和开发人员达成一致协议：原型被建造仅为了定义需求，之后就被抛弃或者部分抛弃。

（2）能快速吸引用户，从而抢占市场。

快速原型模型比较适合一种全新的系统开发，用户借助原型能够了解到开发的方向是否准确。比较常见的做法是快速构建用户界面，让界面首先体现出系统将来需要提供的功能布局，但界面元素下的真正实现可能并没有完成，因此主要起演示作用。借助这样的原型系统，能够使用户建立起对未来系统的认识和了解，并和开发者逐渐达成共识。

2.2.3　增量模型

瀑布模型强调文档的作用，并要求每个阶段都要仔细验证。但是这种模型的线性过程太理想化，不再适合现代软件的开发模式，几乎被业界抛弃。因而，推出了增量模型。增量模型可以逐个功能地交付产品，这样客户可以不断地看到所开发的软件，提出反馈，从而降低开发风险。

增量模型又称为演化模型，是指一步一步将软件建造起来。在增量模型中，软件被视为一系列的增量构件，它们由多种相互作用的模块所形成的提供特定功能的代码片段组成，每个构件均需完成分析、设计直至最终交付的过程。

增量模型在各个阶段并不交付一个可运行的完整产品，而是交付一个满足客户需求的可运行产品的子集，即每一个线性序列产品软件的一个可发布“增量”，如图 2.3 所示。

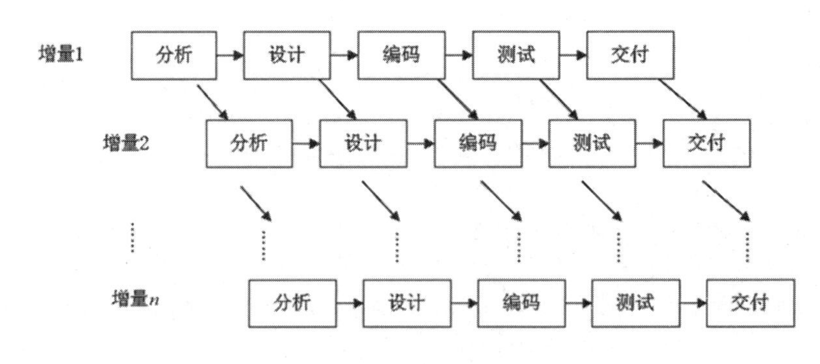

图 2.3 增量模型

增量模型与快速原型模型一样，本质上是迭代。但其强调的是每个增量均发布一个可操作的产品。早期的增量是最终产品的“可拆卸”版本。

增量模型的特点是引进了增量的概念，无须等到所有需求都出来，只要某个需求的增量出来即可进行开发。虽然该增量有可能还需要因适应客户需求而进一步更改，但是只要这个增量足够小，其影响对整个项目来说就是可以承受的。

我们继续用王二请施工队盖房子的案例来描述。如果结合增量模型，就是先盖卫生间，然后盖厨房，再盖卧室。盖卫生间的时候，也要先分析需求，然后设计，再施工，最后验收。有时也可以多模块并行，如同时盖卫生间和厨房，前提是模块之间不能有依赖关系，如不可能先盖第二层再盖第一层。

施工队这种分批建筑房屋的模式，可以让用户定期看到成果，并可以随时提出改进建议，施工队也可以更早地应对可能的变化，提高用户满意度。

1. 增量模型的缺点

（1）由于各个构件是逐渐并入已有的软件体系结构中的，所以加入构件必须不破坏已构造好的系统部分，这需要软件具备开放式的体系结构。

（2）在开发过程中，需求的变化是不可避免的。增量模型的灵活性使其适应这种变化的能力大大优于瀑布模型和快速原型模型，但也很容易退化为边做边改的原始模型，从而使软件过程的控制失去整体性。

2. 增量模型的优点

（1）人员分配灵活，刚开始不用投入大量的人力，当核心产品很受欢迎时可增加人力，实现下一个增量。

（2）当配备的人员不能在设定的期限内完成产品时，它提供了一种先推出核心产品的途径，这样就可以先发布部分功能给客户，对客户起到镇定的作用。

2.3 敏捷生命周期模型

大部分软件产品的研发，在很多情况下存在以下问题。

（1）在项目初期，用户通常对需求的定义是模糊的，或者很少有人能清晰、准确地表达，很多细节随着项目不断深入，才会逐渐挖掘出来。

（2）外部环境，如客户的业务模式，甚至系统终端用户，都可能在开发过程中改变，而预想或试图阻止这种改变通常是徒劳的。

（3）在互联网时代，大部分 Web 应用的开发基于对客户的远景预期，而非当前用户的实际需求。传统的瀑布模型，开发周期长，产品发布时间较晚，不能灵活应对客户需求的变更。这样就出现了敏捷生命周期模型，它是一种能够应对需求快速变化的生命周期模型。敏捷开发强调以人为核心，以让客户满意为最终目标，紧凑而自我组织型团队能够主动接受需求变更，快速迭代，持续集成，拥抱变化，因此灵活性和可扩展性更强，逐渐被广泛接纳并推广。

知识扩展

敏捷生命周期模型历史背景如下。

20 世纪 60 年代：软件规模小，以小作坊式开发为主。

20 世纪 70 年代：软件飞速发展，软件规模和复杂度激增，引发软件危机。

20 世纪 80 年代：引入成熟生产制造管理方法，以“过程为中心”，分阶段来控制软件工程（瀑布模型），一定程度上缓解了软件危机。

20 世纪 90 年代：软件失败的经验促使过程被不断增加约束和限制，软件开发过程日益“重型化”，开发效率低，响应速度慢。

2001 年至今：随着信息时代到来，需求变化加快，交付周期成为企业核心竞争力，轻量级的、更能适应变化的敏捷软件开发方法被普遍认可并迅速流行。

敏捷软件开发的核心思想是以人为本，适应变化。敏捷软件开发的宣言如下。

（1）个体和交互胜过过程和工具。

（2）可以工作的软件胜过面面俱到的文档。

（3）客户合作胜过合同谈判。

（4）响应变化胜过遵循计划。

以上敏捷软件开发宣言，体现了新时代背景下软件开发的价值观，更认可能够独立思考的强大个体，以及鼓励这些个体间的互动，强调基于文档生成的可工作软件是否能够满足客户预期，创造真正的价值；强调与客户之间在一个平等互信的基础上产生的合作共赢；能够认识到变化的客观存在并基于目标来不断调整和适应变化。

前面介绍了敏捷生命周期模型的指导思想，下面讲解敏捷生命周期模型的具体方法和流程，敏捷软件开发方法有很多，如 Scrum、XP、极限编程、水晶方法、精益方法等，我们以 Scrum 为例阐述敏捷生命周期模型。

2.3.1 初识 Scrum

Scrum 的英文含义是橄榄球运动的一个专业术语，表示“争球”的动作。把一个开发流程称为 Scrum，能够想象出团队成员在开发项目时，就像打橄榄球一样迅速，富有战斗激情，人人你争我抢地完成任务。而 Scrum 就是这样一个能够让团队高效工作的开发流程。

图 2.4 是 Scrum 敏捷生命周期模型的简易图示。

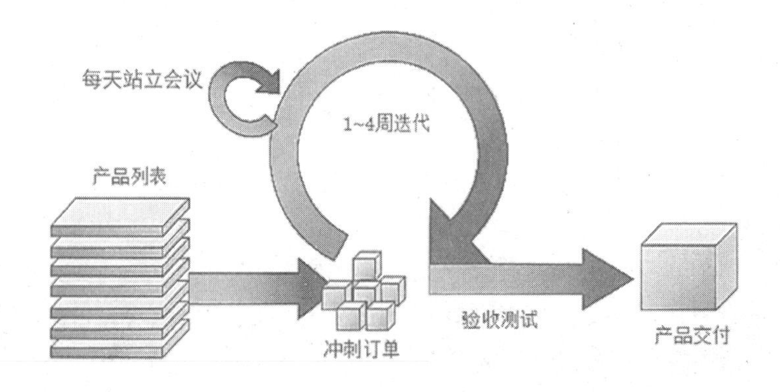

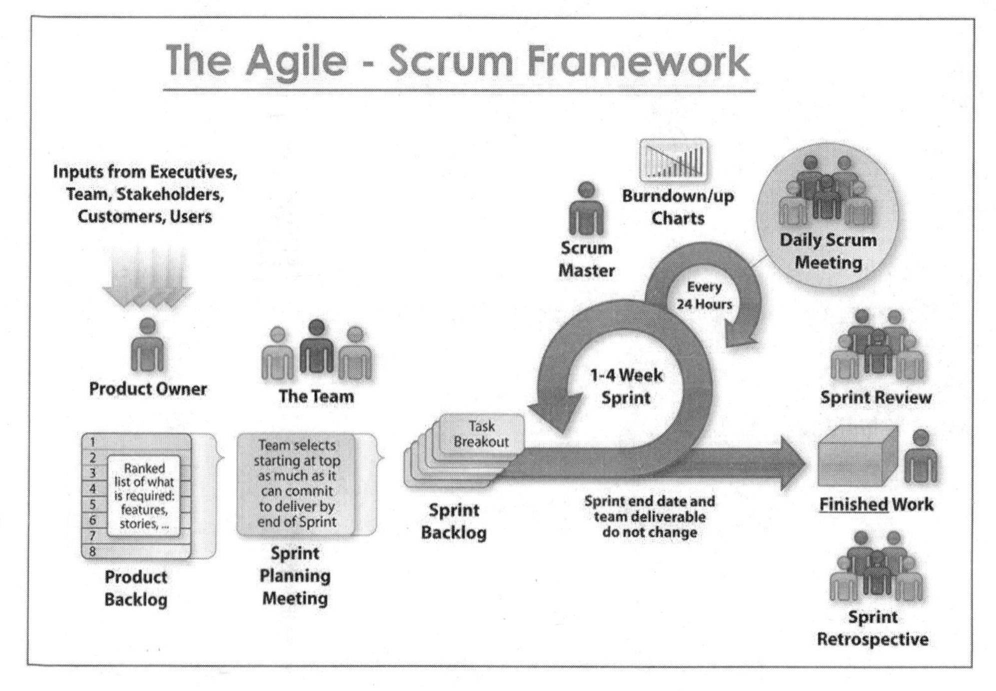

图 2.4　Scrum 敏捷生命周期模型的简易图示

Scrum 是一个敏捷开发框架，它是由 3 个角色、3 个工件、4 个会议，以及一套规范的开发方法组成的。

1．Scrum 中的 3 个角色

（1）产品负责人（Product Owner）：负责产品的远景规划，平衡所有利益相关者的利益，是开发团队和客户或最终用户之间交流的联络点。

（2）Scrum 专家（Scrum Master）：负责指导开发团队进行 Scrum 开发与实践，制定规则，解决问题，管理团队，保障进度，是开发团队与产品拥有者之间交流的联络点。

（3）开发团队（The Team）：项目开发者。

2．Scrum 中的 3 个工件

（1）产品列表（Product Backlog）：将用户需求进行拆分排序后的列表。

（2）冲刺订单（Sprint Backlog）：在冲刺中完成的任务清单。

（3）产品增量（Increment）：每个冲刺结束后交付给客户的内容。

3. Scrum中的4个会议

（1）冲刺计划会（Sprint Planning Meeting）：在每个冲刺之初，由产品负责人讲解需求，并由开发团队进行工时估算的计划会议。

（2）每天站立会议（Daily Standup Meeting）：团队每天进行沟通的内部短会，时长为15分钟。

（3）评审会（Review Meeting）：在冲刺结束时给客户及产品负责人演示结果并接受评价的会议。

（4）反思会/回顾会（Retrospective Meeting）：在冲刺结束后召开的关于自我持续改进的会议。

4. 其他

冲刺（Sprint）：完成一定工作所需的短暂、固定的迭代周期。

2.3.2　Scrum的开发过程

Scrum的开发过程以冲刺为核心，通过迭代和产出增量的方式逐步实现最终产品交付，具体流程如下。

1. 确定冲刺订单

将产品需求进行细分，按优先级排列形成冲刺订单。

2. 召开冲刺会议，确认订单

从冲刺订单中挑选出当前冲刺需完成的任务，进行工作估算，形成冲刺订单，每个冲刺为1～4周开发周期。

3. 召开每天站立会议

Scrum专家组织团队成员每天召开15分钟左右的站立会议，每人汇报已完成的任务、工作中遇到的困难，以及将要完成的任务。通过白板和燃尽图展示每个成员及整个项目的开发进度。

4. 每日集成

每天都有一个可成功编译、运行和演示的软件版本。运用自动化的集成工具进行每日集成。

5. 冲刺结束时召开评审会

全体成员和客户参加，团队成员展示完成的软件产品，听取客户反馈意见。

6. 召开反思会/回顾会

在反思会/回顾会上，人人发言，总结并讨论改进建议，放入下一个冲刺的产品需求中。

案例分析

前面介绍了敏捷生命周期模型及Scrum，现在如果用Scrum的方式描述王二找施工队盖房子，又会是怎样的呢？

（1）王二想要盖一栋房子。（初步的想法）

（2）施工队负责人和王二进行了初步的沟通，把王二的需求细分成条目，做成列表。（形成冲刺订单）

例如：

- 要有舒服且宽敞的供老人休息的卧室。
- 要有厨房和餐厅，以便做饭和用餐，以及家庭聚会。

（3）施工队根据需求列表和王二进一步沟通（注重与客户的合作），然后对需求进行设计和实现。

（4）将整体施工时间细分为一个个施工周期，每个周期为4个星期时间。（定义每个冲刺的时长）

（5）第一个施工周期建立了整体房屋结构，搭建了餐厅，但屋顶漏水，卧室只用一张床占位，厕所只挖了一个坑，其他还未能搭建。（每个冲刺成果会定期发布，客户随时看到可用版本，但不完整）

（6）第二个施工周期修建了简易厨房，同时修复了餐厅屋顶漏水的问题。（每个冲刺需要完成任务，并且修复bug）

（7）第三个施工周期完成了卧室的搭建，但忘了装窗户。（每次的增量结果都有可能不完善）

（8）第四个施工周期升级成了砖瓦房，窗户也装好了，可以入住了。但是这时发现如果王二兄妹来探望老人，房间不够，需要扩建3间卧室。计划下一个冲刺完成。（适应变化高于执行计划）

（9）第五个施工周期：已扩建为 3 间卧室，升级过程误操作造成厨房下水道破损漏水。（迭代过程有可能质量不稳定）

（10）第六个施工周期：修复下水道问题，房屋整体完工。（迭代修复不完善）

（11）王二父母入住。（产品上线）

施工队使用 Scrum 方式建筑房屋，不会有明确的阶段划分，会在每个施工周期中不断完善，与客户保持紧密合作。不抵制需求变更，而是及时响应变更。但是也存在一些问题，如各个施工周期的测试量相对少，问题也会相应多一些。

2.3.3 敏捷生命周期模型的优势

采用敏捷生命周期模型能够给企业和用户带来诸多好处。

（1）精确。产品由开发团队和用户反馈共同推动。采用小步的方式向前进，每一小步都是对真实目标的一次逼近，并及时调整下一步的方向，直到到达真正的终点。

（2）质量。敏捷生命周期模型对每一个迭代周期都要进行严格的测试，最终的成果经历了反复测试，质量有严格的保障。

（3）速度。敏捷生命周期模型避免较大的前期规划，认为那是一种很大的浪费，因为很多设想在实现过程中都会发生变化。敏捷开发团队只专注于开发项目中当前最重要、最具价值的部分，这样能很快投入开发。

（4）丰厚的投资回报率。在敏捷生命周期模型中，能给客户带来最大的投资回报率的功能被优先开发。

（5）高效的自我管理团队。拥有一个积极的、自我管理的、具备自由交流风格的开发团队，是每个敏捷开发项目必不可少的条件。以人为核心，最大化地调动人的主观能动性，是推动整个敏捷生命周期模型前进的动力。

在实际开发中，很重要的一个因素是人，这不仅仅是技术的问题，人的职业素养、团队协作、自我管理能力都很关键，所以我们必须要重视自己的职业素养、团队协作能力和自我管理能力的提升。

2.4　需求分析

需求分析是指根据用户需求，使软件功能和性能与用户达成一致，评估软件风险和项目代价，最终形成开发计划的一个复杂过程。在这个过程中，用户处于主导地位，需求分析工程师和项目经理要负责整理用户需求，为之后的软件设计打下基础。需求分析阶段结束后，要求编写出“用户需求说明书”和“需求规格说明书”两份文档。广义上，需求分析包括需求的获取、分析、规格说明、变更、验证、管理等一系列需求工程；狭义上，需求分析是指需求的获取、分析及定义的过程。图 2.5 所示为需求分析示意图。需求分析的任务就是软件系统解决“做什么”的问题，要全面地理解用户的各项要求，并准确地表达所接受的用户需求的过程。

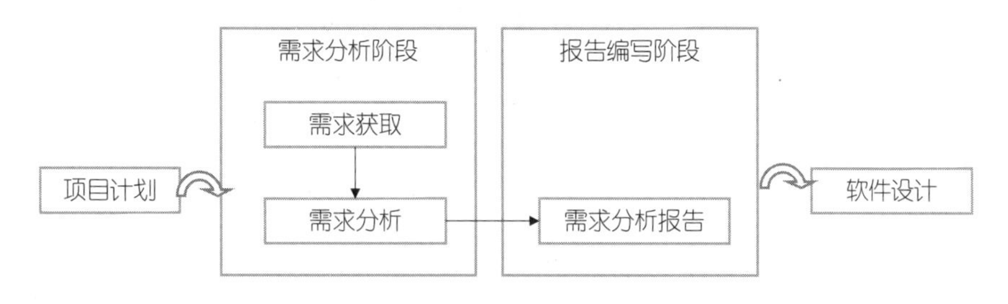

图 2.5　需求分析示意图

当投入大量的人力、物力、财力和时间后，开发出的软件产品却没有市场，那么所有的投入都是徒劳的。如果费了很大的精力开发出一个软件，最后却不能满足用户的要求，而需要重新开发，那么这种返工就事倍功半了。例如，用户需要一个响应时间快的软件，而在软件开发前期忽略了软件的性能要求，忘了向用户询问这个问题，想当然地认为是开发无响应时间这一性能要求的软件。一旦当开发人员千辛万苦地开发完成并向用户提交时才发现出了问题，这时就要付出沉重的代价。所以，需求分析在软件开发过程中具有举足轻重的地位，起到决策性、方向性和策略性的作用，因此应对需求分析给予足够的重视。在一个大型软件系统的开发中，需求分析的作用远远大于程序设计。

2.4.1　需求获取

获取需求是一个确定和理解不同用户类的需要和限制的过程。掌握需求获取技术，与用户建立有效的沟通，明确用户要求系统“做什么”。

通过用户访谈、业务资料的收集、原有系统的演示和小组会议等多种技术，获取系统功能性和非功能性需求。涉及的内容主要有系统目标要求和范围，系统涉及的部门和使用者，他们是如何进行日常业务处理的，主要处理对象（工作内容）、信息（数据）的来源是什么，在什么情况下给下一环节处理，最后产生什么结果，系统提供什么样的查询分析服务，对系统的运行环境有什么要求，要求系统提供什么样的工作效率，等等。

需求获取可能是软件开发中最困难、最关键、最易出错及最需要沟通交流的活动。也许用户说不清系统的边界，不同类型的用户只知道自己所需要的系统，而不知道系统的整体情况，也不知道什么事情可以交给软件完成，他们甚至不清楚需求是什么。软件开发人员应该采用不同需求获取方法引导用户，尽可能从他们那里获得更多的要求。

在需求捕获中，最常见的技术包括用户访谈、收集资料、问卷表、小组会议 4 种。不同技术有不同的特点及适用场合，应该知道在何时使用何种技术。在大多数项目中，捕获需求不可能只采用某种技术。在实际情况中，项目组会根据不同的涉众团体，采用不同的方法。

1．用户访谈

用户访谈一般在下列情况下使用：需要与少数几个人进行大量的知识交流；项目团队能够与用户会谈；无法一次性收集所有涉众的需求。

用户访谈一般会经历 5 个阶段：准备访谈、计划和安排访谈日程、访谈开始和结束、引导访谈和后续的访谈整理工作。

（1）准备访谈

在进行访谈前，需求分析者应该很好地理解行业的组织结构、行业定位、项目范围和项目目标。访谈会涉及下面的内容。

①组织结构报告。

②年度报告。

③长期发展计划。

④部门目标的陈述。

⑤已有程序手册。

⑥已有系统的演示。

⑦系统文档。

需求分析者应该理解一般的行业术语（术语表），并且还要熟悉行业上的业务问题。

（2）计划和安排访谈日程

准备列表，列出主要话题或问题。这些问题可以帮助找到未意识到的重点，也利于有逻辑地引导访谈顺利进行。安排访谈应按照自上而下的顺序。首先访谈部门或地区的领导，然后是其下属的雇员。在邀请对方进行会谈时，要解释这次会谈的目的、一般会涉及哪些领域，以及大致需要的时间。

（3）访谈开始和结束

开始访谈时，应先介绍自己，陈述这次访谈的目的，谈谈被访者关心的事，并说明会有一些简短的会谈纪要，在整理后会交给对方审阅。一般，被访者会认为需求分析者是在试图找到他们工作中的缺陷。要使他们摆脱这种观点，可以讨论他们所熟悉的日常工作过程。好的访谈者会让被访者作为主讲人。

因此，需求分析人员应该寻找一些问题，从而让被访者对他们开诚布公，例如，怎样的变化将使被访者的工作更简单或更有效，这个问题暗示被访者可以提出改进意见。

当列表中的所有领域都讨论过后，可提出下面的问题："还有什么问题没有讨论吗"，或是"我们还需要讨论些别的内容吗"。这些问题可以鼓励被访者提出所有应该被讨论的问题。

结束会谈时，一般会简短地总结讨论过的问题，重点指出会谈的要点，并说出需求分析者的理解。这会使被访者知道需求分析者认真倾听了谈话，而且有机会澄清误解。在总结会谈及整个会谈中，需求分析者应采取客观的态度，避免带有个人色彩的评论、观察或结论。最后，需求分析者必须感谢被访者参加这次访谈。如果有必要，可询问被访者能否在近期再参加一次简短的后续访谈活动。

（4）引导访谈

在访谈中避免提封闭性的问题，这样像是侦探在审问犯人，因为被访者通常会简短地回答完这样的问题，然后等待下一个问题。

在开始一个议题时，一般会用开放性的问题，便于被访者展开思路。然后，渐渐转为结论性问题，这样能帮助证实需求分析者的理解。太多的封闭性问题会导致收集的信息不完整，太多的开放性问题可能导致需求分析者的理解失误。

（5）后续的访谈整理工作

在访谈之后，需要对访谈的问题及回答进行整理。

2. 收集资料

主要收集以下资料或文档。

①收集用户的书面需求文档。

②收集用户现在的业务操作流程及其改进意见文档。

③收集用户现在使用的数据表和文件及其格式，并确定数据的来源。

3. 问卷表

问卷表是需求捕获时广泛使用的另一种工具，它采用了统计分析的方法，显得更科学。问卷表一般在下列情况下使用。

①需访谈的个体太多。

②需要回答容易确定的细节问题。

③希望有详细的结果。

准备问卷表时，应注意以下情况。

①使问卷表尽可能简短。用多个短小的问卷表替代一个长的问卷表。长的问卷表会使用户感觉厌烦，从而使他们不会对其余的问题做出正确的判断。通常，一个问卷表包含的问题不超过15个。

②估计回答问题需要的时间，并在问卷表开头标明这个时间，以便让回答者做出相应的安排，从而确保问题是前后一致的，没有令人有含糊的理解。为了保证不会使理解含糊，让与回答者关系密切的人员来进行问卷调查，这样可保证他们对问题的理解是正确的。

③在制定问题前，先确定需求分析者需要得到怎样的答案，然后分别列出所有可能的答案。一旦所有的需求和问题都准备好了，可把需求点当作 X 轴，将问题当作 Y 轴，以确保所有的需求能被问题覆盖。最后，剔除掉与需求无关的问题。

4. 小组会议

小组会议一般在下列情况下使用：信息平均分布在小部分个人中；无法个别地会见所有的涉众；一系列的访谈已经结束，团队需要在同一平台下听取所有的回答。

在小组会议中，每个人都可讲出自己的想法。团队的答案一般比个人的答案好。小组会议可以减少一部分需求冲突，绕开纷繁的情况，得到需求列表。

在小组讨论结束时，要感谢大家抽出时间参与讨论，告诉大家整理确认需求的计划并传阅会议纪要。

2.4.2 软件需求分析

1. 什么是软件需求分析

所谓需求分析是指对要解决的问题进行详细的分析，弄清楚问题的要求，包括需要输入什么数据、得到什么结果、最后应输出什么。可以说，就是确定要计算机“做什么”。

在需求获取阶段得到的需求，是用户群体中的用户从不同角度、不同抽象级别阐述对问题域的理解和对目标软件的要求，因此必须为问题域及目标软件建立逻辑模型，这一过程称为需求分析或需求建模。一方面，模型用于精确记录用户从各个视角、不同抽象级别对问题域及目标软件的描述；另一方面，它将帮助分析人员去伪存真、由表及里地挖掘用户需求。不同的方法有不同的建模规则，但建模的用途都是一致的，它不仅是描述系统的工具，也是用户与开发人员进行交流的工具。例如，在面向对象的分析方法中要建立对象模型，而在结构化分析方法中，数据流程图则是建模的主要工具。

2. 需求分析的任务

深入描述软件的功能和性能，确定软件设计的约束和软件同其他系统元素的接口细节，定义软件的其他有效性需求，借助于当前系统的逻辑模型导出目标系统的逻辑模型，解决目标系统“做什么”的问题。

3. 需求分析的过程

软件需求分析所要做的工作是深入描述软件的功能和性能，确定软件设计的限制和软件同其他系统元素的接口细节，定义软件的其他有效性需求。

进行需求分析时应注意，一切信息与需求都是站在用户的角度上的。尽量避免分析人员的主观想象，并尽量将分析进度提交给用户。在不进行直接指导的前提下，让用户进行检查与评价，从而提高需求分析的准确性。

分析人员通过需求分析，逐步细化对软件的要求，描述软件要处理的数据域，并给软件开发提供一种可转化为数据设计、结构设计和过程设计的数据和功能表示。在软件完成后，制定的软件规格说明还要为评价软件质量提供依据。

2.4.3 需求分析常用图

1. 业务流程图

业务流程图（Transaction Flow Diagram，TFD）就是用一些规定的符号及连线来表示某个具体业务的处理过程。

（1）简介

业务流程图是一种描述系统内各单位、人员之间的业务关系、作业顺序和管理信息流向的图表。利用它可以帮助分析人员找出业务流程中的不合理流向，它是物理模型。业务流程图主要是描述业务走向的，比如说看病，病人首先要去挂号，然后到医生那里看病、开药，接着到药房领药，最后回家。

业务流程图的绘制是按照业务的实际处理步骤和过程进行的。

业务流程图是一种系统分析人员都懂的共同语言，用来描述系统组织结构、业务流程。

（2）基本符号及含义

业务流程图的基本符号及含义如图2.6所示。

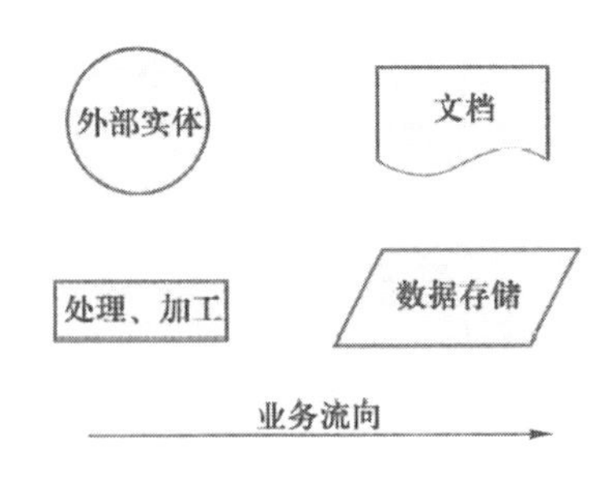

图2.6　业务流程图基本符号及含义

（3）绘制步骤

①现行系统业务流程总结。在绘制业务流程图之前，要对现行系统进行详细调查，并写出现行系统业务流程总结。

②业务流程图的绘制。根据系统业务流程的描述，绘制出系统处理业务流程图。

（4）作用

①制作流程图的过程是全面了解业务处理的过程，是进行系统分析的依据。

②它是系统分析人员、管理人员、业务操作人员相互交流思想的工具。

③系统分析人员可直接在业务流程图上拟出可以实现计算机处理的部分。

④用它可分析出业务流程的合理性。

2．数据字典

（1）数据字典的定义

数据字典（Data Dictionary）是一种用户可以访问的记录数据库和应用程序源数据的目录。主动数据字典是指在对数据库或应用程序结构进行修改时，其内容可以由 DBMS 自动更新的数据字典；被动数据字典是指修改时必须手工更新其内容的数据字典。

数据字典是一个预留空间，是一个数据库，可用来存储信息数据库本身。

数据字典可能包含的信息有数据库设计资料、存储的 SQL 程序、用户权限、用户统计、数据库处理过程中的信息、数据库增长统计、数据库性能统计等。

数据字典是系统中各类数据描述的集合，是进行详细的数据收集和数据分析所获得的主要成果。

数据字典是关于数据的信息集合，也就是对数据流图中包含的所有元素定义的集合。数据字典还有另一种含义，就是在数据库设计时用到的一种工具，用来描述数据库中基本表的设计，主要包括字段名、数据类型、主键、外键等描述表的属性的内容。

（2）数据字典的作用

数据字典最重要的作用是作为分析阶段的工具。任何字典最重要的用途都是供人查询。在结构化分析中，数据字典的作用是给数据流图上的每个成分加以定义和说明。换句话说，数据流图上的所有成分的定义和解释的文字集合就是数据字典。在数据字典中建立的严密、一致的定义，有助于改进分析人员和用户的通信。

（3）数据字典的组成

数据字典由数据项、数据结构、数据流、数据存储和处理过程组成。

（4）数据字典描述的信息

数据字典是数据库的重要组成部分。它存放数据库所用的有关信息，对用户来说是一组只读的表。数据字典还能描述以下信息。

①数据库中所有模式对象的信息，如表、视图、簇及索引等。

②分配了多少空间，当前使用了多少空间等。

③列的默认值。

④约束信息的完整性。

⑤用户的名称。

⑥用户及角色被授予的权限。

⑦用户访问或使用的审计信息。

⑧其他产生的数据库信息。

表 2-1 所示为一个数据字典样例。

表 2-1 数据字典样例

列名	描述	数据类型（精度范围）	是否为空	唯一	约束条件
id	编号	int	否	是	无
username	用户名	varchar(50)	否	否	无
……	……	……	……	……	……

2.4.4 需求规格说明书编写

需求规格说明书用于阐述一个软件系统必须提供的功能和性能，以及它所要考虑的限制条件。它不仅是系统测试和用户文档的基础，也是所有子系列项目规划、设计和编码的基础。它应该尽可能完整地描述系统预期的外部行为和用户可视化行为。除了设计和实现上的限制，软件需求规格说明书不应该包括设计、构造、测试或工程管理的细节。

在完成需求获取和需求分析工作的基础上，最后必须编写“用户需求说明书”和“需求规格说明书”两份文档。这些文档是需求分析阶段的重要成果。在编写文档时，要注意两者的区别和联系。用户需求说明书是面向用户的，是合同的产物：而需求规格说明书则是面向公司内部的，是立项建议书的产物。用户需求说明书可产生需求规格说明书。

目前，国内的有些公司在做软件开发项目时，将两者合二为一。此举不规范，对于小而熟悉的项目可以，但对于大而生疏的项目则不适合。

首先要为需要编写的软件需求文档定义一种标准模板。该模板为记录功能需求和各种其他与需求相关的重要信息提供了统一的结构。注意，其目的并非是创建一种全新的模板，而是采用一种已有的、可满足项目需要的、适合项目特点的模板。许多组织一开始都采用 IEEE 标准 830-1998（IEEE 1998）描述的需求规格说明书模板。在很多情况下，模板是很有用的，但有时要根据项目特点进行适当的改动和裁剪。

需求规格说明书作为产品需求的最终成果必须包括所有的需求。开发人员和用户不能进行任何假设。如果任何所期望的功能或非功能需求未写入软件需求规格说明书，那么它将不能作为协议的一部分，并且不能在产品中出现。

1．项目背景和介绍

该部分很容易被忽视，主要是大家都不愿意认真写这块内容。其实，这块内容很简单，即为什么要提出一个系统，目前遇到了什么样的问题，哪些问题应该得到解决和优化。把这几点说明白，就可以帮助设计人员和开发人员为理解相关的功能奠定一个基础。

2．确定读者

需求文档有粗细之分，划分它的基础就是确定读者。一般写软件需求规格说明书时，在没有特殊要求情况下，锁定为用户、设计人员、开发人员。软件需求规格说明书应该写得较细，可细到每一个功能、功能间的前后关系。

3．术语

列出与本系统有关的名称，这里列出术语。在文档中有时会出现没有提到过的术语，此时不需要列出，给读者减轻点负担。

还有就是表达方式的统一，如“修改”“编辑”“用户”“员工”等，在文档中应把这类词语统一表达，以避免引起歧义。

4．描述模块

在编写模块时，通常包括模块摘要、业务数据项、模块功能点的操作说明、规则、相关业务及模块、角色、附图等。

①模块摘要：说明模块在系统中所处的环境、目的、要解决什么样的问题，以及要达到这个目的该模块应该包括哪些功能。

②业务数据项：包括业务数据项名称及说明。这里只会列出所支撑业务的数据项，不是设计数据库。很多人在写数据项的说明时不认真考虑，内容和名称一样，这是不合适的。说明是数据项详细的描述。举个例子，数据项名称是项目状态，很多人会将数据项说明写成项目的状态，乍一看，没什么问题，但认真分析后会发觉，是什么状态？业务状态还是数据本身的有效状态？没有说明白。

③模块功能点的操作说明：这部分内容写起来比较简单，把这个功能存在的目的说明白就可以。

④规则：这一点看起来很简单，但常常会空着，这也是没有经过认真分析的结果。这里可以写一些数据的有效规则，以激活该功能，如它的前后关系的规则（业务规则）。其实认真分析后，规则是有的。如果真的没有，那就写个“无”，等想到了再写。

⑤相关业务及模块：主要说明该功能会影响到的模块，从而把相关模块及功能串起来。

⑥角色：这就更简单了，也就是谁可以操作该功能。

⑦附图：包括流程图、原型图、用例图等，只要能快速帮助读者理解的，都可以绘制出来，但

一定要注意质量，千万不要误导读者。

5. 需求规格说明书模板

每个软件开发组织都应该在其项目中采用一种标准的软件需求规格说明书模板。有许多推荐的软件需求规格说明书模板可以使用。Dorfman 和 Thayer（1990）从美国国家标准局、美国国防部、美国宇航局及英国和加拿大的有关部门收集了 20 多个需求标准和若干实例。很多人使用来自 IEEE 标准 830-1998 的模板。这是一个结构好且适用于多种软件项目的灵活的模板。

开发组织可以根据项目的需要来修改这个模板。如果模板中某一特定部分不适合所开发的项目，那么就在原处保留标题，并注明该项不适用。这将防止读者认为是不小心遗漏了一些重要的部分。与其他任何软件项目文档一样，该模板包括一个内容列表和一个修正的历史记录，该记录包含对软件需求规格说明书所进行的修改，包括修改日期、修改人员和修改原因等。如表 2-2 所示为需求规格说明书变更记录。

表 2-2　需求规格说明书变更记录

变更类型：A-增加、M-修订、D-删除

版本号	变更日期	变更类型	变更人	变更摘要	备注

6. 需求规格说明书编写

需求规格说明书要点模板如下所示。

××项目需求规格说明书

1.引言
1.1 目的
1.2 文档约定
1.3 预期的读者和阅读建议
1.4 产品的范围
1.5 参考文献
2.综合描述
2.1 产品的前景
2.2 产品的功能
2.3 用户类和特征
2.4 运行环境
2.5 设计和实现上的限制
2.6 假设和依赖
3.外部接口需求
3.1 用户界面
3.2 硬件接口
3.3 软件接口
3.4 通信接口
4.系统特性
4.1 说明和优先级
4.2 激励 / 响应序列
4.3 功能需求
5.其他非功能需求
5.1 性能需求
5.2 安全设施需求
5.3 安全性需求
5.4 软件质量属性
5.5 业务规则
5.6 用户文档

1. 引言

引言提出了对软件需求规格说明的纵览，这有助于读者理解文档是如何进行阅读和解释的。

1.1 目的

对产品进行定义，在该文档中详尽说明了这个产品的软件需求，包括修正或发行版本号。如果这个软件需求规格说明书只与整个系统的一部分有关系，那么就只定义文档中说明的部分或子系统。

1.2 文档约定

描述编写文档时所采用的标准或排版约定，包括正文风格、提示区或重要符号。

1.3 预期的读者和阅读建议

列举了软件需求规格说明书所针对的不同读者，如开发人员、项目经理、营销人员、用户、测试人员或文档的编写人员。描述了文档中剩余部分的内容及其组织结构，提出了最适合每一类型读者阅读文档的建议。

1.4 产品的范围

提供了对指定的软件及其目的的简短描述，包括利益和目标，可将软件与企业目标或业务策略相联系。可以参考项目视图和范围文档，而不是将其内容复制到这里。

1.5 参考文献

列举了编写软件需求规格说明书时所参考的资料或其他资源。这可能包括用户界面风格指导、合同、标准、系统需求规格说明、使用实例文档，以及相关产品的软件需求规格说明书。

2. 综合描述

概述了正在定义的产品及其所运行的环境、使用产品的用户、已知的限制、假设和依赖。

2.1 产品的前景

描述了软件需求规格说明书中所定义的产品的背景和起源，说明了该产品是否是产品系列中的下一成员，是否是成熟产品所改进的下一代产品、是否是现有应用程序的替代品，或者是否是一个全新的产品。

2.2 产品的功能

概述了产品所具有的主要功能。其详细内容将在模块设计中描述，所以在此只需要概略地总结、很好地组织产品的功能即可，从而使每个读者都易于理解。

2.3 用户类和特征

确定可能使用该产品的不同用户类并描述它们相关的特征。有一些需求可能只与特定的用户类相关。

2.4 运行环境

描述了软件的运行环境，包括硬件平台、操作系统和版本，还有其他软件组件或与其共存的应用程序。

2.5 设计和实现上的限制

确定影响开发人员自由选择的问题，并说明这些问题为什么成为一种限制。

2.6 假设和依赖

列举出影响需求陈述的假设因素（与已知因素相对立）。这可能包括打算要用的商业组件或有关开发或运行环境的问题，可能认为产品将符合一个特殊的用户界面设计约定，但是其他读者却可能不这样认为。如果这些假设不正确、不一致或被更改，就会使项目受到影响。

此外，确定项目对外部因素存在的依赖。例如，如果打算把其他项目开发的组件集成到系统中，那么就要依赖那个项目，以按时提供正确的操作组件。如果这些依赖已经记录到其他文档（如项目计划）中了，那么在此就可以参考其他文档。

3. 外部接口需求

用来确定可以保证新产品与外部组件正确连接的需求。关联图表示了高层抽象的外部接口。需要把对接口数据和控制组件的详细描述写入数据字典中。如果产品的不同部分有不同的外部接口，那么应把这些外部接口的详细需求并入到这一部分的实例中。

3.1 用户界面

陈述所需要的用户界面的软件组件。描述每个用户界面的逻辑特征。而对于用户界面的细节，如特定对话框的布局，则应该写入一个独立的用户界面规格说明中，而不能写入软件需求规格说明中。

3.2 硬件接口

描述系统中每一个软件和硬件接口的特征。这种描述可能包括支持的硬件类型、软/硬件之间交流的数据和控制信息的性质，以及所使用的通信协议。

3.3 软件接口

描述该产品与其他外部组件（由名称和版本识别）的连接，包括数据库、操作系统、工具、库和集成的商业组件。明确并描述在软件组件之间交换数据，或消息的目的，描述所需要的服务及内部组件通信的性质，确定将在组件之间共享的数据。

3.4 通信接口

描述与产品所使用的通信功能相关的需求，包括电子邮件、Web 浏览器、网络通信标准或协议、电子表格等，定义了相关的消息格式，规定通信安全、加密问题、数据传输速率和同步通信机制。

4. 系统特性

这部分列出了系统的特性，如对系统特性的简短性说明、特性的优先级、功能性需求等。

4.1 说明和优先级

提出了对该系统特性的简短说明，并指出该特性的优先级是高、中，还是低。还可以包括对特定优先级部分的评价，如利益、损失、费用和风险，其相对优先等级可以从 1（低）～9（高）。

4.2 激励 / 响应序列

列出输入激励（用户动作、来自外部设备的信号或其他触发器）和定义这一特性行为的系统响应序列，这些序列将与使用实例相关的对话元素相对应。

4.3 功能需求

列出与该特性相关的详细功能需求，这些是必须提交给用户的软件功能，用户可以使用所提供的特性执行服务或者使用所指定的使用实例执行任务，描述产品如何响应可预知的出错条件或者非法输入或动作，必须唯一地标识每个需求。

5. 其他非功能需求

这部分列举出了所有非功能需求，如产品的易用程度如何、执行速度如何、可靠性如何，以及当发生异常情况时，系统如何处理。

5.1 性能需求

阐述了不同的应用领域对产品性能的需求，并解释它们的作用，以帮助开发人员做出合理的设计选择。确定相互合作的用户数或者所支持的操作、响应时间及与实时系统的时间关系。还可以在这里定义容量需求，如存储器和磁盘空间的需求，或者存储在数据库中表的最大行数。尽可能详细地确定性能需求，可能需要针对每个功能需求或特性分别陈述其性能要求，而不要把它们集中在一起陈述。

5.2 安全设施需求

详尽陈述与产品使用过程中可能发生的损失、破坏或危害相关的需求。定义必须采取的安全保护或动作，以及那些需要预防的潜在的危险动作，明确产品必须遵从的安全标准、策略或规则。

5.3 安全性需求

详尽陈述与系统安全性、完整性或与私人问题相关的需求。这些问题将会影响到产品的使用和产品所创建或使用的数据的保护，定义用户身份确认或授权需求，明确产品必须满足的安全性或保密性策略。

5.4 软件质量属性

详尽陈述对用户或开发人员至关重要的其他产品质量特性。这些特性必须是确定、定量的，并在可能时是可验证的，至少应指明不同属性的相对侧重点，如易用程度优于易学程度，或者可移植性优于有效性。

5.5 业务规则

列举出有关产品的所有操作规则，例如，什么人在特定环境下可以进行何种操作。这些本身不是功能需求，但它们可以暗示某些功能需求执行这些规则。

5.6 用户文档

列举出将与软件一同发行的用户文档部分，如用户手册、在线帮助和教程，明确所有已知的用户文档的交付格式或标准。

2.4.5 原型设计与需求变更

软件需求分析是对软件可行性分析进行求精和细化，是软件项目的一个关键过程。需求分析对目标系统提出完整、准确、清晰、具体的要求。在软件项目中，很多问题都和需求有关，如需求不明确、需求变更等。而原型设计是确认需求、设计产品最重要的沟通工具，能直观地呈现系统将要完成的工作，可以低成本、快速地确认用户需求。另外，在项目开发过程中，需求的变更是不可避免的。需求变更的控制是影响项目开发质量的重要因素。如何准确地获得客户真实需求，将需求变更带来的风险降到最低？下面介绍通过原型设计明确用户需求的步骤，以及在需求变更情况下，控制风险的措施。

1. 原型设计

在实际项目开发中，我们遇到的绝大多数客户本身并不懂得设计知识和编程知识，很多问题与需求相关，如需求不明确、需求变更等，这些问题轻则导致返工，造成人员、时间、成本浪费，重则导致项目失败带来损失，而需求文档都停留在文字上，很容易造成理解上的困难。为了避免出现这种偏差，一个可交互的原型能够帮助客户理解未来产品的基本外观和动作机制。

（1）产品原型的含义

简单地说，产品原型是页面级别的信息架构、文案设计，以及页面和页面之间的交互流程，是产品功能与内容的示意图。设计方案的表达，是产品经理、交互设计师的重要产出物之一，也是项目团队的其他成员（尤其是设计人员、开发人员）的重要参考和评估的依据。

（2）原型设计的步骤

按照精细度来分，产品设计原型可分为低保真产品原型、高保真产品原型和设计成品。保真度是描述细节程度的一种度量。以下按保真度由低到高介绍不同的原型。

①低保真产品原型

所谓低保真产品原型，其实是对产品较简单的模拟，它只是简单地表述产品的外部特征和基本功能构架，很多时候是用简单的设计工具迅速制作出来，用来表示最初的设计概念和思路。

例如，用纸和笔进行的手绘、用画图软件做出的简单线框图，都算是低保真产品原型。这样的原型可以快速产出，满足项目的时间要求，同时修改方便。但是交互细节不清楚，容易造成误解等。

②高保真产品原型

高保真产品原型是高功能性、高交互性的原型设计，是展示产品功能、界面元素、功能流程的一种表现手段。原型图中无论是功能模块的大小，还是方案设计，甚至是所用的图标、图例，都使用真实素材，或者说和最终 UI（User Interface，用户界面）设计师的产出非常接近。高保真产品原型便于梳理产品细节，能够提前发现产品中潜藏的各种问题，提前处理风险，更有利于产品设计的沟通。

③设计成品

设计成品可以理解为最终产出的 UI 设计稿，也就是最终美化后的作品。设计师会运用一定的设计规范，将原型变成可以让开发人员进行实现的作品。原型的表达工具有很多，可以应用各种快速显示的工具，如 HTML、PowerPoint 等，只要能够充分而形象地表达就可以了。

在制作原型时，要根据需要选择保真度。当处于产品初期的需求确认阶段时，尽量绘制低保真的原型图更简明、快速、直接，如线框草图或手绘图等，随着需求而不断打磨和完善，可逐渐过渡到高保真的原型图，如 HTML 静态原型、数据化的可交互原型等，高保真的原型展示给利益相关者，能够更清晰地判断产品的功能和内容。

2. 需求变更

做过软件项目的人都会有这样类似的经历：用户不断地修改需求，项目就像一个“无底洞”，感觉总也做不完。需求变更的出现主要是因为在项目的需求确定阶段，用户往往不能确切地定义自己的需要是什么。随着软件开发人员不断展现功能的雏形，用户对需求的思考也会逐步加深，这样就可以对以前提出的要求进行改动。

目前已经有很多针对需求变量的解决方案，例如：

（1）项目前期尽量清晰地确定需求范围和需求基线并与客户共同确认。

（2）制定有效、规范的需求变更流程。

（3）通过原型及迭代式开发，灵活响应客户的需求。

（4）设计灵活的软件架构，能够对变化的需求进行快速响应。

案例分析

在某软件公司的季度总结会上，研发团队的几个成员正在讨论什么，似乎是公司正在进行的两个项目。情况如下。

项目 A 的项目经理属于“谦逊”型，在开发过程中，对客户提出的新需求几乎全盘接受，他认为客户就是上帝，应该最大程度地满足客户需求，这样，项目只能一再延期。

相比之下，项目 B 的项目经理正好与项目 A 的相反，项目 B 的项目经理有些“盛气凌人”，对客户提出的新要求大多不理睬，客户很不满意，但是这样，基本能够保证项目如期完成。

林达说：“我带项目一般像 A，对待客户基本是有求必应，与客户搞好关系肯定是没有错的。后期在项目验收和回款上，很容易和客户达成合作，顺利完成任务。一些工作中出现的失误，客户也能够宽容理解。”

小勤对此表示不赞同，说：“对项目经理来说，成本、质量和时间是最重要的三要素。与客户的关系当然重要，但也需要全盘考虑，可以在有限范围内满足客户需要，但也要有一定尺度，不能做出过大牺牲，否则会让整个项目走向失败。”

小黄接着小勤的话说：“我就是项目 A 的一员，已经对需求变更深恶痛绝。客户认为只是改一个简单的信息展示，可是对于项目来说，牵扯的数据表和页面太多了，这样返工的工作量太大了，不得不加班加点延长工期。现在每个项目的客户关系都应该在前期有所铺垫，遇到问题时，希望销售部门与项目经理能共同协调解决，均衡考虑各方利益，不能无限制地满足客户需求。”

林达又反驳说：“不管怎样，客户应该是第一位的，如果按照项目 B 的方式，以后会造成做一次项目丢掉一个客户，这样肯定是行不通的，以后怎么还会有生意呢？”

以上案例中，项目 A 的优点是客户满意，缺点是项目进度延期，成本增加，项目 B 的优点是可以如期交付项目，缺点是影响客户关系，对将来的合作产生不利影响。处理方案参考如下。

（1）项目前期与客户充分沟通，尽量清晰地确定项目范围和需求。向客户了解项目的整体要求，包括项目范围、交付日期、主要功能性需求等，注意将用户的需求引导到我们的实现方案中来，与销售部门保持良性沟通。

（2）用原型设计或小版本迭代的方式做好需求分析和确认。用户在项目进行中提出需求和建议是很正常的，尽早让用户见到原型，或先做出部分功能的可演示版本，早日明确需求，少走弯路。

（3）规范化变更流程，提升客户变更成本。对于用户提出的需求不能简单地接受或拒绝，要系统地评估需求变化导致的成本增加和质量改进，最终进行决策。可以考虑在与客户签订合同时，如果有需求变更，相关负责人应进行商议及审批，审批合格后再重新签订附加合同（需增加额外费用）。通过制定一系列标准，规范化双方合作规范。

（4）通过灵活的架构低成本响应客户需求变更。例如，某公司决定抽取几名骨干程序员，成立专门的项目组，把这两年做的网站类型进行分析，研发了一套建站系统，可以通过换皮肤的方式来定制界面，通过插件的方式增加或设置功能。这样能够大大降低建站成本，当用户需求变化时，只需做简单的配置就可以马上支持需求变更。

2.5　实战训练

任务 1　编写项目实训的需求文档

※　需求说明

（1）分析网上图书商城项目实训的需求。

（2）认真阅读网上图书商城实训需求文档或模板。

（3）补充或编写网上图书商城实训部分功能的需求。

任务 2　实施需求分析

※　任务描述

用户体验网上图书商城中各个模块的功能。该任务的具体要求如下。

- 在前面配置成功的环境下，运行网上图书商城。
- 注册成功后登录系统，完成一个完整的图书浏览和购物过程，通过体验来了解网上图书商城各个模块的功能。
- 根据需求分析的结果，画流程图和 E-R 图。

※　任务实施

（1）网上图书商城是一个在线图书销售系统，是一个 B2C 模式的电子商务系统。运行本系统先要准备好运行环境，采用的运行环境如下。

- 操作系统 Windows 10
- 数据库 MySQL 5.7
- 开发工具包 JDK 1.8
- 开发环境 MyEcilpse 10 / IntelliJ IDEA
- Web 服务器 Tomcat 7.0
- 浏览器 Internet Explorer 7.0
- 最佳显示效果分辨率 1024 × 768

配置好运行环境后，附加好数据库，把完整的“Books”文件夹复制到 Tomcat 服务器的“webapps”目录下即可。

（2）注册并登录网上图书商城，体验该系统各个模块的功能。

（3）根据体验的结果，画出流程图和 E-R 图，可参考图 2.7~图 2.10。

流程图如图 2.7 所示。

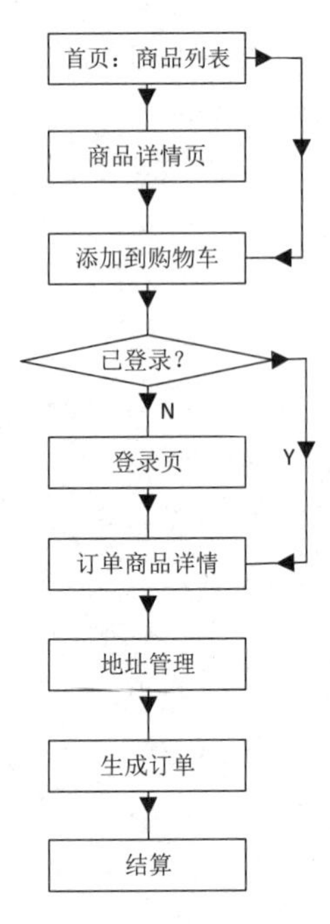

图 2.7 流程图

商品信息 E-R 图如图 2.8 所示。

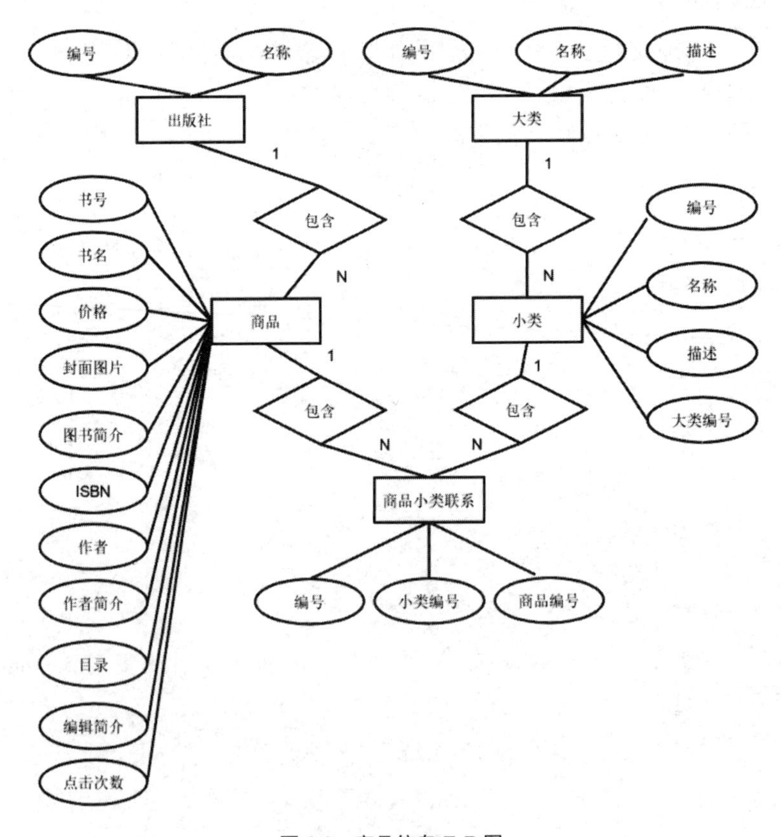

图 2.8 商品信息 E-R 图

订单信息 E-R 图如图 2.9 所示。

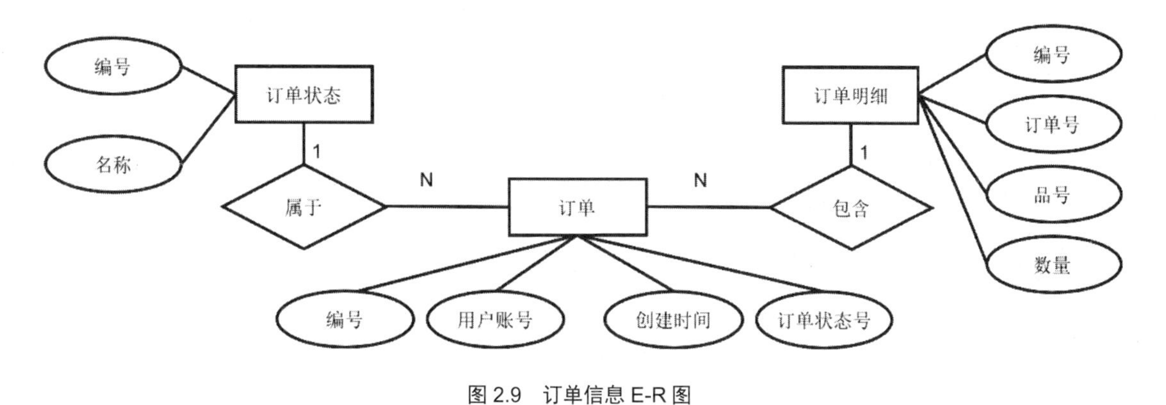

图 2.9　订单信息 E-R 图

用户相关信息 E-R 图如图 2.10 所示。

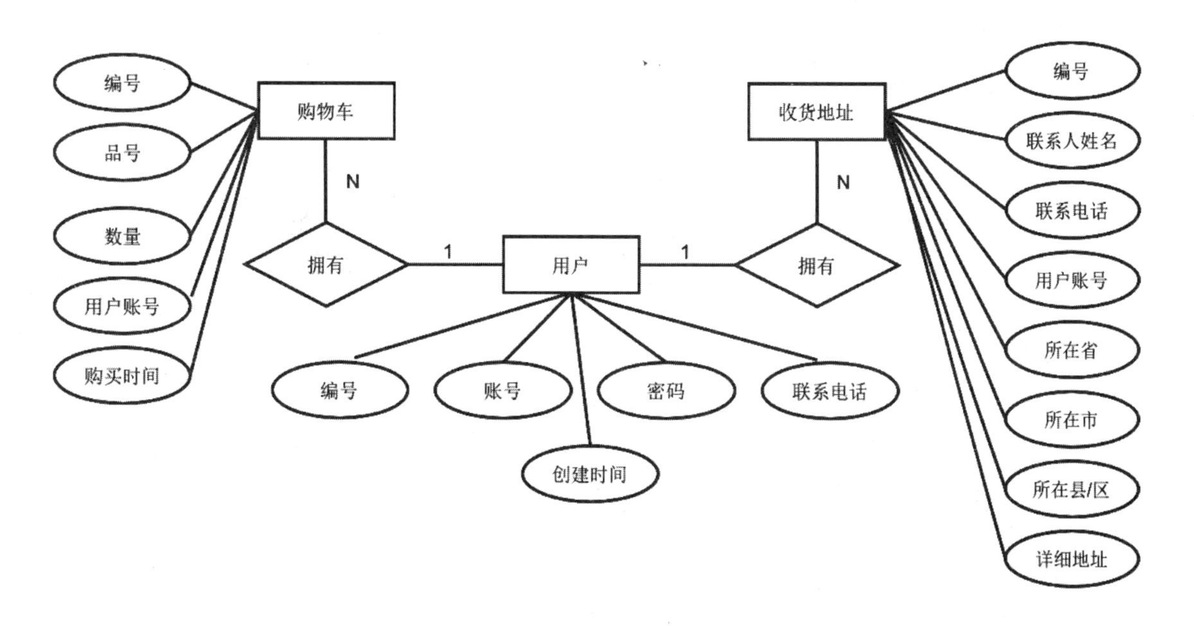

图 2.10　用户信息 E-R 图

本章总结

- 软件开发生命周期包括可行性分析与开发计划、需求分析、软件设计（概要设计和详细设计）、编码、软件测试、软件维护等阶段。软件开发生命周期中这些开发步骤的具体实施方法称为软件开发过程模型。
- 一种最简单实用的软件开发过程的组织方式就是顺序地将生命周期阶段组织起来，这就是传统生命周期模型，其中具有代表性的模型有瀑布模型、快速原型模型。
- 敏捷生命周期模型是一种能够应对需求快速变化的生命周期模型。强调以人为核心，以让客户满意为最终目标，快速迭代，持续集成，因此灵活性和可扩展性更强，逐渐被广泛接纳并推广。为了避免需求理解上出现偏差，一个可交互的原型可以帮助客户理解未来产品的基本外观和动作机制。

➢ 针对客户需求变更的解决方案有：项目前期尽量清晰地确定需求范围和需求基线并与客户共同确认；制定有效、规范的需求变更流程；通过原型及迭代式开发，灵活响应客户需求，设计灵活的软件架构，能够对变化的需求进行快速响应。

本章作业

一、选择题（每个题目中有一个或多个正确答案）

1．软件开发生命周期包含（　　）。

A．项目立项　　B．可行性分析与开发计划

C．需求分析　　D．签订项目合同

2．可行性分析与开发计划涉及的活动不包含（　　）。

A．开发与测试　　B．了解客户的目的和期望

C．初步确定项目的规模和目标　　D．编写项目可行性分析报告

3．常见的软件开发生命周期模型包含（　　）。

A．瀑布模型　　B．敏捷生命周期模型

C．选择模型　　D．发散模型

4．以下对敏捷开发模型表述正确的是（　　）。

A．以人为核心，迭代、循序渐进地开发软件

B．Backlog 为敏捷生命周期模型中一次迭代开发的时间周期

C．每天需要开站立会议

D．敏捷团队中对人的技术要求最重要

5．为了应对需求频繁变更的情况，说法正确的是（　　）。

A．将软件的核心建筑在稳定的需求上，同时留出变更的空间

B．评估需求变更带来的影响，与相关人员协商

C．无条件接受需求变更

D．严格抵制一切需求变更

二、简答题

1．对比瀑布模型和敏捷生命周期模型的异同，你更倾向于哪种开发模型？为什么？

2．举一个日常生活中关于需求频繁变更的例子，说明你的解决方案。

第 3 章

软件设计

本章目标

学习目标

◎ 理解软件设计过程

◎ 理解软件架构设计的方法和原则

◎ 掌握 4+1 视图模型架构

◎ 理解软件界面设计的方法和原则

◎ 掌握图形用户界面、网页风格的用户界面设计方法

◎ 了解移动手持设备界面设计的方法

◎ 掌握数据库设计过程

◎ 掌握语义模型、实体关系模型和关系模型设计方法

◎ 掌握业务规则提取和规范化设计方法

◎ 理解模块化设计方法和原则

◎ 掌握简单工厂模式

◎ 了解工厂方法模式和抽象工厂模式

◎ 掌握流程图的绘制

◎ 掌握概要设计文档和详细设计文档的编写知识

实战任务

◎ 为项目实训进行概要设计

◎ 为项目实训进行详细设计

本章简介

在软件需求分析阶段，已经搞清楚了软件“做什么”的问题，并把这些需求通过需求规格说明

书描述了出来，这也是目标系统的逻辑模型。进入软件设计阶段，要把软件“做什么”的逻辑模型变换为“怎么做”的物理模型，即着手实现软件的需求，并将设计的结果反映在“设计规格说明书”文档中。所以，软件设计是一个把软件需求转换为软件表示的过程，最初这种表示只是描述了软件的总体结构，称为软件概要设计或结构设计，属于软件高层设计阶段，然后对结构进行细化，称为详细设计或过程设计。本章主要介绍软件的概要设计和详细设计。

通过概要设计确定软件系统的基本框架；然后在此基础上，着手做详细设计，以确定软件系统的内部实现细节。总之，软件设计的主要任务就是在需求分析阶段已确定“做什么”的基础上，针对给定的问题，要给出软件开发的解决方案，即确定“怎么做”。软件设计是直接影响软件架构和编码实现的重要环节，所以概要设计阶段和详细设计阶段是软件工程中非常重要而又复杂的组成部分。软件概要设计阶段所涉及的内容包括：系统架构、功能模块设计、数据库设计、接口设计等；产出物有架构图、时序图、结构数据模型、接口文档和概要设计说明书等。

而详细设计阶段则是在概要设计的基础上，对交互界面、系统性能、输入/输出项等做进一步的扩展细化；其产物有详细设计说明书等，用于指导后续的软件开发、软件测试工作。

高层设计阶段的重点是软件系统的架构设计。详细设计阶段的重点是用户界面设计、数据库设计和模块设计。图 3.1 为软件设计示意图。

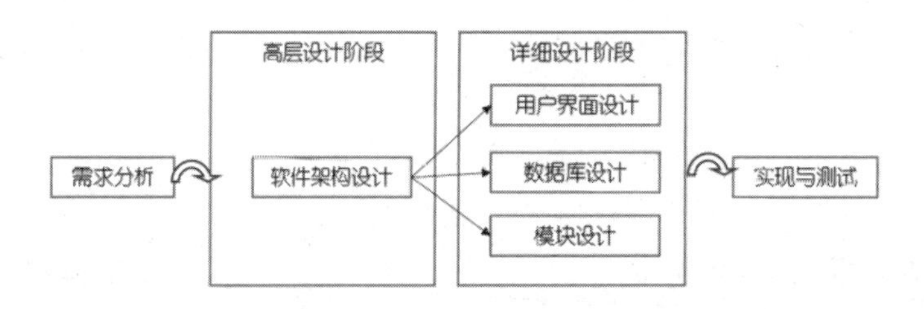

图 3.1 软件设计示意图

软件架构从顶层对系统进行设计，是从宏观角度设计系统的。架构关注的是系统结构，系统由哪些模块组成，以及组成系统各个模块之间的调用关系。架构设计使用 4+1 视图模型描述系统设计，从 5 个不同的视角来描述软件体系结构，即逻辑视图（Logical View）、进程视图（Process View）、开发视图（Development View）、物理视图（Physical View）和场景视图（Scenarios）。

3.1 软件设计概述

在通过需求分析的评审后，软件项目开发便进入了软件设计阶段。软件设计是根据所表示的信息域的软件需求，以及功能和性能需求，进行数据结构设计、系统结构设计、过程设计（算法设计）、用户界面设计。软件设计是软件开发的关键步骤，直接影响软件的质量。

软件设计既是面对软件工程的具体应用技术，也是聚焦于大批开发者相互协作结果的艺术，成功的软件系统来自于合理的软件设计。但什么是合理的软件设计呢？

一个合理的软件设计应该遵守软件设计 3W 原则。

1）Who（为谁而设计？软件系统的真正用户是谁？）

为谁设计表达的是软件系统开发人员必须认真研究用户企业的业务领域，研究企业本身的工作特点，从而对于企业本身的业务规则和流程有深刻的理解，最后形成针对这家企业业务经营状态的解决方案。

2）What（要解决用户在应用系统时的哪些问题？功能有哪些？性能有哪些？）

要解决用户的什么问题，表达的是开发人员必须把企业存在的问题提取出来，分析研究哪些问题可以用信息化技术或者特定的软件系统和工具给予解决；同时，还应该搞清楚，企业应用了该信息化技术以后，企业的业务流程需要进行更改，以及这些更改为企业带来的正面和负面影响。

3）Why（为什么要解决这些问题？将这些问题解决后，能否为用户带来价值，降低开发方的成本？）

为什么要解决用户的这些问题，表达的是如何帮助企业产生可度量的价值，而这些价值是在研究企业目前存在的问题的基础上产生的，没有这些价值的产生，对软件系统的投资是没有意义的。价值不可度量，企业领导者就不可能积极地支持应用该软件系统或者开发出某套软件系统。另外，还要注意：设计开发出来的系统应操作简单，便于用户使用。

3W 原则的本质是要求软件系统设计者围绕用户而不是围绕开发者或者时髦的技术来开展软件系统的设计和开发工作。因此，满足“用户的需求，便于用户的使用，同时又能使开发出的软件系统在应用新技术方面尽可能简单，相应地降低开发成本”，这就是软件系统开发者应该追求的设计目标。

由此可以看出，软件设计任务涉及多个方面，可以细分为概要设计和详细设计两个阶段，图 3.2 是概要设计和详细设计的具体工作内容。

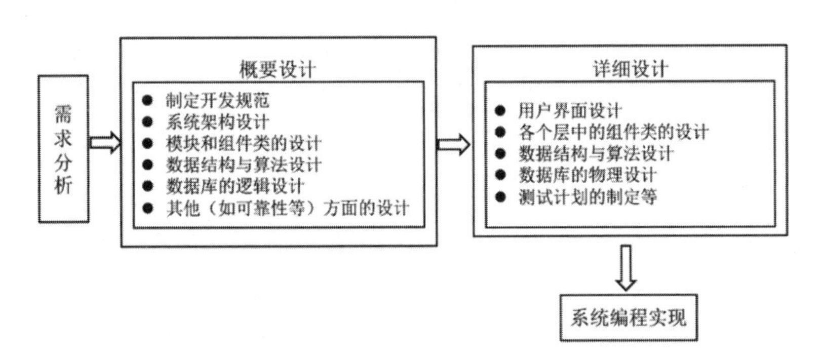

图 3.2　概要设计和详细设计的具体工作内容

概要设计的工作重点是进行系统的静态结构或者高层架构的设计，详细设计的工作重点是系统的用户界面、动态结构设计及测试计划的制定等。

3.2　软件概要设计

在 IEEE 610.12 标准中，对概要设计的定义是：概要设计是指分析设计备选方案，并定义软件体系结构、构件、接口，以及一个系统或构件的时间和大小估计的过程。

由上述定义，可以得知：概要设计实现软件的总体设计、模块划分、用户界面设计、数据库设计等；详细设计则根据概要设计所做的模块划分，实现各模块的算法设计，实现用户界面设计、数据结构设计的细化等。

3.2.1 概要设计概述

概要设计中涉及的主要内容有制定本软件系统的开发规范、软件架构设计、划分系统中各个模块并进行组件类的设计、数据结构设计、数据库的逻辑设计、其他（如可靠性等）方面的设计。

1）制定本软件系统的开发规范

制定本软件系统的各种开发规范是项目组共同开发的基础，有了开发规范和程序模块之间、项目组成员彼此之间的接口规则、方式和方法，项目组各成员就有了共同的工作语言、工作平台，使整个软件开发工作可以协调、有序地进行。制定规范涉及的主要内容如下。

（1）代码体系、模块之间的接口和命名规则。

（2）涉及文档的编制标准。

（3）与硬件、操作系统的接口规则和命名规则。

2）软件架构设计

软件架构设计是对复杂软件系统的一种抽象，如 C/S（Client/Server，客户端/服务器）、B/S（Browser/Server，浏览器/服务器）结构等应用。在系统架构设计中，应该考虑采用框架技术的形式和服务器的平台类型等内容。

3）划分系统中各个模块并进行组件类的设计

根据用户的需求，从功能上划分各个功能模块。在模块设计中应该遵守功能独立的单一职责原则（Single-Responsibility Principle，SRP）。因为功能独立的模块可以降低开发、测试、维护等阶段的代价，而且可以被重用。

4）数据结构设计

确定软件系统涉及的文件系统的结构，以及数据库中数据访问的模式，进行数据完整性和完全性的设计，并确定输入、输出文件的详细数据结构是本阶段需要考虑的问题。

5）数据库的逻辑设计

根据模块设计和划分出的各个实体类及实体类之间的关系、实体类中各个成员的属性等确定数据库表中字段和各个字段的数据类型。构造数据库的表结构必须遵循一定的规则，这就是范式。第三范式在性能、扩展性和数据完整性方面达到了比较好的平衡。

6）其他（如可靠性等）方面的设计

在运行过程中，为了能够适应环境的变化和用户新的功能要求，需要经常对软件进行修正、完善。在软件开发的一开始就要确定软件可靠性和其他质量指标，并考虑采取相应的措施使得软件易于修改和维护。

1. 概要设计的原则

软件设计的主要任务是什么？如何正确地进行系统的模块划分？在模块划分时要遵守的原则和方法、涉及的目标是什么？

评价一个软件设计的优劣，主要考查下面指标是否满足。

1）先进性

在设计思想、系统构架、采用技术和选用平台上要有一定的先进性、前瞻性和扩充性。特别要考虑一定时间内业务的增长和应用的变化趋势。在充分考虑技术先进性的同时，应尽量采用技术成熟、市场占有率比较高的软件产品（如数据库管理系统、企业框架），从而保证开发的软件系统具有良好的稳定性、可扩展性和安全性。

2）实用性

在尽量满足用户业务功能需求的前提下，结合各业务角色的工作特点，做到简单、实用和人性化。

3）可靠性

企业应用中不可避免地要涉及不同的用户群（操作层、管理层和业务层等人员），因此，信息服务系统必须在建设平台上保证系统的可靠性和安全性。系统设计中应该有适量冗余及其他保护措施，平台和应用软件应具有容错性和容灾性。

4）开放性

在系统架构、采用的技术实现和选用的平台等方面都必须有较好的开放性。特别是在选择产品上，要符合开放性要求，遵守国际标准化组织的技术标准，对选定的产品既要有自己的独特优势，又能与其他多家优秀的产品进行组合，共同构成一个开放的、易扩充的、稳定的和统一的软件系统。

5）可维护性

系统设计应标准化和规范化，按照分层设计，模块化实现，并遵守面向接口编程实现的基本原则。

6）可伸缩性

软件系统是一个循序渐进、不断扩充的过程，系统要采用积木式结构，整体构架的考虑要与现有系统进行无缝连接，为今后系统的扩展和集成留下扩充的空间。

7）可移植性

在选择开发应用的平台上，应该考虑能够建设一套与平台无关、有统一的服务接口规范和与各种数据库都能够相连的应用组件。

2. 概要设计的方法

软件设计是由宏观到微观、逐步求精的过程，设计人员采取需求的定性定量分析相结合、分解与协调相结合和模型化方法，同时兼顾系统的一般性、关联性、整体性和层次性。根据系统的总体结构、功能、任务和目标的要求分析系统，使得各子系统之间互相协调配合，实现系统的整体优化。因此，在设计中可以采取的具体方法有模块化、抽象和逐步求精、信息隐藏、内聚（cohesion）和耦合（coupling）。

1）模块化

模块化是把整个系统划分成若干个独立命名且可独立访问的模块，每个模块完成一个子功能，将多个模块组织集成起来构成一个整体，实现系统的功能，满足用户的需求。

开发中具有独立功能强和其他模块之间没有过多的相互作用的模块，可以使得每个模块完成一个相对独立的特定子功能，且与其他模块之间的关系很简单。这样做的好处有两个，一是有效的模块化（即具有独立的模块）的软件容易开发，由于能分割功能而且接口可以简化，当许多人分工合作开发同一个软件时，这点尤为重要。二是独立的模块容易测试和维护。相对来说，修改设计和程序需要的工作量会比较小，错误传播范围比较小，需要扩充功能时能够“插入”新的模块。总之，模块独立是做好设计的关键，而且设计又是决定软件质量的关键环节。

模块化设计方法强调清楚地定义每个模块的功能和其输入、输出的参数，而模块的实现细节隐藏在各自的模块之中，与其他模块之间的关系可以是调用关系，因此，模块化程序易于调试和修改。

随着模块规模逐渐减小，模块的开发成本将逐渐减少，但是模块之间的接口会变得越来越复杂，使得模块的集成成本越来越大。

2）抽象和逐步求精

抽象是指抓住事物的本质特性而暂时不考虑其细节的方法。逐步求精是指为了集中精力解决主要问题而尽量推迟并逐步考虑细节问题的方法，这是人类解决复杂问题时采用的一种基本策略，也是软件工程技术的基础。

3）信息隐藏

每个模块的实现细节对于其他模块来说都是隐藏的。为了保证数据的完整性、一致性，模块中所包含的信息是不允许其他不需要这些信息的模块使用的。

4）内聚和耦合

为了便于软件开发和维护，软件设计应该保持模块的独立性原则。模块独立程序可以由内聚和耦合两个定性标准度量。内聚衡量一个模块内部各个元素彼此结合的紧密程度，耦合衡量不同模块彼此间互相依赖的紧密程度。

在设计中，应该追求尽可能低耦合的系统。在这样的系统中可以研究、测试和维护任何一个模块，而不需要对系统的其他模块有更多的了解。此外，由于模块间联系简单，发生在一处的错误传播到整个系统的可能性就很小。因此，模块间的耦合程度强烈影响着系统的可理解性、可测试性、可靠性和可维护性。

内聚和耦合是紧密相关的，模块内的高内聚往往意味着模块间的低耦合。内聚和耦合都是进行模块化设计的有力工具。但是实践表明内聚更重要，应该把更多注意力集中到提供模块的内聚程度上。在实际工作中，只要力争做到高内聚，并能够辨别出确定内聚的模块，有能力通过修改设计提高模块的内聚程序并降低模块间的耦合程度，从而获得较高的模块独立性。

3. 概要设计的过程

概要设计的主要任务是把需求分析得到的功能模型、数据模型和行为模型转换为有关软件的系统架构、软件结构和数据结构等设计模型。经过项目组评审后，将被写进概要设计文档中，作为后期详细设计的基本依据，为程序编码提供技术定位。

通常，概要设计基本过程主要包括设计系统架构、设计软件结构和设计数据结构 3 个方面，如图 3.3 所示。

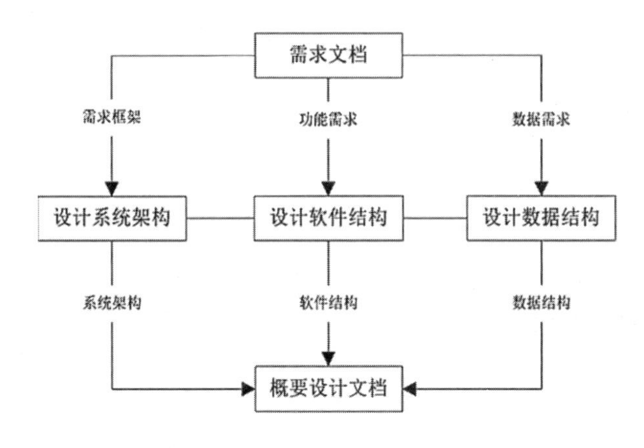

图 3.3　概要设计基本过程

（1）设计系统架构：用于定义软件系统的组成成分，包括子系统及其之间的层次结构，对子系统的控制、子系统之间的通信和数据环境等。

（2）设计软件结构：用于定义构造子系统的功能模块、模块接口、模块之间的调用与返回关系等。

（3）设计数据结构：用于定义软件系统中的数据结构、数据库结构等。

概要设计考虑的是软件系统的基本结构，至于软件系统内部实现的具体细节，则被放到详细设计中解决。例如，概要设计中的模块只是一个外壳，虽然它有确定的功能边界，并提供了通信的接口定义，但模块内部基本上是空的，具体的功能实现细节必须等到详细设计完成以后才能确定。因此，在有关软件设计的全部工作中，概要设计所提供的并不是最终设计蓝图，而只是一份具有设计价值的具体实施方案与策略，用于把握系统的整体布局。尽管概要设计并不涉及系统内部实现细节，但它所产生的实施方案与策略将会最终影响软件实现的成功与否，并影响到今后软件系统维护的难易程度。

3.2.2　系统架构设计

系统架构设计是根据系统的需求框架，确定系统的基本结构，以获得有关系统创建的总体方案。系统架构是对复杂事物的一种抽象、良好的系统体系结构，可以高效地处理多种多样的特定需求。就像大家谈到“房子”，我们脑海中马上浮现出的是房屋的印象，而不是地洞，因为“房子”是人们对住宿或办公环境的一种抽象。同时，系统架构在一定的时间内保持稳定。软件开发最怕的就是需求变化，但“需求会发生变化”是一个无法逃避的现实。人们希望在需求发生变化时，最好只对软件中相关模块部分做一些小的修改，而不宜改动软件的系统架构。这与人们对住宿的需求发生变化是一样的。在生活中，人们可以经常按照自己的想法改变房间的装饰和摆设，但不会在每次变化中都要拆墙、拆立柱、挖地基。因为这将影响到房屋的整体结构，处理不好会导致房屋损坏甚至倒塌。因此良好的系统架构必须是普遍适用、高效和稳定的。除此之外，项目组成员的团队合作及人员的稳定性也会影响项目开发的成败。但相对而言，系统架构设计师是一个软件系统的灵魂，是一个软件项目的质量保证要素之一。

做好系统架构设计的意义如下。

1）可以降低满足需求和需求变化的开发成本

对于复杂的需求，系统架构设计通过对系统抽象和分解，把复杂系统拆分成若干简单的子系统。例如，淘宝这样复杂的电商网站，最终拆分成一个个小的微服务后，每个微服务开发的难度与博客网站的难度相似，普通程序员都可以完成，降低了人力成本。

对于需求的变化，已经有一些非常成熟的架构实践了，如分层架构把 UI 和业务逻辑分离，可以在 UI 上的改动，不会影响业务逻辑的代码；许多基于插件和定制化的设计，可以满足绝大部分内容类网站的需求，降低时间成本。

2）可以帮助组织人员一起高效协作

通过对系统抽象、再拆分，可以把复杂的系统分解。分解后，开发人员可以各自独立完成相关的功能模块，最后通过约定好的接口协议集成。例如，对网站前端和后端的分拆后，可以根据开发人员的技术特长分配相关工作。有的开发人员负责前端 UI 相关的开发，有的开发人员负责后端服务的开发。根据项目组的规模，还可以做进一步细分，如前端可以有人负责移动设备的开发，有人负责网站开发。虽然每个项目组的规模并不大，但项目组成员既能有效协作，又能保证充足的战斗力。

3）可以帮助组织好各种技术

系统架构设计可以使用合适的编程语言和协议，把框架、技术组件、数据库等技术或工具有效地运用起来，以实现需求目标。就像在经典的分层架构中，UI 层通过选择合适的前端框架，如 React/Vue 实现复杂的界面逻辑，服务层使用 Web 框架提供稳定的网络服务，数据访问层通过数据库接口读/写数据，而数据库则记录复杂数据结果。

4）可以保障服务稳定运行

现在有很多的架构设计方案，可以保障服务的稳定运行。例如，分布式的架构可以把高访问量分摊到不同的服务器，即使整体流量很大，分流后的单台服务器也都能承受各自的压力；群集架构方案可以保证即使一个机房宕机，仍然还可以继续提供服务。

因此，系统架构设计是通过组织人员和技术，低成本满足需求以及需求的变化，保证软件稳定高效地运行。

1. 系统架构设计的主要内容

系统架构设计的目标是用最小的人力成本来满足需求的开发和响应需求的变化用最小的运行成本来保证软件的运行。

系统架构设计的主要内容包括以下几个方面。

（1）根据系统业务需求，将系统分解成诸多具有独立任务的子系统（规模较大的模块）。

（2）分析子系统之间的通信，确定子系统的外部接口。

（3）分析系统的应用特点、技术特点及项目资金情况，确定系统的硬件环境、软件环境、网络环境和数据环境等。

（4）根据系统整体逻辑构造与应用需要，对系统进行整体物理部署与优化。

当系统架构设计完成之后，软件项目就可以以每个具有独立工作特征的子系统为单位进行任务分解，由此可以将一个大的软件项目分解成许多小的软件子项目。

2. 系统架构设计的步骤

在确定了每个项目的系统架构设计的主要内容后，可以按照以下步骤进行系统架构设计。

（1）定义子系统。根据需求分析中有关系统的业务划分情况，将系统分解成诸多具有独立任务的子系统。

（2）定义子系统外部接口。分析子系统之间的通信与协作，以获得对子系统外部接口的定义。

（3）定义系统物理架构。根据系统的整体逻辑结构、技术特点、应用特点及系统开发的资金投入情况等，选择合适的系统物理架构，包括硬件设备、软件环境、网络结构和数据库结构，并将子系统按照所选的物理架构进行合理部署与优化。

3. 系统架构的典型结构

大型的综合应用系统大多是由许多子系统组成的。这些子系统一般能够独立运行，有自己专门的服务任务，并可能需要部署在不同的计算机上工作。组成系统的子系统具有一定的独立性，但子系统之间又具有关联性。例如，各子系统拥有共同的数据源，为了处理某个业务逻辑，相互之间需要通信，并可能需要协同工作。因此，需要根据客户需求的基本框架，完成该系统架构的设计，包括确定组成系统的各个子系统以及子系统之间的关系和所需要的数据通信，确定它们工作时所需要的设备环境、网络环境和数据环境等，对系统做出一个合理的、符合应用需要的整体部署。

为了满足用户的各种业务需求，计算机管理系统架构也随着计算机、互联网技术的发展而不断推出新的体系结构。每一种系统架构都是当时技术发展的产物，具备各自的优点与缺点，分别适用于不同的场合。因此，系统架构师要根据软件系统的实际情况和每种系统架构的特点，合理选择并使用。在交杂系统设计时，如果单独使用任一种结构无法完整描述系统的整体架构，则可以考虑将这几种结构综合使用。

1）集中式结构

所谓集中式结构（Centralized Architecture）是指由一台或多台主计算机组队中心节点，数据集中存储在这个中心节点中，并且整个系统的所有业务单元都集中部署在这个中心节点上，系统所有功能均由其集中处理。在集中式结构中，每个终端或客户端计算机仅仅负责数据的输入和输出，而数据存储与控制处理完全由主机来完成。集中式结构的最大特点是部署结构简单，它往往基于底层性能卓越的大型主机，因此无须考虑如何对服务进行多个节点的部署，也不需考虑多个节点之间的分布式协作问题。集中式结构如图 3.4 所示。

集中式结构的优点是高稳定性和高安全性，但集中式结构有较苛刻的设备要求，系统建设费用、运行费用都比较高，而且系统灵活性不够好，系统结构不便于扩充。

2）C/S 结构

互联网的发展给传统应用软件的开发带来了深刻的影响。在 20 世纪 80 年代中期出现了 C/S 结构。这是一种分布与集中相互结合的结构，依靠网络技术，将软件和数据分布在许多台不同的计算机上，但通过其中的服务器提供集中式服务。C/S 结构如图 3.5 所示。

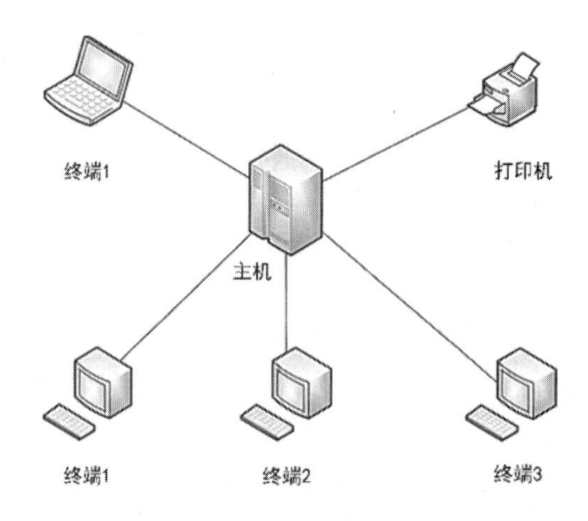

图 3.4 集中式结构

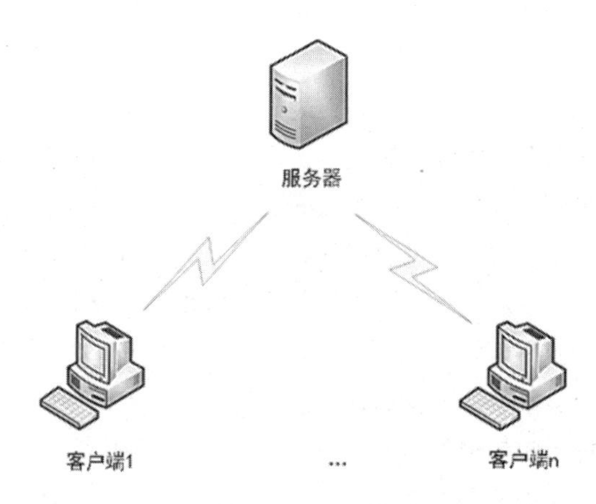

图 3.5 C/S 结构

与集中式结构中的无智能终端不同，C/S 结构中的客户端是智能的，需要安装客户程序，并需要通过客户程序访问服务器。大家常用的 QQ 就是这种结构的典型应用。大家都知道 QQ 聊天软件由客户端和服务器两部分组成。我们在使用 QQ 软件时，需要先下载 QQ 客户端，配置网络后才能实现 QQ 聊天功能。客户端部分为用户所专有，接收和显示用户之间聊天的信息，提供系统出错提示、在线帮助等信息。而服务器端部分则提供多个用户共享的信息与功能，执行后台服务，如控制共享数据库中数据的增删改查操作等。

在 C/S 结构中，客户端主动地向服务器提出服务请求；而服务器则被动地接受来自客户端的请求。一般来说，客户端在向服务器提出服务请求之前，需要事先知道服务器的地址与服务，但服务器却不需要事先知道客户端的地址，而是根据客户端主动提供的地址向客户端提供相应的服务。

C/S 结构在技术上已经很成熟，它的主要特点是交互性强，实现了数据共享，具有安全的存取模式，系统响应速度快，有利于处理大量数据。因为其灵活、便于系统逐步扩充，得到了极其广泛的应用。

但是，C/S 结构缺少通用性，系统维护、升级需要重新设计和开发，增加了维护和管理的难度，在做进一步的数据拓展时困难较多。所以 C/S 结构只限于小型的局域网。

3）多层 C/S 结构

C/S 结构已被广泛应用在基于数据库的信息服务领域，但是在客户端如果进行大量数据的处理和存储必然影响性能和数据的安全，所以演变出了多层 C/S 结构。这就是使“胖客户端”减肥，使它尽量简单，变成“瘦客户端”。更具体地说，就是将“胖客户端”中比较复杂且容易发生变化的应用逻辑部分提取出来，将它放到一个专门的应用服务器上，由此产生的结构如图 3.6 所示。

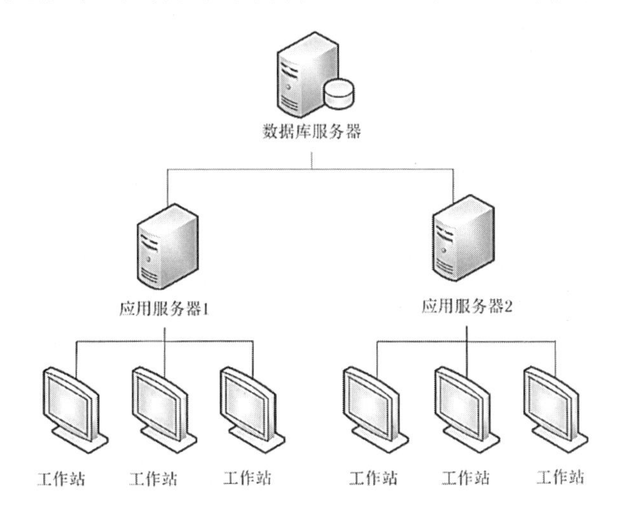

图 3.6　三层 C/S 结构

多层 C/S 的应用程序把业务逻辑独立出来，单独组成一层或多层，形成表示层业务逻辑层和数据访问层。在多层结构中，层次的划分不是物理上的划分，而是在结构逻辑上按应用目标进行划分。如果客户端要求响应速度很快，且业务组件的体积较小，则业务组件可以放在客户端。如果业务组件包含大量对数据库的操作，可以配置在数据库服务器上，以减少网络负载，提高运算速度。如果业务组件可供大多数客户端程序访问，则可以使用业务组件构成一个应用服务器。

4）B/S 结构

B/S 结构是基于 Web 技术与 C/S 结构的结合而提出来的一种多层结构。它是随着互联网技术的兴起，对 C/S 结构的一种改进。这种结构下，Web 浏览器是客户端最主要的应用软件。用户只需安装浏览器软件，而将应用逻辑集中在服务器和中间件上，就可以提高数据处理性能。在软件上，B/S 结构的客户端具有更好的通用性，对应用环境的依赖性较小，同时因为客户端使用浏览器，在开发维护上更加便利，可以减少系统开发和维护的成本。

目前，这种结构已被广泛应用于网络商务系统之中，其结构如图 3.7 所示。

BS 结构将信息表示集中到专门的 Web 服务器上，与多层 C/S 结构比较，B/S 结构多了一层服务器。B/S 结构使客户端程序更加简化，这时的客户端上已经不需要专门的应用程序，只要有一个通用的 Web 浏览器就可以实现客户端数据的应用。

B/S 结构也是逻辑结构，因此一个单一的服务器计算机可以既是 Web 服务器，又是应用服务器和数据库服务器。如果需要使系统具有更高的性能或更加稳定的运行状态，就有必要将 Web 服务、应用处理和数据管理从物理上分离开来，设置专门的 Web 服务器、应用服务器和数据库服务器。

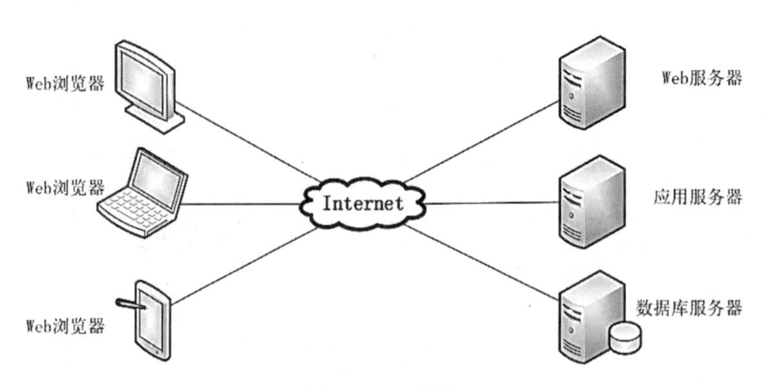

图 3.7 B/S 结构

5）分布式结构

分布式结构（Distributed Architecture）是 C/S 结构的一种特殊类型，是将相关硬件和软件组件分布在联网的计算机上，组件之间通过传递消息进行通信和动作协调的系统。

在这种结构中，数据分布存储在多台服务器上。一个分布式数据库是由分布于计算机网络上的多个逻辑相关的数据库组成的。其中，网络上的每个节点都具有独立处理能力，可以执行局部应用运算，也可以通过网络执行全局应用运算。分布式结构有如下显著的特征。

（1）分布性。分布式结构的系统由多台计算机组成，这些计算机在地域上是分散的，它们可能分布在地球上不同的洲，也可能在同一栋楼或同一个房间里。整个系统的功能是分散在各个节点上实现的，具有数据处理的分布性。

（2）自治性。各个节点都包含自己的计算机和内存，各自具有独立的处理数据功能。通常，彼此在地位上是平等的，无主次之分，既能自主地进行工作，又能利用共享的通信线路传送信息，协调任务处理。

（3）并行性。一个大的任务可以划分为若干个子任务，分别在不同的计算机上执行。

（4）全局性。必须存在一个单一的、全局的进程通信机制，使得任何一个进程都能与其他进程通信，并不区分本地通信与远程通信。同时，还具有全局的保护机制。系统中所有计算机上有统一的系统调用集合，它们必须适应分布式的环境。在所有 CPU（Central Processing Unit，中央处理器）上运行同样的内核，使协调工作更加容易。

分布式结构系统的优点有资源共享、计算速度快、可靠性高、通信方便、快捷。它实现了节点之间的通信，为信息交流提供了很大方便，不同地区的人们可以共同完成一个项目，通过传送项目文件远程登录对方系统来运行程序，协调彼此的工作。

尽管分布式结构系统具备众多的优势，但也有缺点，主要是可用软件不足，系统软件、编程语言、应用程序及开发工具都相对较少。此外，还有通信网络饱和、信息丢失和网络安全问题。在方便数据共享的同时，也意味着机密数据容易被他人窃取。但瑕不掩瑜，分布式结构是人们研究、开发和应用的方向，这些问题正在得到克服。

3.2.3 软件结构设计

在系统构架确定以后，就要进行软件结构设计了，即对系统拆分的各个子系统做结构设计。例如，将子系统进一步分解为诸多功能模块，并考虑如何通过这些模块来构造软件。

软件结构设计主要内容包括：①确定构造子系统的各模块元素；②根据软件需求定义每个模块的功能；③定义模块接口与设计模块接口数据结构；④确定模块之间的调用与返回关系；⑤评估软件结构质量，进行结构优化。

模块概念产生于结构化程序设计（Structured Programming）思想，这时的模块被作为构造程序的基本单元。在结构化方法中，模块是一个功能单位，因此可大可小。它可以被理解为软件系统中的一个子系统，也可以是子系统内一个涉及多项任务的功能程序块，并可以是功能程序块内的一个程序单元。也就是说，模块实际上体现出了系统所具有的功能层次结构。

每个模块具有输入/输出（接口）、功能、内部数据和程序代码 4 个特征。输入/输出用于实现模块与其他模块之间的数据传送，即向模块传入所需的原始数据及从模块传出得到的结果数据；功能是指模块所完成的工作。模块的输入/输出和功能构成了模块的外部特征。而内部数据是指仅能在模块内部使用的局部量；程序代码用于描述实现模块功能的具体方法和步骤。模块的内部数据和程序代码反应的是模块内部特征。

模块可以使软件系统按照其功能组成进行分解，而通过对软件系统进行分解，则可以使一些大的复杂的软件问题分解成诸多小的简单的软件问题。从软件开发的角度来看，这必然有利于软件问题的有效解决。在对各子系统按功能模块分解时，要使用抽象的方法，注意模块之间的信息隐蔽和模块间的独立性，同时要考虑以下优化原则。

（1）划分模块时，尽量做到高内聚、低耦合，保持模块相关独立性，并以此原则优化初始的软件结构。

（2）一个模块的作用范围应在其控制范围之前，且判断所在的模块应与其影响的模块在层次上尽量靠近。一个模块的作用范围是指该模块内一个判断影响所有模块的集合。一个模块的控制范围是指模块本身及其所有下属模块（直接或间接从属于它的模块）的集合。

（3）软件结构的深度、宽度、扇入、扇出应适当。

（4）模块的大小应适中。

（5）模块的接口要简单、清晰，含义明确，便于理解，易于实现、测试与维护。

（6）设计单入口、单出口模块。

（7）模块功能应该可以预测。

3.2.4 软件架构设计的 4+1 视图模型

软件架构是软件设计的高层部分，从宏观层面对软件的模块进行了划分，定义各模块的接口和模块之间的通信形式，并对软件的物理架构和用例场景进行了较为详细的设计。软件架构设计一般采用 4+1 视图模型，即逻辑视图、进程视图、开发视图、物理视图和场景视图。每个视图都反映了软件开发的一个方面。

1. 软件架构的定义

软件架构（Software Architecture）是软件设计的高层部分，是用于支撑细节的设计框架。架构也称为“系统架构”“高层设计”或“顶层设计”。架构描述的对象可直接构成系统抽象组件。各个组件之间的连接则明确与相对细致地描述组件之间的通信。在实现阶段，这些抽象组件被细化为实际的组件，如具体某个类或者对象。在面向对象领域中，组件之间的连接通常用接口来实现。

2．软件架构设计的目的

软件架构设计一般有以下几个目的。

①为大规模开发提供基础和规范。软件系统的大规模开发必须有一定的基础并遵循一定的规范，这既是软件工程本身的要求，也是用户的要求。在架构设计的过程中，可以将一些公共部分抽象提取出来，形成公共类和工具类，以达到重用的目的。

②一定程度上缩短项目的周期。利用软件架构提供的框架或重用组件，可缩短项目开发的周期。

③降低开发和维护的成本。大量的重用和抽象可以提取出一些开发人员不用关心的公共部分，这样便可以使开发人员仅仅关注于业务逻辑的实现，从而减少了其他工作量，提高了开发效率。

④提高产品的质量。好的软件架构设计是产品质量的保证，特别是对于用户常常提出的非功能性需求的满足。

3．软件架构设计的原则

软件架构设计必须遵循以下原则。

①满足功能性需求和非功能性需求。这是一个软件系统最基本的要求，也是架构设计时应该遵循的最基本的原则。

②实用性原则。就像每一个软件系统交付给用户使用时必须实用，且能解决用户的问题一样，架构设计也必须实用，否则就会成为“空中楼阁”。

③满足复用的要求。最大限度地提高开发人员的工作效率。

4．4+1 视图模型

架构视图是对从某一视角或某一点上看到的系统所进行的简化描述。描述中涵盖了系统的某一特定方面，而省略了与此方面无关的实体。

Kruchten 提出了 4+1 视图模型，从 5 个不同的视角来描述软件体系结构，即逻辑视图、进程视图、开发视图、物理视图和场景视图。每一个视图只关心系统的一个侧面，5 个视图结合在一起才能反映系统的软件体系结构的全部内容，如图 3.8 所示。

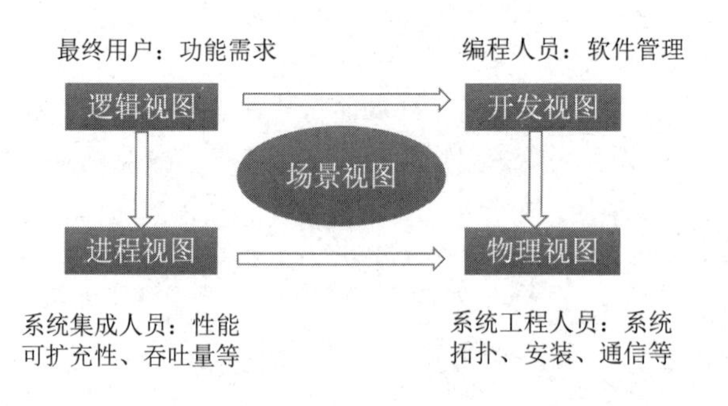

图 3.8　4+1 视图模型

1）逻辑视图

逻辑视图用来描述系统的功能需求，即在用户提供服务方面系统所应该提供的功能。在逻辑视图中，系统分解成一系列的功能抽象、功能分解与功能分析，这些都来自问题领域（Problem Definition）。在面向对象技术中，表现为对象或对象类的形式，采用抽象、封装和继承的原理。用对象模型来代表逻辑视图，可以用类图（Class Diagram）来描述逻辑视图。借助于类图和类模板，类图用来显示一个类的集合和它们的逻辑关系，如关联、使用、组合、继承等。相似的类可以划分成类集合。类模板关注单个类，它们强调主要的类操作，并且识别关键的对象特征。

逻辑视图的表示法如下。

①构件（Component）：包括类、类服务、参数化类、类层次。

②连接件（Connector）：包括关联、聚集、使用、继承、实例化。

逻辑视图的风格采用面向对象的风格。其主要的设计准则是，视图在整个系统中保持单一的、一致的对象模型，以避免就每个场合或过程产生草率的类和机制进行技术说明。

2）进程视图

进程视图考虑一些非功能性的需求，如性能和可用性。它解决并发性、分布性、系统完整性、容错性的问题，以及逻辑视图的主要抽象如何与进程结构配合在一起，即定义逻辑视图中的各个类的具体操作是在哪一个线程（Thread）中被执行的。进程视图侧重于系统的运行特性，服务于系统集成人员，方便后续性能测试。

进程视图的表示法如下。

①构件：包括进程、简化进程、循环进程。

②连接件：包括消息、远程过程调用、双向消息、事件广播。

进程视图关注进程、线程、对象等运行时的概念，以及相关的并发、同步和通信等问题。

3）开发视图

开发视图描述了开发环境中软件的静态组织结构，即关注软件开发环境下实际模块的组织，服务于软件编程人员。将软件打包成小的程序块（程序库或子系统），可以由一位或几位开发人员来开发。子系统可以组织成分层结构，每个层为上一层提供良好定义的接口。

系统的开发架构用模块和子系统图来表达，显示了“输出”和“输入”关系。对于完整的开发架构，只有当所有软件元素被识别后才能加以描述。但是，可以列出控制开发架构的规则：分块、分组和可见性。

开发视图的风格通常是层次结构。层次越低，通用性越好。

开发视图的表示法如下。

①构件：包括模块、子系统、层。

②连接件：包括参照相关性、模块 / 过程调用。

4）物理视图

物理视图主要描述硬件配置，服务于系统工程人员，解决系统的拓扑结构、系统安装、通信等问题。物理视图主要考虑如何把软件映射到硬件上，还要考虑系统性能、规模、可靠性等。物理视图可以与进程视图一起映射。物理架构主要关注系统非功能性的需求，如可用性、可靠性（容错性）、性能（吞吐量）和可伸缩性。

物理视图的表示法如下。

①构件：包括处理器、计算机、其他设备。

②连接件：包括通信协议等。

5）场景视图

场景视图又称用例视图，它综合了其他所有的视图。场景视图用于刻画构件之间的相互关系，将其他 4 个视图有机地联系起来。该视图可以描述一个特定的视图内的构件关系，也可以描述不同视图间的构件关系。

场景视图是其他视图的冗余，但它起到了两个作用：一是作为一项驱动因素来发现架构设计过程中的架构元素；二是作为架构设计结束后的一项验证和说明功能，既以视图的角度来说明，又作为架构原型测试的出发点。

3.2.5 公共数据结构设计

软件系统会对各个环节产生的数据进行处理，这些数据的作用域是不同的。有些数据只作用在某些特定子系统、模块中，而有些数据则可能活跃于整个系统的多个子系统、模块中。例如，用户成功登录系统后，进入每一个子系统或执行每一个模块之前，系统都会根据其账号进行判断并提供相关的访问权限和数据。这时，用户账号就是一个公共数据。

在软件的概要设计中，需要确定将被许多模块共同使用的公共数据。例如，公共变量、数据文件及数据库中的数据等，可以将这些数据作为系统的公共数据环境，定义公共数据可以统一系统中数据处理的格式和操作，避免因不一致导致的麻烦。

1. 公共数据设计

公共数据是指被许多模块共同使用的数据，如公共变量、数据文件及数据库中的数据等。公共数据设计包括公共数据变量的数据结构与作用范围；输入/输出文件的结构；数据库中的表结构、视图结构及数据完整性等。

以某个系统为例，其定义的公共数据可能如下。

（1）用户名必须为用户电子邮箱账号。

（2）用户昵称可以为英文和数字的组合，不能包含中文、空格、特殊字符。

（3）系统中用户的积分值必须为整数。

（4）文字特效：上标、下标、斜体、下画线。

（5）系统中所有图片格式为 JPG。

2. 数据库设计

在进行公共数据设计时，数据库设计是其中重要的内容。有关数据库设计的知识我们在相关课程中已学习掌握。在进行数据库表设计时，需要考虑基于数据库三大范式进行设计，避免数据不完整和数据冗余情况的发生。

3. 其他数据设计

完成概要设计阶段的系统架构设计、软件结构设计、公共数据结构设计的同时，还需要考虑系统的安全性设计、故障处理设计、可维护设计等。

1）安全性设计

系统安全性设计包括操作权限管理设计、操作日志管理设计、文件与数据加密设计及特定功能的操作校验设计等。概要设计需要对以上方面的问题做出专门的说明，并制定出相应的处理规则。例如操作权限，假如应用系统需要具有权限分级管理的功能，则概要设计就必须对权限分级管理中所涉及的分级层数、权限范围、授权步骤及用户账号存储方式等，从技术角度做出专门的安排。

2）故障处理设计

故障处理设计包括对各种可能出现的来自于软件、硬件及网络通信方面的故障做出专门考虑。例如，提供备用设备（如双机备份）、软件集群、容灾备份，设置出错处理模块，设置数据备份模块等。

3）可维护设计

软件系统在投入使用后必将面临维护，如改正软件错误、扩充软件功能等。对此，概要设计需要做出专门安排，以方便日后的维护。例如，在软件上设置用于系统检测维护的专用模块，预计今后需要进行功能扩充的模块，并对这些接口进行专门定义。

3.2.6　系统环境约定

在概要设计中，要对系统的运行环境进行约定，约定内容主要包括以下几个方面。

（1）硬件要求：对运行机器的 CPU、内存、硬盘、网卡等硬件或外设的要求，如一些系统需要具备身份证读卡器、摄像头、光盘刻录机、声卡、耳机、指纹输入器等外设都需要特别说明。

（2）操作系统要求：对运行机器的操作系统、浏览器，防火墙等系统软件的要求。

（3）服务器要求：对各个服务器性能、软/硬件的要求。

（4）数据库要求：对系统所使用的数据库软件及版本的要求。

（5）网络要求：对实际运行中可能遇到的各种安全威胁，采用防护、检测、反应、回复 4 个方面行之有效的安全措施，建立一个全方位并易于管理的安全体系，保障系统能够安全、稳定、可靠地运行。

3.2.7　概要设计文档

概要设计阶段需要编写的技术文档包括概要设计说明书、数据库设计说明书、用户手册。此外，还应该制定出有关测试的初步计划等。

（1）概要设计说明书是概要设计阶段必须产生的基本文档，涉及系统目标、系统架构、软件结构、数据结构、运行控制、出错处理、安全机制等诸多方面的设计说明。

（2）数据库结构设计说明书给出所使用的数据库管理系统的简介、数据模式设计、物理设计等。

（3）用户手册：对需求分析阶段编写的用户手册进行补充和修订。

（4）测试的初步计划是对测试策略、方法和步骤提出明确的要求。

概要设计文档是面向软件开发者的文档，主要作为项目管理人员、系统分析人员和设计人员之间交流的媒体。刚刚参加工作的程序员需要能看懂的概要设计文档。

注意

概要设计阶段过于重视业务流程是一个误区，同样，过于重视细节实现也是一个误区。这一点，在概要设计阶段要特别注意。

完成概要设计后，项目组邀请相关的专家进行评审工作。概要设计的评审内容主要包括以下几个方面。

（1）需求：所设计的软件是否已覆盖了所有已确定的软件需求。

（2）接口：该软件的内部接口与外部接口是否已经明确定义。

（3）模块：所设计的模块是否满足高内聚、低耦合的要求。

（4）风险性：该设计在现有技术条件下和预算范围内是否能按时实现。

（5）实用性：该设计对于需求的解决是否实用。

（6）可维护性：该设计是否考虑到今后的维护。

（7）质量：该设计是否表现出良好的质量特征。

3.3 软件详细设计概述

在 IEEE 610.12 标准中，对详细设计的定义是：详细设计是将一个系统或构件的概要设计进行精化和扩展，达到设计充分完善而能够被实现的过程。

经过概要设计，已经确定了软件的模块结构和接口描述，但每个模块如何实现仍不清晰，详细设计阶段的根本目标是确定怎么具体地实现所要求的系统，也就是说，经过这个阶段的设计工作，应该得出对目标系统的精确描述，从而在编码阶段可以将这个描述直接翻译成用某种程序设计语言书写的程序。因此，详细设计的结果基本上决定了最终程序代码的质量。

详细设计是从底层模块对系统进行设计的，具体到与用户交互的界面设计、面向数据管理的数据库设计，以及连接用户界面接口与底层数据库的中间层组件模块设计。用户界面包括桌面用户界面和 Web 用户界面，本单元的项目载体是基于 B/S 架构的项目，用户界面均是在浏览器中呈现的 Web 用户界面。数据库设计从用户需求开始，依据用户需求建立语义模型和 E-R 模型，再将语义模型和 E-R 模型转换为关系模型，最后对关系模型数据表进行业务规则提取和规范化操作，最终获得符合 3NF 的数据库产品。模块设计的主要任务是详细设计模块的接口和通信，详细设计模块的业务处理逻辑，详细设计模块数据的输入流和输出流等。

3.3.1 详细设计基本任务

详细设计的基本任务如下。

1. 为每个模块进行详细的算法设计

用某种图形、表格、语言等工具描述每个模块处理过程的详细算法。

2. 为模块内的数据结构进行设计

对于需求分析、概要设计确定的概念性的数据类型进行确切的定义。

3. 模块结构设计

确定模块接口的细节，包括系统外部的接口和用户界面，系统内部的其他模块的接口，以及模块输入数据、输出数据、全局数据的全部细节。

4. 其他设计

其他设计包括数据库设计、代码设计、输入/输出格式设计、人机对话设计、模块测试用例设计、编写详细设计说明书、评审等。

（1）数据库设计。在系统所选定的数据库管理系统中，为数据结构做物理设计，确定数据库的存储记录格式、存储记录安排和存储方法。

（2）代码设计。为了提供数据的输入、分类、存储、检索等操作，节约内存空间，对数据库中某些数据项的值要进行代码设计。

（3）输入/输出格式设计。确定每个模块的输入/输出数据的格式。

（4）人机对话设计。对于一个实时系统，用户与计算机会频繁对话，需要进行对话方式、内容、格式的具体设计。

5. 模块测试用例设计

为每个模块设计一组测试用例，以便在编码阶段对模块代码进行预定测试，包括输入数据看是否能得到期望的输出结果。

6. 编写详细设计说明书

在详细设计结束时，应当把上述结果写入详细设计说明书里，并通过复审形式形成正式的文档，作为下一阶段工作的依据。

7. 评审

对详细设计文档进行评审。在详细设计过程中需要遵循的原则：模块的逻辑描述要清晰易读、正确可靠；选择恰当描述工具来描述各模块算法。

详细设计主要使用的方法有结构化程序设计方法和面向对象程序设计方法。结构化程序设计方法和面向对象程序设计方法各具特点，通过这两种方法的相互补充，可以得到详尽的软件项目详细设计成果。

3.3.2 结构化程序设计

结构化程序设计是一种设计程序的技术，它采用自顶向下、逐步求精的设计方法。任何程序都可以通过顺序、选择、循环 3 种基本结构复合实现。结构化程序设计方法的宗旨是通过始终保持各级程序单元的单入口/单出口控制结构，使所设计的程序结构清晰，容易阅读、修改和验证。

在详细设计中可以使用的工具如下。

（1）图形工具：通过图形展示过程的细节。

（2）表格工具：使用一张表来描述过程的细节，在表中列出各种可能的操作和相应的条件。

（3）语言工具：用某种高级语言（称之为伪代码）来描述过程的细节。

由于图形工具能更直观、准确地描述过程细节，因此，成为深受软件工程师欢迎的工具。而程序流程图在多个图形工具中名列前茅。

程序流程图又称为程序框图，它是软件开发工程师最熟悉的一种算法表达工具。其主要优点是独立于任何一种程序设计语言，能比较直观、清晰地描述过程的控制流程，且易于学习掌握。

流程图中使用的主要结构包括顺序结构、选择结构和循环结构，流程图中的箭头代表的是控制流而不是数据流。图 3.9 是某网站用户登录的流程图。

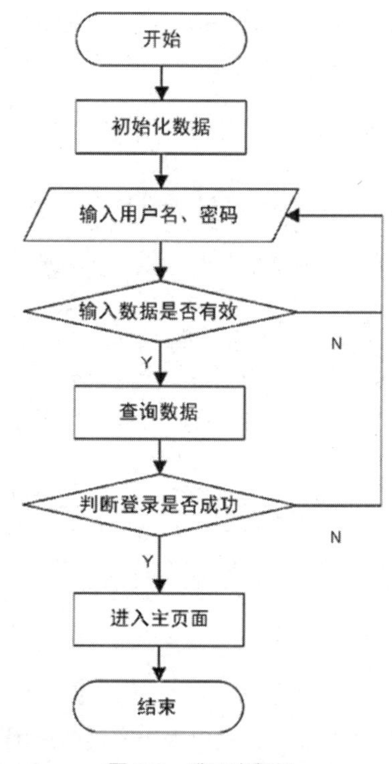

图 3.9　登录流程图

在结构化程序设计时还可以使用 N-S 图、PAD 图（Problem Analysis Diagram，问题分析图）来描述业务逻辑与程序结构，但是结构化方法不能很好地描述功能实现，随着面向对象编程（Object Oriented Programming，OOP）的发展，面向对象分析（Object Oriented Analysis，OOA）和面向对象设计（Object Oriented Design，OOD）也越来越成熟，它们是分析、设计阶段常用的方法。

3.3.3　面向对象程序设计

面向对象程序设计方法是指用面向对象的方法指导程序设计的整个过程。所谓面向对象是指以对象为中心，分析、设计及构造应用程序的机制。

面向对象技术的出发点是尽可能地模拟现实世界，由此使开发软件的方法与过程尽可能地与人对世界的认识保持一致，更接近于真实的世界。使用面向对象程序设计方法时，所有待处理的内容都表示为对象，对象之间依靠相互发送消息或响应消息实现通信。每个对象都有自己唯一的标识，以便区别属于同一个类的不同对象。

使用面向对象程序设计方法进行软件系统的详细设计过程中，可以采用 UML（Unified Modeling Language，统一建模语言）建立软件模型，以提高面向对象软件开发的每个阶段的工作效率。从记录新的问题领域中心概念的一些最初想法，到组织软件开发人员与用户、专家进行交流，到绘制出最终软件产品的图形文档记录。基于 UML 的面向对象软件开发产品会使面向对象设计更加高效、方便，而 UML 的各种图形具有描述模型的准确性和广泛性，大大提高了模型的直观性。

1. UML 介绍

UML 是一种通用的、面向对象的可视建模语言。它运用统一的、标准化的标记和定义实现对软件系统进行面向对象的描述和建模。其主要优点：直观、易于理解问题领域和发现设计中的错误，特别是有关对象之间关系的错误；便于准确地从模型到实际应用编码的转换；为软件的测试和维护提供准确的依据。

1）UML 模型图的组成

UML 提供多种图形模型，用于描述软件建模过程中各个阶段的各种模型成分。

（1）用例图（User Case Diagram）：涉及参与者、用例等图形元素，用于描述拟建软件与外部环境之间的关系。一个用例标识参与者与拟建软件之间的一个单独交互。这里的参与者可以是用户或其他外部软件环境。

（2）类图（Class Diagram）：涉及类、接口等元素，以及这些元素之间存在关联、泛化、依赖等关系，用于描述所设计软件中包含的类，以及这些类之间的静态关系，从而描绘出整个软件的静态组成和结构。

（3）对象图（Object Diagram）：是类图的实例，显示类的多个对象实例，而不是实际的类。它描述的是对象之间的关系。

（4）序列图（Sequence Diagram）：涉及对象、消息等图形元素，按时间顺序描述参与功能事务的一组对象在功能事务的执行过程中的交互操作。其中对象沿横向排列，消息沿竖向排列。

（5）协作图（Collaboration Diagram）：涉及对象、消息等图形元素，用于参与功能事务的一组对象在功能事务的执行过程中的相互协作关系，而不按照执行过程的时间顺序描述对象之间的交互操作。协作图虽然在表示对象之间的交互操作方面优于序列图，但在其他方面都不及序列图。一般只用作序列图所描述类之间动态交互关系的补充。

（6）状态图（Statechart Diagram）：涉及状态、事件等图形元素，用于显示一个类对象在经历一系列相关用例的过程中，所呈现的不同状态。

（7）活动图（Activity Diagram）：描述如何通过一组相互操作的活动产生一个期望的结果，用于说明用例图中每个用例的内部工作流程。

（8）构件图（Component Diagram）：使用构件及其构件之间的依赖关系说明系统的物理构造。

（9）部署图（Deployment Diagram）：由客户机、服务器等物理节点组成，用于描述系统的分布式架构。

（10）图 3.10 呈现了 UML 9 种图的分类关系。

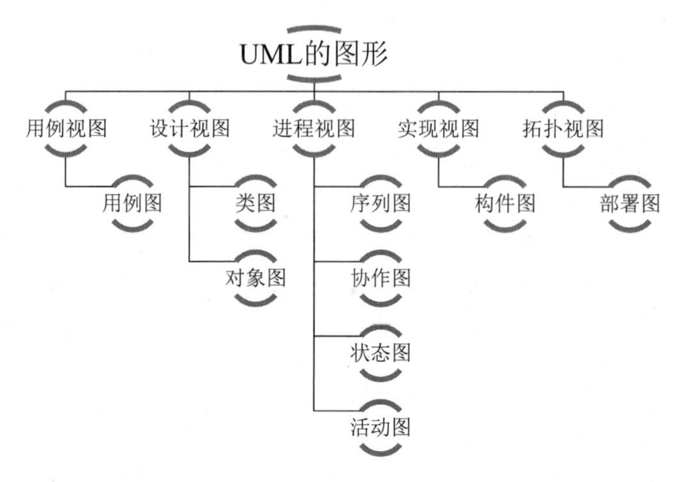

图 3.10　UML 9 种图

2）UML 建模过程

基于 UML 建模包括需求分析与系统设计这两个建模阶段。其中需求分析阶段需要绘制用例图、活动图、序列图、状态图、类图，软件设计阶段则在需求分析阶段的工作成果基础上进一步细化类图，绘制复合结构图、包图、构件图、部署图。UML 的基本建模过程如图 3.11 所示。

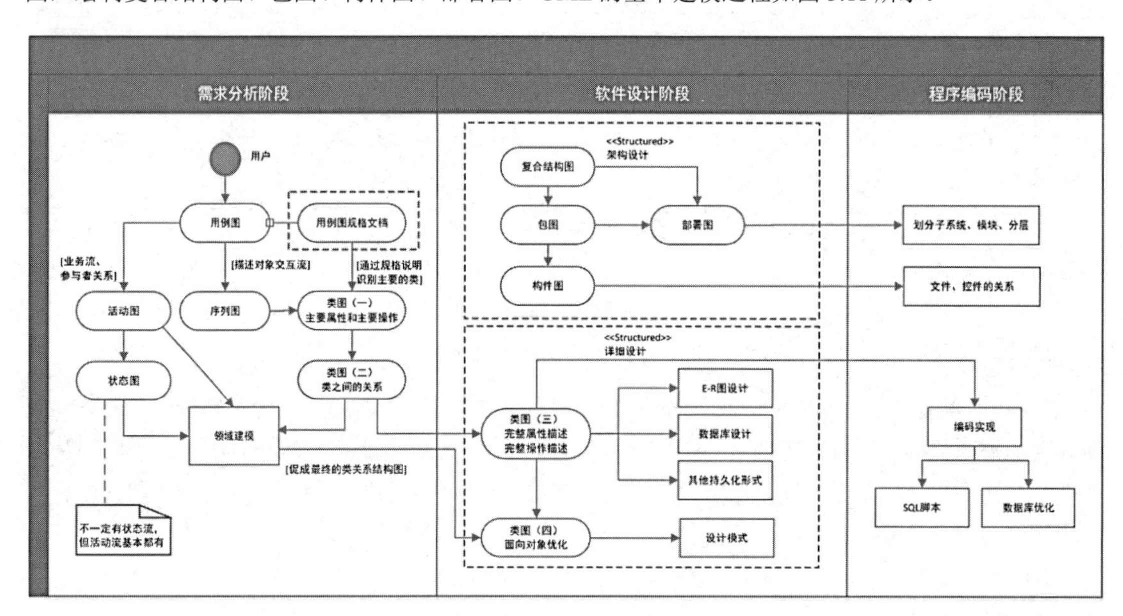

图 3.11　UML 基本建模过程

面向对象分析与设计采用了一体化的 UML 建模工具，这使得分析阶段产生的一系列结果不仅成为设计阶段的导入条件，而且诸多结果可以通过设计进行补充并逐步完善。基于 UML 的建模过程是一个以增量方式迭代的过程，需要进行多次的反复，应该说，迭代作为一种思想已经融于面向对象分析与设计之中，正是依靠迭代过程与 UML 一体化建模的结合，使得分析与设计之间能够获得有效的无痕过渡与进化，使得软件系统可以经过许多次的分析与设计的交替而不断趋于完善。

2. UML 用例图

1）用例图

用例图主要用来图示化系统的主事件流程，它主要用来描述用户的需求，即用户希望系统具备的能完成一定功能的动作。通俗地讲，用例就是软件的功能模块，所以是设计系统分析阶段的起点。设计人员根据用户的需求来创建和解释用例图，从而描述软件应具备哪些功能模块及这些模块之间的调用关系。用例图包含了用例和参与者，用例之间用关联来连接，以求把系统的整个结构和功能反映给非技术人员（通常是软件的用户），对应的是软件的结构和功能分解。

用例是从系统外部可见的行为，是系统为某一个或几个参与者（Actor）提供的一段完整的服务。从原则上来讲，用例之间都是独立、并列的，它们之间并不存在包含从属关系。但是为了体现一些用例之间的业务关系，提高可维护性和一致性，用例之间可以抽象出包含（Include）、扩展（Extend）和泛化（Generalization）几种关系。

其共性是：都是从现有的用例中抽取出的公共的那部分信息，然后作为一个单独的用例，最后通过不同的方法来重用这个公共的用例，以减少模型维护的工作量。

2）关系

（1）包含是指使用包含用例来封装一组跨越多个用例的相似动作（行为片断），以便多个基用例复用。基用例控制与包含用例的关系，以及被包含用例的事件流是否会插入到基用例的事件流中。基用例可以依赖包含用例执行的结果，但是双方都不能访问对方的属性。

包含关系最典型的应用就是复用。但是当某用例的事件流过于复杂时，为了简化用例的描述，也可以把某一段事件流抽象为一个被包含的用例。相反，当用例划分太细时，也可以抽象出一个基用例，以包含这些细颗粒的用例。这种情况类似于在过程设计语言中将程序的某一段算法封装成一个子过程，然后从主程序中调用这一子过程。

例如，业务中总是存在维护某某信息的功能，如果将它作为一个用例，那么新建、编辑及修改都要在用例详述中描述，这就过于复杂了；如果分成新建用例、编辑用例和删除用例，则划分太细。这时，包含关系可以用来理清关系。

（2）扩展是指将基用例中的一段相对独立且可选的动作用扩展用例加以封装，再让它从基用例中声明的扩展点（Extension Point）上进行扩展，从而使基用例行为更简练和目标更集中。扩展用例为基用例添加新的行为。扩展用例可以访问基用例的属性，因此它能根据基用例中扩展点的当前状态来判断是否执行自己，但是扩展用例对基用例不可见。

（3）泛化是指子用例和父用例相似，但表现出更特别的行为，子用例将继承父用例的所有结构、行为和关系。子用例可以使用父用例的一段行为，也可以重载它。父用例通常是抽象的。在实际应用中很少使用泛化关系，子用例中的特殊行为都可以作为父用例中的备选流存在。例如，业务中可能存在许多需要部门领导审批的事情，但是领导审批的流程是很相似的，这时可以使用泛化关系表示。

3）用例描述

对于用例描述的内容，一般没有硬性规定的格式，但一些必需或者重要的内容还是需要写进用例描述中的。用例描述一般包括简要描述（说明）、前置（前提）条件、基本事件流、其他事件流、异常事件流、后置（事后）条件等。

4）用例描述模板

用例描述模板如表 3-1 所示。

表 3-1 用例描述模板

内　容	说　明
系统用例编号	
系统用例名称	
用例描述	
执行者	
主过程描述	
备选过程描述	
业务规则	
涉及的业务实体	
前置条件	
后置条件	
补充说明	

下面对表 3-1 中的部分内容进行说明。

①系统用例编号：用例在本系统中的一个唯一编码，一般可以分段进行规划编码。例如，系统（QTP）＋模块（用例）＋顺序（001）=QTPJH001。

②系统用例名称：用例名称应是一个动词短话，应让读者一目了然地从中知道该用例的目标。

③用例描述：是一个较长的描述，甚至包括触发条件。

④执行者：也就是该用例的主参与者，在此应列出其名称，并给予简要描述。

⑤主过程描述。在这里写出从触发事件到目标完成的整个过程，以及清除的步骤。

```
[步骤编号#：动作描述]
[步骤编号#：动作描述]
```

⑥备选过程描述：在这里写出扩展情况，每次写一个扩展，每个扩展都应指向主场景的特定步骤。

```
[被改变步骤条件：动作或子用例]
[被改变步骤条件：动作或子用例]
```

⑦前置条件：用例的前置条件是执行用例之前必须存在的系统状态。

⑧后置条件：用例的后置条件是用例执行完毕系统可能处于的一组状态。

3. 面向对象设计建模

面向对象设计建模需要把分析阶段的结果扩展成技术解决方案，需要建立的是软件系统的技术构造模型。类图中的类由现实实体进化成为构造软件系统的类模块，有关类、对象、组件的建模都称为技术概念，并需要为软件系统的实现提供设计依据。

面向对象设计过程中的主要建模内容有类图、协作图、状态图、组件图和部署图，包括基于设计类图、协作图和状态图的逻辑模型，也包括基于组件图和部署图的物理模型。

3.3.4 详细设计说明书

详细设计说明书是在详细设计阶段产生的基本文档，是对软件各组成部分属性的描述，是概要设计的细化。在详细设计说明书中，需要通过设计类图、协作图、状态图、构件图和部署图来说明软件的业务逻辑、数据处理过程，模块间的数据接口；要通过流程图、算法描述来说明程序中各模块的实现算法、数据结构，要对核心算法、核心功能的实现进行描述。总体来说，在详细设计说明书中要有对目标系统的精确描述，从而在编码阶段可以将这个描述直接翻译成用某种程序设计语言书写的程序。

详细设计说明书是软件设计人员与软件开发人员之间交流的媒体。

3.4 详细设计——界面设计

目前，应用系统软件一般有基于窗体的桌面应用系统和基于浏览器的 Web 应用系统。此外，随着近年来移动互联网的迅速发展，基于移动互联网的手机应用系统也非常普及。这 3 类应用系统用户界面的接口设计各不相同。桌面应用系统的用户接口主要是图形用户界面，Web 应用系统的用户接口主要是网页风格的用户界面，而移动互联网应用系统的用户接口主要是手持设备用户界面。

3.4.1 用户界面

用户界面（User Interface , UI）设计包括用户研究、交互设计和界面设计。

1. 用户研究

用户研究包含两个方面：一是研究如何提高产品的可用性，使得系统的设计更容易被人使用、学习和记忆；二是研究用户的潜在需求，为技术创新提供思路和方法。

2. 交互设计

交互设计是指人机交互过程。现在，软件设计工作把交互设计从程序员的工作中分离出来，使其单独成为一个学科，称为人机交互设计。人机交互设计的目的在于加强软件的易用、易学、易理解，使计算机成为为人类服务的工具。

3. 界面设计

界面设计就像工业产品中的工业造型设计一样，是产品的重要实点。一个友好、美观的界面会给用户带来舒适的视觉享受，拉近人与计算机的距离。界面设计不是单纯的美术绘画，它需要定位使用者、使用环境、使用方式，并且为最终用户而设计，是纯粹的科学性的艺术设计。检验一个界面的标准，既不是某个项目开发组领导的意见，也不是项目成员投票的结果，而是最终的用户感受。所以，界面设计要和用户研究紧密结合起来，它是一个不断为最终用户设计满意视觉效果的过程。

3.4.2 用户界面设计原则

用户界面设计要求置界面于用户的控制之下，减少用户的记忆负担，保持界面的一致性。一般有下面一些原则。

1. 一般设计原则

1）界面的功能

界面是用户完成自己业务工作的工具。界面应该有益于用户的任务，而不是使用户对它本身产生兴趣。界面中不应包含与任务无关的内容。

2）界面类型的选择

用户界面可以有对话（问答）、菜单、全屏幕表格、命令语言等多种形式。不同的形式在用途、使用及学习的难易程度上各具特点。设计者可根据用户的类别（初学者、熟练者）、使用的频度（日常使用、偶尔使用）、开发的难易程度来选取一种或多种形式。对日常使用的功能，应主要从易于使用的角度考虑；对偶尔使用或是较高级用户使用的功能，可从开发的难易程度方面考虑。

3）用户控制

应用程序的对话和处理过程应为用户提供足够多的选择，以满足用户按其期望的方式控制程序流向的需要，即用户控制程序。程序应避免强加给用户某一动作，即程序控制用户。比如，在打印过程中，程序应允许用户中断打印，以处理夹纸等故障，而不能强迫用户打印完成后再获得控制。

4）直接性

界面应该给用户提供直接的、直观的方法来完成任务。较好的方法是，用户先选取要操作的对象，然后选择对该对象进行的操作。

5）一致性

一致性包含两层含义：与现实世界的一致性，应用程序内部及应用程序与应用程序之间的一致性。首先，程序中所使用的概念、符号应与用户的现实经验相一致；其次，在程序内部及程序之间，在概念、符号、命令、外观、操作上应保持一致。

6）反馈性

对于一个操作，用户应得到立即的、可见的反馈信息。特别是在响应时间特别长的情况下，程序应将正在做什么及正在做的任务进度的信息告诉用户，以使用户明白程序仍然在按照要求工作。

7）宽容性

当发现用户的操作有错误或可能发生不良后果时，程序应客观地提示用户，并允许用户终止当前的操作。

8）减少用户工作量

应尽可能地减少用户操作界面时的工作量。例如，一步可以完成的决不使用两步；能够自动完成的就不要用户击键。

9）恰当地设置默认值

对具有明显倾向的选择，尽可能提供默认值。为防止用户误操作，默认值应是各种选择中后果较安全的一个。

2．屏幕格式设计原则

①格式化的屏幕！但包括 4 个部分：标题、菜单、数据区和提示信息区。其中，菜单可选。

②屏幕中的内容应按照信息的相关性或使用顺序进行分组，各组间应有明显的分界标志。

③一个屏幕中用于显示信息的面积的比例一般不要超过屏幕总面积的 40%。

④对屏幕中重要的数据要进行强化，以吸引用户注意力。强化的手段包括闪烁、高亮、颜色、字符形状、字符大小、阴影、加框（线）等。但应注意，屏幕中强调的内容不能太多，否则会适得其反。

⑤在一个屏幕中，显示使用颜色的数目不要超过 6 种。

⑥数据区应当左侧对齐。当一行中有多个输入区时，每行的右侧也尽可能对齐。

3．输入过程设计原则

①明确地输入：只有当用户按下输入接收键时，才确认输入，以便用户在输入过程中纠错。

②明确地移动：要使用 Tab 键在输入项目之间显式移动光标，不要使用自动跳跃 / 转换。

③明确地取值：如果用户中断了一个输入过程，则已经输入的数据（即使是当前正输入的字段）也不应删除，以备用户选择是否删除。

④确认删除：当进行删除操作时，应让用户确认。

⑤保存提示：如果用户修改了数据，且在退出输入时尚未保存，则应提示用户保存。

⑥允许编辑：在输入的过程中或完成后，都应允许以相同的方式进行编辑。

⑦自动格式化：例如，对前导零之类的格式字符，用户可以不必输入，而由界面自动转换。

⑧数据校验：对输入的数据要进行合法性校验。没有通过校验的，不能进行下一次输入，这时可选择取消或联机帮助。

4．信息显示设计原则

①仅显示必需的数据，与用户需求或当前任务无关的数据一律省略。相关的数据应显示在一起，应尽量少用代码。

②日期的显示格式为 yyyy-MM-dd，时间的显示格式为 HH24:mm:ss。

5．提示信息设计原则

①提示信息用语要简单、易懂，不要使用计算机专业术语。例如，“记录插入成功”不如“数据已保存”直观、易懂。

②用肯定句，不要用否定句。例如，“字符串格式不正确”不如“字符串应由字母和数字组成”。

③提示信息要礼貌，不要过分。

④出错提示应尽可能详细地指定出错位置和错误原因。例如，“数据库操作错误”不如“住院号重复”清晰、具体。

⑤错误信息不要暗示用户做错了什么，而要客观地叙述问题，提供可能的解决办法。

6. 报表设计原则

①报表设计的用途应明确，每个报表要反映一个问题或主题。

②每个报表必须有一个标题，标题应安排在中间。

③根据相关内容将行分成组，将列组成块，以利于清晰阅读。一般每 3～5 行使用空行分隔。

④根据用户的需求与阅读顺序安排组与块。

⑤字符靠左对齐，数字靠右对齐，有小数时则对齐小数点。

⑥两列的间隔不小于 3 个空格。

⑦如果报表有多页，则每页应加页码。

⑧每次打印报表，都要给报表加上打印日期和时间。

7. 菜单设计原则

程序中可使用下拉菜单、级联菜单和弹出式菜单。菜单设计原则：菜单项的说明应简单明了；按相近或相关的原则将各选择项分组排列；为菜单项设置快捷键；常用的选项可设置图标。

提示

级联菜单一般不超过 3 层。

8. 操作方法原则

应用程序除了提供鼠标操作方式，还要提供在无鼠标操作时，使其完全靠键盘也能操作。

鼠标的操作方法有单击、双击和右击。在进行菜单、命令按钮等功能选择时，单击表示确认执行；在数据上单击表示选择，双击表示选择并确认；右击表示显示对象相关的属性或功能选择、提示帮助。

在输入文字时，光标的移动一般使用 Tab 键和 Shift+Tab 组合键。特殊情况下，也可考虑同时按 Enter 键。

3.4.3 用户界面分类

1. 图形用户界面

图形用户界面（Graphics User Interface，GUI）有时也称为窗口、图标、菜单。在图形用户界面中，计算机屏幕上显示的窗口、图标、按钮等图形表示不同目的的动作，用户通过鼠标等指针设备进行选择。

2. 网页风格用户界面

网页风格用户界面（Web User Interface，Web UI）通过用户浏览器展现。互联网与传统媒体最大的不同就在于，除了文字和图像，还包含声音、视频和动画等新兴多媒体元素，增加了网页界面生动性的同时，也使得网页设计者需要考虑更多页面元素的合理性运用。

3. 手持设备用户界面

手持设备用户界面（Handset User Interface，HUI），狭义上来看是手机和 PPC 的界面，广义上可以推广至移动电视、车载系统、手持游戏机、MP3、GPS 等一切手持移动设备适用的界面。

手机界面的基本要素：待机界面（Idle）、主菜单（Main Menu）、二级菜单（Sub Menu）、三级菜单（Third Level Menu）。界面除了图标和文字，比较重要的还有呼叫、发送信息、计算器、日历界面等功能性信息。

3.5 详细设计——数据库设计

数据库设计从用户需求开始，经历概念设计、逻辑设计和物理实现过程。期间共需建立 4 个模型：界面模型、语义模型、E-R 模型和关系模型。将重点讨论语义模型、E-R 模型的建立，以及依据语义模型和 E-R 模型建立关系模型。

数据库设计一般经历下面几个过程：需求分析、概念设计、逻辑设计、物理设计和运行维护。在概念设计阶段，需要通过语义模型和 E-R 模型将用户对数据的需求表示出来。在逻辑设计阶段，需要把语义模型和 E-R 模型转换为关系模型，还需要对关系模型进行业务规则提取和规范化操作。在物理设计阶段，需要选择数据库产品实现数据库的创建。

3.5.1 数据库设计定义

数据库设计是指对于一个给定的应用环境，构造最优的数据库模式，建立数据库及其应用系统，使之能够有效地存储数据，以满足各种用户的应用需求。

由于数据库应用系统的复杂性，设计数据库的过程也异常复杂，最佳设计不可能一蹴而就，只能是一种“反复探寻，逐步求精”的过程，即逐步规划和结构化数据库中的数据对象及这些数据对象之间关系的过程。

3.5.2 数据模型设计

数据库设计首先从需求分析开始，然后把用户需求转换成数据模型。数据模型一般包括用户界面模型、语义对象模型、实体关系模型和关系模型。界面模型、语义对象模型和实体关系模型属于概念设计的范畴，关系模型属于逻辑设计的范畴。

1. 语义对象模型

语义对象模型是用来文档化用户需求并建立的数据模型。它首先确定用户需求中语义对象的可标识事物，然后确定这些事物的属性来表达语义对象的特征及其之间的联系，从而建立数据模型。

语义对象模型的构建依赖于语义对象和语义对象属性。

1）语义对象属性

每一个对象都具有一定的性质，人们称之为属性。每种属性代表对象的一个特征。对象也是一个属性集合。语义对象属性有 3 种类型：简单属性、属性组和对象属性。简单属性保存简单值，如字符串、数字或日期。简单属性不可再分，是单值的。属性组保存合成值，是多个属性的组合。组成属性组的属性可以是简单属性，也可以是语义对象属性或属性组。语义对象属性是指语义对象的属性是另一个语义对象，它是一个语义对象和另一个语义对象之间建立关系的属性。语义对象属性是成对出现的，如果一个对象包含另一个对象，则另一个对象也必定包含这个对象，这种对象属性称作成对属性。

2）语义对象属性的基数

语义对象属性的基数是指该属性的取值范围。在语义对象模型中，通过属性基数来描述使对象有效地必须存在的属性实例的数目。语义对象的每个属性都有最小基数和最大基数，使用以点分隔的两个数字表示。最小基数指使对象有效地必须存在的属性实例的最小数目，这个数通常是 0 或 1。如果是 0，则该属性不一定需要有值；如果是 1，则该属性必须有值。最小基数也可能大于 1。最大基数指对象所拥有属性实例的最大数目，通常是 1 或 N。

常见属性基数的表示如下。

- 1.1 表示对象属性实例的数目恰好为 1。
- 1.N 表示可以取任意数量的值，但至少必须有一个值。
- 0.1 表示一个可选的单值。
- 0.N 表示任意数量的可选值。

3）对象标识符

对象标识符可用来标识语义对象的一个或多个属性的组合。可以在属性的左边写下文字 ID 来指示标识符，ID 加下画线表示一个唯一的标识符。

4）语义对象的类型

语义对象可分为简单对象、组合对象、复合对象、混合对象、关联对象和继承对象等。

简单对象是仅包含单值的简单属性的语义类。组合对象包含至少一个多值的非对象属性。复合对象包含至少一个对象属性。混合对象包含其他类型属性的组合。关联对象表示两个不同对象之间的关系，并存储有关此关系的额外信息。继承对象是指两个语义对象除有不同属性外，一个对象可以共享另一个对象的大多数特征。

2．实体关系模型

实体关系图（Entity-Relationship Diagram，ERD）是另一种形式的对象模型，在很多方面类似语义对象模型。但它们的关注点不同，语义对象模型关注对象类结构，而实体关系图更强调关系。实体关系图由实体（Entity）、属性（Attribute）和联系（Relation）构成。具体图形标识描述如下。

①实体：用矩形表示，在矩形框内写明实体名。

②属性：用椭圆形表示，并用无向边将其与相应的实体连接起来。

③联系：是指实体内部或实体之间的联系。实体内部的联系通常是指组成实体的属性之间的联系。用菱形表示，在菱形框内写明联系名，并用无向边分别与有关实体连接起来，同时在无向边旁标上联系的类型（1:1、1:n 或 m:n），即一对一、一对多、多对多 3 种关系。

E-R 模型的建模一般包括如下的步骤。

①确定实体，并确定每一个实体的属性。

②确定实体之间存在的联系，包括联系名、联系的类型、联系的最小基数及联系的属性。

③建立最终的 E-R 图。

④对所建立的 E-R 数据模型进行评估，即需要参照需求来证实其精确性和完整性。

3．关系模型

关系模型就是二维表格模型，因而一个关系型数据库就是由二维表及其之间的关系组成的一个数据组织。在关系模型中，关系是指具有行和列的表，表中的列对应不同的属性，属性可以以任何顺序出现，而关系保持不变。域是关系模型的一个重要特征，关系模型中的每个属性都与一个城相关，域界定了一个或多个属性的取值范围。关系的元素是表中的元组或记录，元组 1 是指关系中的一行记录。

1）关系键

键是表中具有某种属性的一列或多列构成的集合。复合键或组合键是指包含多于一列的键。

超键是表中一列或多列的特定组合，该组合使得表中不存在具有完全相同值的两行。超键定义了表中必须是唯一的一组字段，因此也称唯一键。候选键是最小的超键，如果从候选键中删除一个字段，则该键就不再是超键。表中可以存在多个超键和候选键。

唯一键是用来标识表中行的超键，唯一键是用来约束数据的，不允许向数据库中添加具有相同键值唯一键的两行数据。唯一键和候选键的区别在于它们的使用方式，唯一键是一个实现问题，而候选键是一个理论概念。

主键是一种用来表示表中唯一标识或查找行的超键，一个表只能有一个主键。主键也是一个实现问题，而不是理论性概念。主键中的字段必须包含值，基于主键的查找记录要比基于其他键的查找记录快。

次键是用来查找记录但不能保证唯一性的键。

外键是表中的一列或多列集合匹配其他表中的候选键。

2）约束

非空约束（Not Null）用于确保列不能为空。如果列上定义了非空约束，则插入或修改列时要提供数据。

唯一约束（Unique）用于唯一地标识数据。定义了唯一约束后，唯一约束的列值不能重复，但可以为空。

主键约束（Primary Key）用于唯一标识表的行。主键约束的列上不仅不能重复，也不能为空。

外键约束（Foreign Key）要求引用表中的一个或多个字段必须匹配被引用表中的主键列值。当定义外部键约束时，该选项必须指定。

检查约束（Check）用于强制列数据必须满足条件。

3）索引

索引是一种数据结构，可以更快且更容易地基于一个或多个字段中的值查找记录。索引不等同于键。索引是从数据库中获取数据的最高效方式之一。占比超过 95%的数据库性能问题都可以采用索引技术得到解决。

索引的使用原则如下。

➢ 逻辑主键使用唯一的成组索引，对任何外键列采用非成组索引。

➢ 运行查询显示主表和所有关联表的某条记录时创建外键索引，可以提高查找速度。

➢ 对备注字段不要使用索引，不要索引大型字段（有很多字符的字段），这样做会让索引占用太多的存储空间。

➢ 不要索引常用的小型表。不要为小型数据表设置任何键。对于经常进行插入和删除操作的小型表，这些插入和删除操作的索引维护可能比扫描表空间消耗更多的时间。

4）关系数据库完整性

关系数据库完整性实现机制主要有两类：实体完整性和参照完整性。

实体完整性是指在一个基本表中主键列的取值不能为空。主键是用于唯一标识记录的最小标识，意味着主键的任何子集都不能提供记录的唯一标识。如果允许主键取空值，则并不是所有的列都用来区分记录，这与主键的定义矛盾。

参照完整性是指如果表中存在外键，则外键值必须与主表中的某些记录的候选键值相同，或者外键的值必须全部为空。

3.5.3 提取业务规则

软件是分层架构的。多层应用程序使用多个不同的层来处理不同的与数据相关的业务。多层应用程序最常见的应用形式采用三层。第一层是用户界面，显示数据并允许用户操作这些数据。这一层可以执行一些基本的数据验证。第二层是业务逻辑层，逻辑层属于中间层，该层实现了所有的业务规则。当界面层向数据库发送数据时，逻辑层验证数据是否满足业务规则。第三层是数据库，可存储数据，这些数据有些少量的规则限制。

与数据相关的业务规则根据处理方法的不同分散在不同层次上。识别和提取业务规则可以从三个方面来进行。

①识别和提取应该在数据库的结构中实现的业务规则。

②识别和提取应该在中间层实现的业务规则。

③识别和提取应该在界面中实现的业务规则。

当关系模型建立后，需要从以上三个方面对表字段的数据类型及其值域建立业务规则。

3.5.4 数据规范化设计

设计关系数据的方式可能存在各种各样的问题。设计的数据表中可能包含重复的数据，这不仅浪费空间，而且更新所有这些重复的值既耗时又费事。设计时，可能会错误地关联两个不相关的数据段，因此不能在保留一个数据段的情况下删除另一个数据段。设计时，也有可能为表示一段应该存在的数据将不应该有的数据考虑进来。所有的这些问题都称为异常。规范化是重新安排数据库的过程，能使数据库防止这些异常问题出现。共有 7 种不同的规范化级别，每一级别包括它之前的那些级别。规范化通常作为对表结构的一系列测试来决定它是否满足或符合给定范式。一般项目中使用三个级别，按照从弱到强依次是第一范式（First Normal Form，1NF）、第二范式（Second Normal Form，2NF）和第三范式（Third Normal Form，3NF）。

1. 第一范式（1NF）

1NF 是对属性的原子性约束，要求属性具有原子性，不可再分解。1NF 的限定条件如下。

①每个列必须有一个唯一的名称。

②行和列的次序无关紧要。

③每一列都必须有单个数据类型。

④不允许包含相同值的两行。

⑤每一列都必须包含一个单值。

⑥列不能包含重复的组。

2. 第二范式（2NF）

2NF 是对记录的唯一性约束，要求记录有唯一标识，即实体的唯一性。2NF 的限定条件如下。

①它符合 1NF。

②所有的非键值字段均依赖于所有的键值字段。

3. 第三范式（3NF）

3NF 是对字段冗余性的约束，即任何字段不能由其他字段派生出来，它要求字段没有冗余。3NF 的限定条件如下。

①它符合 2NF。

②它不包含传递相关性。

传递相关性是指一个非键值字段的值依赖于另一个非键值字段的值。

3NF 的第二个条件可以这样理解，即所有的非主键列的值都只能从主键列得到。

3.5.5 数据库安全性设计

安全设计确保当数据库存储数据被破坏时及当数据库用户误操作时，数据库信息不致于丢失。

1. 防止用户直接操作数据库

在运行环境中，必须严格管理系统用户。数据信息管理员必须修改其默认密码，禁止该用户建立数据库应用对象，以及删除或锁定数据库测试用户。

2．用户账号加密处理

应用级的用户账号密码不能与数据库相同，以防止用户直接操作数据库。管理员只能用账号登录到应用软件，通过应用软件访问数据库，而没有其他途径操作数据库。

3．角色与权限控制

必须按照应用需求设计不同的访问权限，包括应用系统管理用户、普通用户等，并按照业务需求建立不同的应用角色。用户访问另外的用户对象时，应该通过创建同义词对象进行访问。

确定每个角色对数据库表的操作权限。只有管理员才可以对所有的信息进行所有操作，而普通用户只可以对相关信息进行一些基本操作，而不具备所有的操作权限。

3.5.6 数据库设计规范

1．设计规范

1）采用有意义的字段名

（1）每个单词要求全部用小写，用下画线“_”连接每个单词，如 cus_address。

（2）尽可能地把字段描述清楚。例如，customer_shipping_address_street_line，虽然很富有说明性，但大多数人不愿意输入这么长的名字。

2）遵守 3NF 标准

（1）表内的每一个值都只能被表达一次。

（2）表内的每一行都应该被唯一地标识（有唯一键）。

（3）表内不应该存储依赖于其他键的非键信息。

表设计应符合第三范式的规则。但如果过分追求第三范式，会造成过度规范化，即使用了大量的、小的、相互关联的表来定义数据库。在数据库对这些表中的数据进行处理时，必须执行大量的额外工作以组合相关的数据。这种额外处理可能降低数据库的性能。在这种情况下，可以适当降低数据库的规范化程度以简化复杂处理，同时可以提高性能。

3）字段设计规定

（1）具有序号含义的列应尽量采用 MySQL 提供的 Identity 列（Oracle 可以采用序列），以有效避免重号及跳号。

（2）数值型的列都要有默认值。

（3）明显不能为空的列，必须禁止为空。

（4）可以为空的列，应根据实际情况，设定适当的默认值。

（5）在命名字段并为其指定数据类型时，一定要在数据库中使其保持一致性。

假如外键在某个表中叫作“agreement_number”，则不要在另一个表中把名字改成“ref1”。假如数据类型在一个表中是整数 int，则不要在另一个表中变成字符型 varchar。

4）视图设计规则

（1）不推荐在视图之上再建立视图。

（2）定义视图的查询不可以包含 ORDER BY、COMPUTE 或 COMPUTE BY 子句或 INTO 关键字。

（3）不能创建临时视图，也不能在临时表上创建视图。

5）索引设计规则

（1）在考虑是否为一个列创建索引时，应考虑被索引的列是否以及如何用于查询中。

一个表如果建有大量索引会影响 INSERT、UPDATE 和 DELETE 语句的性能，因为更改表中的数据时，所有索引都必须进行适当的调整。另外，对于不需要修改数据的查询（SELECT 语句），大量索引有助于提高性能，因为 MySQL 有很多索引可供选择，以便能确定以最快的速度访问数据的最佳方法。

（2）在查询时经常用到的所有列上创建非聚集索引的情况。

- 日期列。
- 数量列。
- 在 FOREIGN KEY 列上建立索引。
- 在 ORDER BY 的列上建立索引。
- 在范围查询的列上建立索引。
- 在精确匹配查询的列上建立索引。

（3）对小型表进行索引可能不会产生优化效果，因为在遍历索引以搜索数据时，花费的时间可能会比简单的表扫描还长。

2. 命名规则

在下面的命名规则中，我们会经常用到一个词“标识”，标识是描述特定含义的英文单词，标识内容太长时，可以将标识内的英文单词用缩写的形式。

1）数据库的命名

数据库名称，即数据库内容标识。

2）表和表字段的命名

（1）表（Table）的命名。

表名称=表名前缀+下画线“_”+表内容标识。例如，系统用户信息表 sys_user_info。命名应尽量反映表所存储的数据内容。

表名前缀是指以该表及与该表相关联的一系列表的内容而得到一个代表统一的标识，一般采用模块名的缩写。例如，系统模块 sys。

（2）字段（Field）的定义。

字段名称由表名缩写、下画线“_”及字段名称构成。

3）视图名

视图的名称由“v”、下画线“_”及视图内容。例如，用户信息视图 v_user_info。

4）存储过程名

存储过程名称由 usp（存储过程前缀）下画线“_”、存储过程类型（增删改查）、存储过程内容组成。例如，校验用户密码 usp_seclet_chk_user_pass。

5）命名中其他注意事项

（1）命名都采用英文字符，禁止使用中文命名。

（2）命名都不得超过 20 个字符，变量名的长度限制为 20（不包括标识字符@）。

6）SQL 语句的编写规范

关键字大写。在 SQL 语句的编写中，凡是 SQL 语句的关键字一律大写，如 SELECT、ORDER BY、GROUP BY、FROM、WHERE、UPDATE、INSERT INTO、SET、BEGIN、END 等。

7）索引

索引由 idx、下画线“_”、字段组成。

8）外键

外键由 fk、下画线“_”、字段组成。

3.6 详细设计——模块设计

模块化设计是对一定范围内的不同功能或相同功能不同性能、不同规格的产品进行功能分析，并在此基础上划分并设计出一系列功能模块。通过模块的选择和组合构成不同的顾客定制的产品，以满足市场的不同需求。

3.6.1 模块化

1．模块的概念

为了解决问题，有时需要把软件系统分解为若干模块，每个模块完成一个特定的子功能。当把所有模块按照某种方式组装到一起时，称为一个整体，此时便可以获得满足问题需要的一个解，这就是模块化思想。所谓模块，就是具有独立名称的组件，或程序中的可执行语句等程序代码。模块具有以下几个基本要素。

①接口：用于模块的输入与输出。

②功能：是模块存在的必要条件，模块必然是为了实现某个功能而诞生的。

③状态：是指可执行模块运行所需的一个数据结构，每个模块要负责在它的所有入口点（即任何执行代码流可以进入模块的地方）进行状态数据的切换。

④逻辑：是指该模块的运行环境，即模块的调用与被调用关系。

提示

功能、状态与接口反映模块的外部特征，逻辑反映它的内部特征。

2．模块化的优点

①模块化是软件工程中解决复杂问题的一种有效手段。将复杂的软件系统进行适当的分解，不仅可以使问题简化，而且还可以降低工作量，从而降低成本，提高开发效率。

②模块化可使软件结构清晰，易于阅读和理解。

③使用模块化结构建造的软件便于修改、维护和调试。

④模块化可获得较高的软件可靠性。

⑤模块化便于工程化协作。

3. 信息隐蔽

所谓信息隐蔽，是指在设计和确定模块时，将一个模块内包含的自身实现细节与数据隐藏起来，对于其他不需要这些信息的模块来说是不能访问的，而且每个模块只完成一个相对独立的特定功能。模块之间仅仅交换那些为完成系统功能必须交换的信息，即模块应该独立。

4. 模块独立性的判定准则

为了降低系统的复杂性，提高可理解性、可维护性，必须把系统划分为多个模块。但模块不能任意划分，应尽量保持其独立性。模块的独立性指每个模块只完成系统要求的独立的功能，并且与其他模块的联系尽量少且接口简单。

1）模块的耦合

耦合度是对软件结构中模块关联程度的一种度量。独立性高的模块，在模块之间必然存在较低的耦合度。反之，模块之间的联系越紧密，其耦合度就越强，模块的独立性就越差。模块之间的耦合度取决于模块间接口的复杂性、调用方式及通过界面（页面）传递的数据多少等。模块间的耦合程度直接影响系统的可理解性、可测试性和可维护性。

软件模块的耦合度分为 7 级，即非直接耦合（Nodirect Coupling）、数据耦合（Data Coupling）、控制耦合（Control Coupling）、特征耦合（Stamp Coupling）、外部耦合（External Coupling）、公共耦合（Common Coupling）和内容耦合（Content Coupling）。

一般来说，软件设计时应尽量使用数据耦合，减少控制耦合，限制外部耦合和公共耦合，杜绝内容耦合。

提示

非直接耦合的耦合度最低，而内容耦合的耦合度最高。

2）模块的内聚

决定系统结构的另一个因素是模块内部的紧凑性，即模块的内聚。模块的内聚与模块之间的耦合实际上是一个问题的两个侧面。独立性高的模块必然存在较低的模块精合度：从另一个侧面看，必然存在紧密的内部聚合度。组成模块的功能联系越紧凑，内聚度就越高。

内聚度按其高低程度可以分为 7 级，即偶然性内聚（Coincidental Cohesion）、逻辑性内聚（Logical Cohesion）、时间性内聚（Temporal Cohesion）、过程性内聚（Procedural Cohesion）、通信性内聚（Communicational Cohesion）、顺序性内聚（Sequential Cohesion）和功能性内聚（Functional Cohesion）。

在进行软件设计时，应该能够识别内聚度的高低，并通过修改和设计尽可能提高模块的内聚度，从而获得较高的模块独立性。

注意

模块设计目标：强内聚，弱耦合。

3.6.2 抽象与逐步求精

抽象是认识复杂现象过程中经常使用的一种思维方式，也是心理学的概念，它要求人们将注意力集中在某一层次上考虑问题，而忽略那些低层次的细节。所谓抽象，就是高度概括事物主要的或本质的特性，暂时忽略或不考虑其细节。

在软件开发过程中经常会应用到抽象的概念，每一次都是对较高一级抽象的解进行一次具体化的描述。在系统定义阶段，软件系统被描述为基于计算机的大系统的一个组成部分。在软件需求分析阶段，软件使用用例建模表达问题域。在软件设计阶段，细化用例模型，在不同级别上考虑和处理问题的过程；在架构设计阶段，考虑更多的是系统框架、模块之间的关联，描述的对象是直接构成系统的抽象组件；而详细设计阶段则实现系统的框架，将这些抽象组件细化为实际的组件，如具体到某个类或者对象，其抽象级别再一次降低。编码完成后，便达到了抽象的最低级。

逐步求精是与抽象密切相关的一个概念。求精的每一步都是用更为详尽的描述替代上一层次的抽象描述，故在整个设计过程中产生的具有不同详细程度的各种描述组成了系统的层次结构。层次结构的上一层是下一层的抽象，下一层是上一层的求精。

3.6.3 工厂设计模式

简单工厂、工厂方法、抽象工厂都属于设计模式中的创建型模式，其主要功能都是把对象的实例化部分抽取了出来，优化了系统的架构，并且增强了系统的扩展性。

1. 简单工厂

简单工厂类（Simple Factory）负责创建具体产品类（ConcreateProductA 和 ConcreateProductB）的实例。抽象产品类（Product）是具体产品类实现的接口。

简单工厂模式的工厂类一般使用静态方法，通过接收参数的不同来返回不同的对象实例。该模式的扩展性不好。

2. 工厂方法

工厂方法针对每一种产品提供一个工厂类。可通过不同的工厂实例来创建不同的产品实例。在同一等级结构中，支持增加任意产品。

3. 抽象工厂

抽象工厂类（Abstract Factory）是应对产品族概念的。比如，所有汽车公司可能要同时生产轿车、货车和客车，那么每一个工厂都要有创建轿车、货车和客车的方法，增加新的产品线很容易，但是无法增加新的产品。

在工厂设计模式中，重要的是工厂类，而不是产品类。产品类可以是多种形式、多层继承的，也可以是单个类。工厂设计模式的接口只会返回一种类型的实例。使用工厂设计模式，返回的实例一定是工厂创建的，而不是从其他对象中获取的。

3.7　实战训练

任务 1　阅读、编写项目实训的概要设计文档

需求说明

阅读软件项目的概要设计文档。

根据项目实训的系统需求，编写概要设计文档的内容。

任务 2　阅读、编写项目实训的详细设计文档

需求说明

阅读软件项目的详细设计文档。

根据项目实训的概要设计相关文档，编写详细设计说明书。

任务 3　实施模块分析

※　需求说明

用户体验网上图书商城中各个模块的功能。该任务的具体要求如下。

- 在前面配置成功的环境下，运行网上图书商城。
- 注册成功后登录系统，完成一个完整的图书浏览和购物过程，通过体验来了解网上图书商城各个模块的功能。

※　任务解析

该系统可以实现会员注册、浏览图书、查看图书信息、选购图书、取消订单、查看订单、顾客留言等功能。

（1）新用户注册模块

通过首页提供的注册链接，用户可以注册为网上图书商城会员，用户注册时需要填写必填资料和可选资料，只有成功注册的用户登录后才可以购物，非注册用户只能浏览图书资料，不能购买。新用户注册页面如图 3.12 所示，在此界面可快速注册用户名和登录密码。

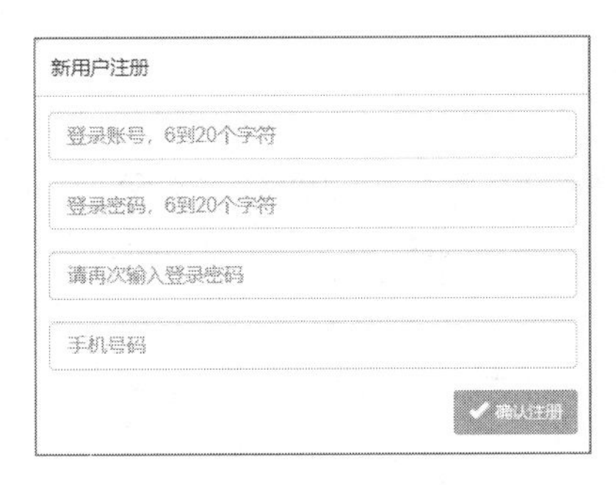

图 3.12　新用户注册页面

（2）会员登录模块

注册会员通过首页提供的登录入口可以登录到网上图书商城。输入注册的用户名和登录密码可以登录本网站进行购物。会员登录时的界面如图 3.13 所示，登录后的界面如图 3.14 所示。

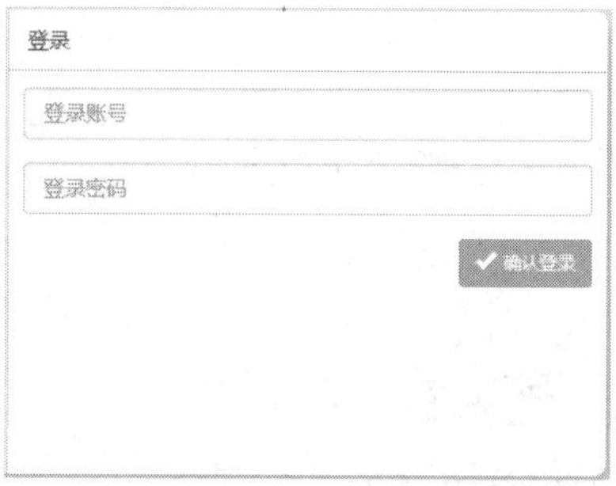

登录

登录账号

登录密码

✔ 确认登录

图 3.13　会员登录时的界面

图 3.14　会员登录后的界面

（3）图书展示模块

➢　图书分页展示

进入网上图书商城后，在网站首页展示最新图书信息列表，可以通过单击“切换显示方式”选项调整一行显示一条数据和一行显示多条数据，如图 3.15 所示。

（4）图书详情模块

用户在浏览图书信息时可以单击“查看详情”按钮，查看图书价格、图书简介等详细信息，如图 3.16 所示。

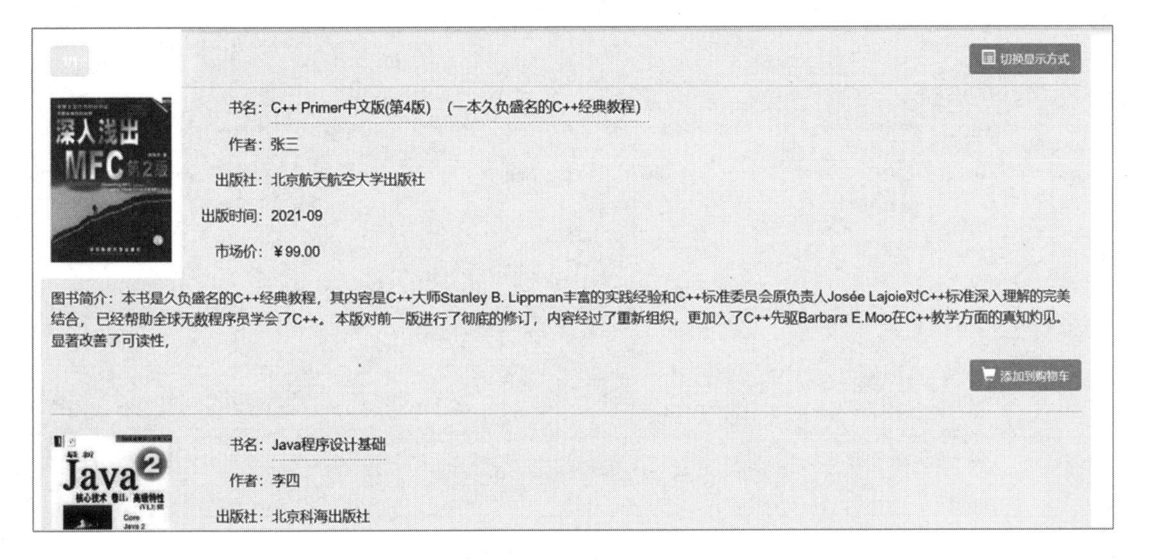

图 3.15　图书分页展示

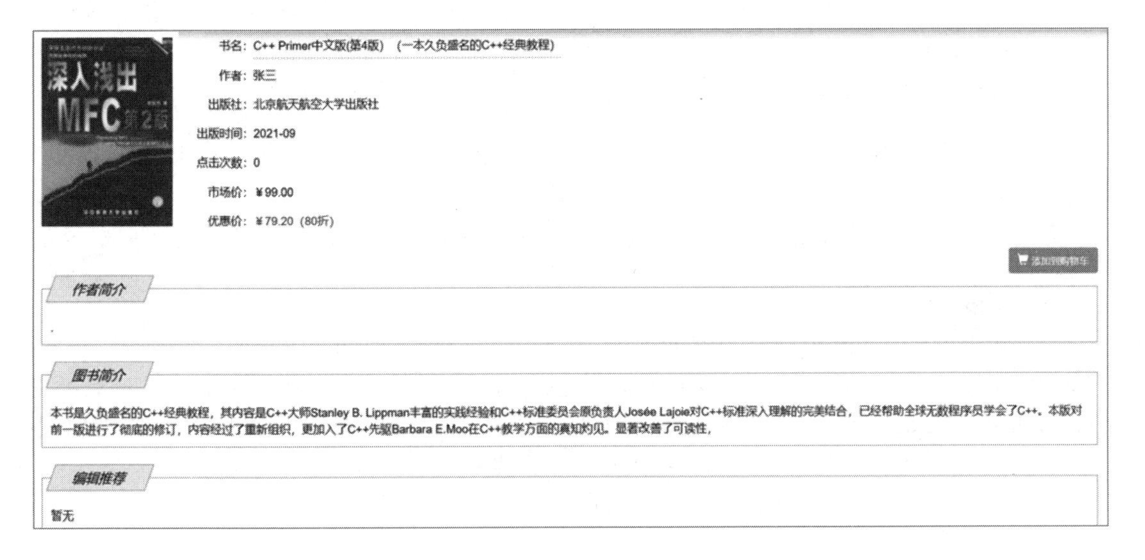

图 3.16　图书详细信息

（5）购物车模块

注册用户在浏览图书信息时可以单击“购买”按钮，购买指定的图书，即将图书放入购物车中。对于购物车中的图书，用户可以确认购买，也可以退还图书（通过单击“移除”按钮完成），还可以增减所购图书的数量，如图 3.17 所示。

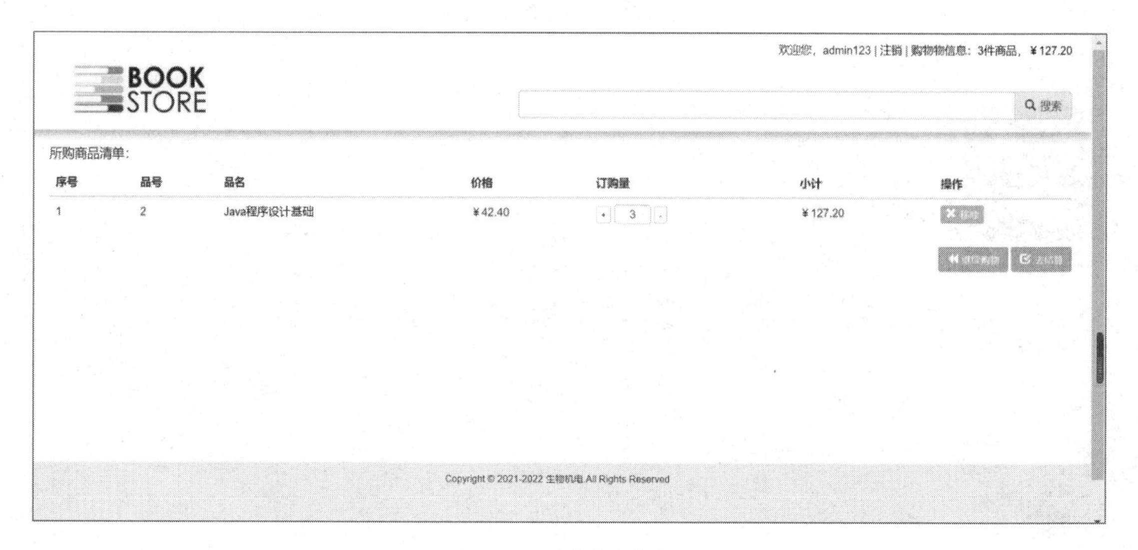

图 3.17 用户的购物车

任务 4 实施数据库设计

※ 需求说明

用户体验网上图书商城，并设计网上图书商城的数据库。该任务的具体要求如下。

- 在前面配置成功的环境下，运行网上图书商城软件，通过体验来了解网上图书商城各个模块的功能。
- 根据网上图书商城功能的描述和实际业务分析，设计出数据库。

※ 任务解析

关系数据库是以关系模型为基础的数据库，它利用关系描述现实世界。一个关系既可用来描述一个实体及其属性，也可用来描述实体间的一种联系。经过分析，本系统数据库包含出版社表（Publishers 表）、大类表（Departments 表）、小类表（Categories 表）、商品表（Products 表）、商品小类联系表（ProductCategories 表）、用户表（Users 表）、购物车表（Carts 表）等数据库表。

业务信息数据库模型如图 3.18 所示：

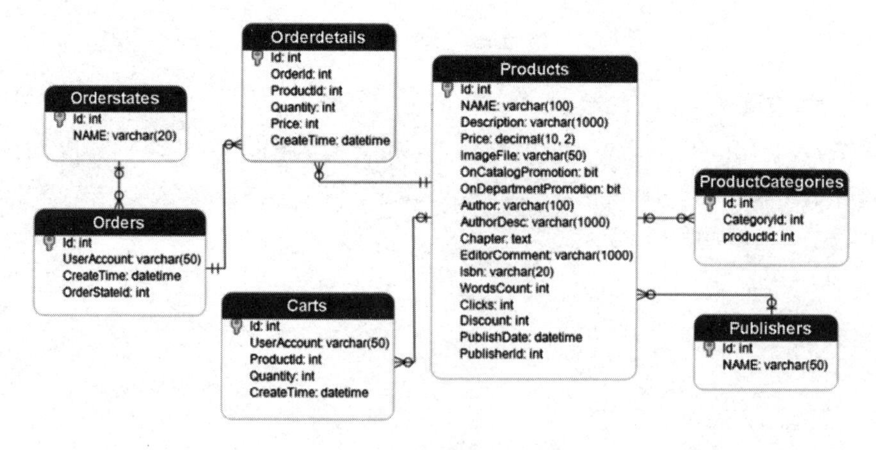

图 3.18 业务信息数据库模型图

用户信息数据库模型如图 3.19 所示.

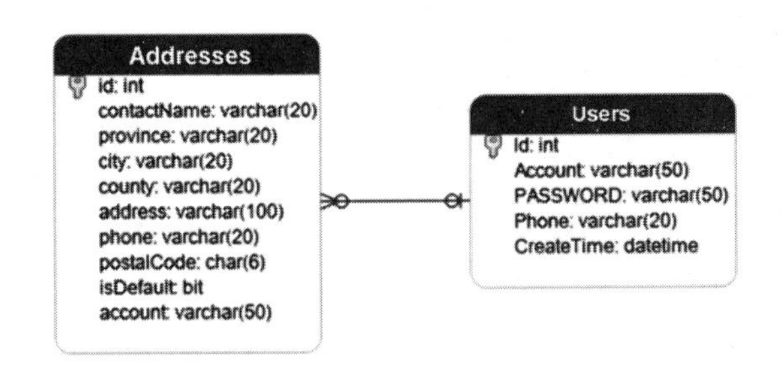

图 3.19　用户信息数据库模型图

分类信息数据库模型如图 3.20 所示。

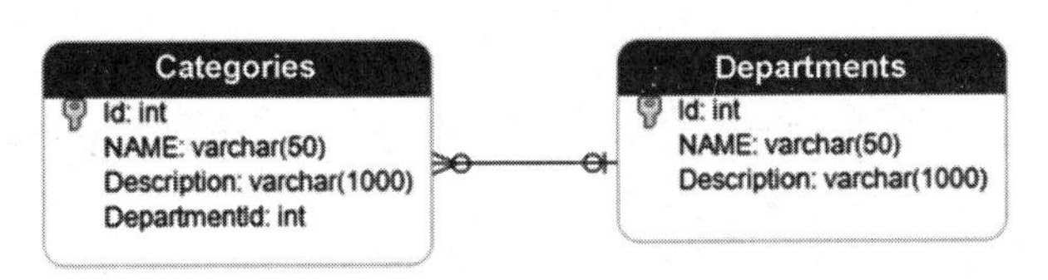

图 3.20　分类信息数据库模型图

出版社表 Publishers 的结构如表 3-2 所示。

表 3-2　Publishers 表的结构

列名	数据类型	长度	约束	中文含义
Id	整数		主键，自增长	编号
Name	字符串	50	非空	名称

大类表 Departments 的结构如表 3-3 所示。

表 3-3　Departments 表的结构

列名	数据类型	长度	约束	中文含义
Id	整数		主键，自增长	编号
Name	字符串	50	非空	名称
Description	字符串	1000		描述

小类表 Categories 的结构如表 3-4 所示。

表 3-4　Categories 表的结构

列名	数据类型	长度	约束	中文含义
Id	整数		主键，自增长	编号
Name	字符串	50	非空	名称
Description	字符串	1000		描述
DepartmentId	整数		外键	所属大类编号

商品表 Products 的结构如表 3-5 所示。

表 3-5　Products 表的结构

列名	数据类型	长度	约束	中文含义
Id	整数		主键，自增长	编号
Name	字符串	50	非空	名称
Description	字符串	1000		描述
Price	小数	精确到小数点 2 位		价格
ImageFile	字符串	100		图片的文件名
OnCatalogPromotion	布尔型			显示在首页中的特色商品
OnDepartmentPromotion	布尔型			是否属于某个大类的特色商品
Author	字符串	100		作者
AuthorDesc	字符串	1000		作者简介
Chapter	文本			图书目录
EditorComment	字符串	1000		编辑推介
ISBN	字符串	20		ISBN 号
WordsCount	整数			字数
Clicks	整数			点击次数（单击次数）
Discount	整数			折扣
PublishDate	日期时间			出版时间
PublisherId	整数		外键	所属出版社编号

商品小类联系表 ProductCategories 的结构如表 3-6 所示。

表 3-6　ProductCategories 表的结构

列名	数据类型	长度	约束	中文含义
Id	整数		主键，自增长	编号
CategoryId	整数		外键	所属小类编号
ProductId	整数		外键	所属商品编号

注：为什么需要在商品和小类之间建立一个联系表？因为一个商品可以属于多个小类，比如“Java 数据库高级编程”这本书，即可以属于“程序设计”这个小类，也可以属于“数据库”这个小类。一个商品可以属于多个小类，一个小类可以包含多个商品，这属于多对多的关系。MySQL 数据库在处理多对多的关系时，需要在中间建立一个联系表。

用户表 Users 的结构如表 3-7 所示。

表 3-7　Users 表的结构

列名	数据类型	长度	约束	中文含义
Id	整数		主键，自增长	编号
Account	字符串	50	非空，唯一	账号
Password	字符串	20		密码
Phone	字符串			联系电话
CreateTime	日期时间		默认为数据库系统当前时间	创建时间

购物车表 Carts 的结构如表 3-8 所示。

表 3-8　Carts 表的结构

列名	数据类型	长度	约束	中文含义
Id	整数		主键，自增长	编号
ProductId	整数		非空，外键	商品编号
Quantity	整数		非空	购物数量
UserAccount	字符串	50	非空	用户账号
CreateTime	日期时间		默认为数据库系统当前时间	创建时间

注： 表中的 UserAccount 字段值就是用户表 Users 中的 Account。但这里我们不能把 UserAccount 设置为外键，因为我们的商业逻辑是允许匿名用户购物的。匿名用户就是没有登录（经过身份认证）的用户。匿名用户会拥有一个匿名账号，该账号是一个全球唯一的标识码。

※　任务实施（添加）

（1）在 MySQL 中建立 books 数据库，建立出版社表（Publishers 表）、大类表（Departments 表）、小类表（Categories 表）、商品表（Products 表）、商品小类联系表（ProductCategories 表）、用户表（Users 表）、购物车表（Carts 表）。

（2）启动 MySQL，进入到 SQLyog，右击数据库服务器，从出现的快捷菜单中选择“从 SQL 转储文件导入数据库”选项，如图 3.21 所示。

图 3.21　选择“从 SQL 转储文件导入数据库”选项

（3）打开“从脚本文件执行查询”对话框，在文件框中选择要添加的 SQL 文件，然后单击“执行”按钮，如图 3.22 所示。至此，数据库配置成功。

从脚本文件执行查询
执行存储在批处理SQL文件的查询。在你想执行SQL批处理脚本，却又不想将其载入SQL编辑器时，这个选项非常有用。
当前数据库:　bookstore
要执行的脚本文
C:\Users\Eleven\Desktop\books.sql
执行(E)　关闭(L)

图 3.22　打开“从脚本文件执行查询”对话框

本章总结

- 软件设计是根据所表示的信息域的软件需求，以及功能和性能需求，进行数据结构设计、系统结构设计、过程设计（算法设计）和用户界面设计。
- 软件设计分为概要设计和详细设计两个阶段。
- 概要设计也称总体设计，建立在需求分析基础之上，其基本目标是能够针对软件需求分析中提出的一系列软件问题，概要地回答如何解决问题。
- 概要设计包括系统架构设计、软件结构设计、数据结构设计和系统环境约定等设计过程。其中，系统架构设计用于定义组成系统的子系统，以及对子系统的控制、子系统之间的通信和数据环境等；软件结构设计用于定义构造子系统的功能模块、模块接口、模块之间的调用与返回关系等，数据结构设计用于定义数据结构、数据库结构等。
- 概要设计文档是概要设计阶段必须要出的基本文档，涉及系统目标、系统架构、软件结构、数据结构、运行控制、出错处理、安全机制等诸多方面的设计说明；是面向软件开发者的文档。详细设计是在概要设计的基础上对系统的精确描述，重点描述各模块的具体实现和处理逻辑。详细设计主要使用的方法有结构化程序设计方法和面向对象程序设计方法。
- 详细设计阶段编写的详细设计说明书，是对软件各组成部分属性的描述，它是概要设计的细化，是软件设计人员与软件开发人员之间交流的媒体。

本章作业

一、选择题（每个题目中有一个或多个正确答案）

1．软件设计阶段一般可分为（　　）。

A．逻辑设计和功能设计　　B．概要设计和详细设计

C．概念设计和物理设计　　D．模型设计与程序设计

2．软件总体结构的内容应该在（　　）中阐明。

A．软件需求规格说明书　　B．概要设计说明书

C．详细设计说明书　　D．数据要求规格说明书

3．软件的（　　）设计又称为总体结构设计，其主要任务是建立软件系统的总体结构。

A．概要　　B．抽象　　C．逻辑　　D．规划

4．详细设计的结果基本决定了最终程序的（　　）。

A．代码的规模　　B．运行速度

C．可维护性　　D．质量

5．UML是软件开发的一个重要工具，它主要应用于（　　）。

A．基于瀑布模型的结构化程序设计方法　B．基于需求动态定义的原型化方法

C．基于对象的面向对象设计方法　D．基于数据的数据流开发方法

二、简答题

1．说说你对项目实训的系统架构设计思路，并说明理由。

2．在项目实训详细设计中，你将如何运用面向对象程序设计方法和结构化程序设计方法，并提交哪些相应的文档资料？

第 4 章
软件实现——程序编码

本章目标

学习目标

◎ 能正确应用编码规范编写代码
◎ 能应用代码优化技术优化代码
◎ 能掌握代码调试相关技术

实战任务

◎ 注重培养良好的编程习惯
◎ 掌握代码优化的方法
◎ 理解代码调试过程、调试原则和主要调试方法

本章简介

完成了详细设计，生成并检查了相应的文档后，就可以对软件进行编码了。编码的过程是将设计描述翻译成某种预定的程序设计语言的过程。作为软件工程的一个步骤，编码是设计的必然结果，因此，程序的质量主要取决于软件设计的质量。程序设计语言的特性和编码途径也会对程序的可靠性、可读性、可测试性和可维护性产生深远的影响。

技术内容

4.1 程序编码的目的

编码（Coding）就是使用选定的程序设计语言（Program Design Language），把模块的过程性描

述翻译为用该语言书写的能在机器上运行的源程序代码（Source Program Code），如图 4.1 所示。在编码时应考虑到所写的程序将被他人阅读，一定要尽量使程序写得容易被他人理解。目前，编写源程序还不能使用自然语言，只能用某种程序设计语言。

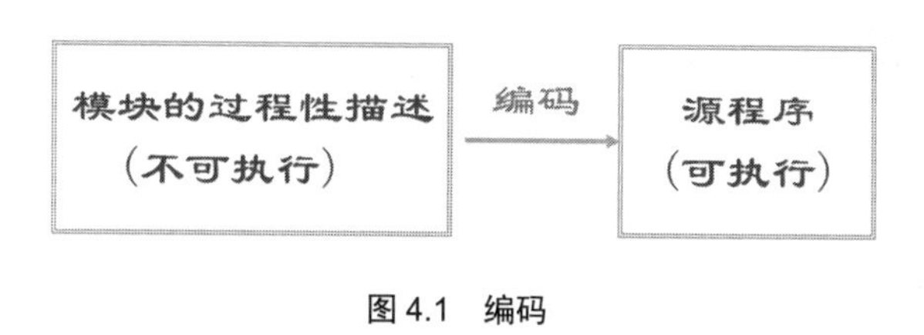

图 4.1　编码

图 4.2 为编码示意图。

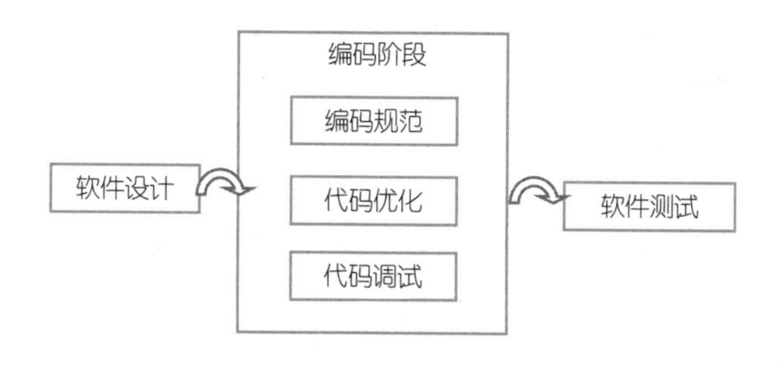

图 4.2　编码示意图

编码的目的是实现人和计算机的通信，指挥计算机按人的意志正确工作。良好的编程风格是提高程序可靠性的非常重要的手段，也是大型项目多人合作开发的技术基础。通过规范定义来避免不好的编程风格，可增强程序的易读性，便于自己和其他项目成员理解，便于程序后期的维护和功能修改。因此编码之前一定要注意编码规范。

为提高代码质量，提高目标程序的运行速度，减少目标代码运行所需要的控件，需要对代码进行优化。优化是对代码进行各种等价变换，使变换后的代码数比变换前的代码数少，但运行的结果等效。

编写代码会不可避免地出现各种各样的错误，如何进行代码调试是编码的一项重要工作。代码调试需要分析错误类型，掌握代码调试相关工具、调试步骤。

4.2　编码风格与规范

编码风格（Coding Style），是指一个人编写程序时所表现出来的特点、习惯、思维方式等。源程序不仅要求语法上的正确性，还要求具有良好的编码风格。

良好的编码风格是指：源程序文档化，包括数据说明、语句结构、输入/输出方式。

4.2.1 Java 编码规范

1．概述

1）目的

定义这个规范的目的是让项目中所有的文档看起来都像一个人写的，增加可读性，减少项目组因为换人而带来的损失。公司内所有开发人员都要遵守该规范。

2）阅读人员

公司项目和产品的 Java 开发人员。

2．命名规范

命名时应始终使用完整的英文描述符。此外，一般应使用小写字母，但类名、接口名及任何非初始单词的第一个字母要大写。类名、变量名的最大长度为 25 个字符。

1）包（Package）的命名

包（Package）使用完整的英文描述符，都由小写字母组成。对于全局包，将 Internet 域名反转并接上包名。

例如：com.yourdomain.yourproject（yourdomain 为你的域名，yourproject 为你的项目名）。

2）类（Class）的命名

类使用完整的英文描述符，所有单词的第一个字母大写。

例如：Customer，UserAccount。

3）接口（Interface）的命名

接口（Interface）使用完整的英文描述符说明接口封装，所有单词的第一个字母大写。接口的最前面一个字符是 I。

例如：IUser.java。

4）Abstract 类的命名

Abstract 类相对比较少，但是非常重要，为有别于其他类，使用前面加 Abstract 的方式。

例如：AbstractUser。

5）类变量的命名

通常使用骆驼式命名法，就是当变量名或函数名是由一个或多个单词连接在一起而构成的唯一识别字时，第一个单词使用小写字母；从第二个单词开始，以后的每个单词的首字母都大写。

例如：myFirstName，myLastName。

6）静态常量 Static Final 的命名

静态常量（Static Final）全部使用大写字母，单词之间用下画线分隔。

例如：MIN_BALANCE，DEFAULT_DATE。

7）方法（Method）的命名

成员方法的命名应使用完整的英文描述符，大小写混合使用，所有中间单词的第一个字母大写。如果牵涉到动作的方法，动作应写在前面。

例如：save()，addAccount()。

8）参数（方法内的参数）的命名

参数必须和变量的命名规范一致。要使用有意义的名称，如果可能的话，使用和要赋值的字段一样的名称。例如：

```
setCount (int count) {
  this.count= count;
}
```

如果不是 set/get 方式，传入的参数跟现有变量的全局参数名称一样，那么当该方法不是用来赋值操作时，开发人员要以全局变量为准，尽量使用另外意思相同的变量名。

9）数组的命名

数组用下面的方式来命名：

```
byte[] bufferArray
```

而不是：

```
byte bufferArray[]
```

10）获取和设置变量的方法

类中的字段不能被直接访问，需使用 set/get 方式获取和设置，如使用 getXXX()方式获取变量，使用 setXXX()方式设置变量。当参数是 boolean 类型的时候采用 isXXX()方式。

11）集合的命名

集合（如数组和矢量）应采用复数命名来表示队列中存放的对象类型。命名应使用完整的英文描述符，名称中所有非开头的单词的第一个字母大写。名称的最后要说明它是什么类型的集合，例如 customerArray，customerSet 等后面拼接基础类型。

3. Java 文件样式

对于 Java 程序代码的注释方式，原则上建议使用/***//**/方式，对于//，不推荐放在行末，而是放在上一行。

1）在每个文件的开头加上公司的版本信息，以及其他一些不想在 javaDoc 里出现的内容

例如：

```
/**
*  Copyright: Copyright (c) 2010- 2021 All right reserved
*  Company: XXXX XXXXCo. Ltd.
*  Create date 2021-12-1
*/
```

2）package 命名

必须符合命名规范。

3）import 模块

跟上一模块之间空一行，在其内部，原则上要求所有的导入类必须使用全名称方式，不允许出现.*方式。建议：第一块是 sun jdk 导入的包，第二块是第三方的包（如 apache 的 log4j 等），第三块是自己公司内部的包，每个块之间建议空一行，每个导入文件必须占用一行。

4）类的详细说明

首先必须说明该类的功能描述、需要注意的问题、现在已解决的问题、以后将要解决的问题，说明尽可能详细，且必须添加版本信息，最后为修改的作者、修改的时间、修改的原因。

当类是公共类的时候，任何人对它的改动原则上要求不改变原来程序的结构采用多态方式实现。例如：

```
/**
  *该类主要用于数据导出的基础类，每个导出文件的类必须继承它
  * @author San.Zhang
  * @version 1.0
*/
```

5）类局部变量的定义

原则上要求所有的变量都是 private 变量，对每个变量都要有说明信息，并采用/***/的方式放在变量命名的上面，对于值不会发生变化的变量采用 static final 方式。

对于一些常见配置文件的参数，可以使用公共类常量的实现方式。

6）构造方法

跟方法的说明一样，必须有标准的注释，如果有参数，要求在类说明里说明调用顺序。例如：

```
/**
*   构造方法，单例模式
*   @param size 传入实例对象 cache 的大小，必须是大于 0 的整数
*/
```

7）方法

需按照标准的 javadoc 方式书写，并且写清楚内部实现的原理以及注意的地方。对于公共类必须写明这个方法是谁修改的，并增加作者描述。例如：

```
/**
*详细的描述
* CREATE BY San.Zhang
* @param key desc
* @return
* @throw
*/
```

8）对于业务处理的方法

所有的 debug 不可以使用 system.out 方式，建议使用 logback 方式。整个项目使用统一的 log 接口。

建议在复杂业务处理的方法内部，在进入和退出的地方写入 debug 信息，并提供 enter 和 finish 信息。

9）方法实现应考虑代码可读性

- 内部注释使用/**/和//方式，放在所注释的代码的前面一行，并独立占用一行。
- 对于内部的局部变量要有一定的说明。
- 对于复杂的 block 嵌套，建议在成对的()和{}后增加//end if 或//end while 等说明。
- 缩进为每行 4 个空格。
- 页宽设置为 80 个字符，代码检查时设置为 120 个字符。
- {}应成对出现。{}中的语句单独作为一行，且要遵守缩进原则。
- 左括号和后一个字符之间不应出现空格，同样，右括号和前一个字符之间也不应出现空格。
- 赋值在“=”的前后必须空一格。
- 在写方法参数时，在“，”后面空一格。
- 有 if 的任何地方要求有{}出现，在任何 if 转移的地方应有尽可能多的注释。
- 在一个程序块的前后都建议空一行，如 for 循环等。
- 尽可能给代码分段，一个方法内的语句不要超过 80 行（不包括注释），尽可能使方法抽取重组。代码检查的时候是 120 行左右一个约束。
- 一些公共的方法不建议在一个业务处理类内使用，该类应该以处理逻辑为主。

4. 一些约束原则

- 类中的字段不能直接访问。
- 注释每一个内部类变量。
- 所有的变量都要求初始化，特别是当基础数据类型对象类型声明为 null 时。
- 对于 long 类型，采用大写 L 代替 l，如 long i= 10000L。
- 类方法中除了 log 可以采用默认的字符输出，其余的所有常量必须采用 final 方式声明，需要配置的改变的声明在公共的常量类里。并不是说这个类是私有的就必须写到公共方法里。
- 所有代码里不可以出现 system.out.println 这样的方式，都要求使用统一的 log 方式。
- 功能的实现尽可能通过写接口方式完成。
- 异常原则上不要通过 exception 方式捕获，要定位到具体的异常类型。
- 对于 try-catch-final 的使用，资源类的使用必须加入 finally，释放资源。

5. 代码修改规范

- 不同版本的代码间发生的修改，必须对修改部分增加注释。注释内容包括修改目的、修改人、修改时间。
- 不同版本的代码间发生的修改，必须在文件头体现修改历史；修订历史包括修改人、修改日期等。
- 版本升级时，旧代码不允许删除，只可以注释；经过几次版本升级后，或一定时间后集中整理代码，评估后再删除确认的废代码。

- 用多态方式构造新方法，不可以删除原有的方法。
- 提供修改的文件可能涉及别的逻辑，这些逻辑需要注释出来，在版本发布后建议采用。主要考虑测试方面等原因。

例如，新增加的方法的注释如下：

```
/**
*方法的描述：
*增加方法的原因
* @author San.Zhang
* @date   2021-12-1
*/
```

另外，在类的上面也要增加说明。

当要修改的代码占比在 20%左右时，可以在原有方法内修改，并保留所有以前的代码，写清楚谁注释掉几行，增加的行数是谁增加的，增加了几行。

建议在修改的时候考虑重新构造新的方法，或者做多态处理，尽量保证原有代码运行正常。

6．checkstyle 验证规范

采用动态验证工具 checkstyle 进行验证。

- 每个类的最后是一个空白行。
- 每个类内部必须有@author 和@version。
- 类中的所有类变量必须进行注释。
- 验证是否为合法的 html 标签。
- 每一个 method 必须写明 @param @return @throw 或 @exception 只检查 public 方法。
- 验证 static final 的变量是大写字母，内部可以用_和数字。
- 对于内部变量，要求由字母和数字组成，第一个必须是小写字母。
- 对于所有的方法名，要求第一个是小写字母，内部由字符和数字组成。
- 参数命名也要遵守标准变量名的约束。
- 验证类名、接口、抽象类开头是否为大写字母。
- 检查是否存在 import 不允许的.*方式。
- 检查是否存在不允许在某个项目里出现的包，如 java.util.Vector 等。
- 检查是否导入了不用的包，或包内的内容。
- 每个文件的总体行数为 1500 行。
- 一行最大长度建议不超过 80 个字符，验证的时候是 120 个字符。
- 方法的行数一般建议在 80 行内，检查为 120 行左右，不包括注释和空行。
- 检查是否出现超过 5 个参数的方法。
- for 循环里默认要求有初始内容和 step 内容。
- 在“,”后面必须有空格。

- 检查是否出现空的 block。
- 检查有无不该用的{}。
- long 类型声明必须后面跟 L。
- 验证出现 system.out.println 信息的地方是否没有.console 端调用。
- switch 必须有 default。
- 不允许出现 if(val == true)。

4.3　代码调试

代码调试是编码过程中必须掌握的一种基本能力，调试是编码的一项重要工作。当软件运行失效或出现问题时，往往只是潜在的错误的外部表现，而外部的表现与内在的原因之间常常没有明显的联系。要找出真正的原因，排除潜在的错误，不是一件易事。因此，代码调试是通过现象找出原因的一个分析过程。调试的难点是错误的定位。

4.3.1　代码调试过程

代码调试的执行步骤如下。

①从错误的外部表现入手，确定程序出错的位置。

②研究有关部分的程序，找出错误的内在原因。

③修改设计和代码，以排除这个错误。

④重复暴露这个错误的原始测试或进行某些相关测试，以确认该错误是否被排除，是否引入了新的错误。

⑤如果所进行的修改无效，则撤销这次活动。重复上述过程，直到找到一个有效的解决方法。

4.3.2　调试原则

1．确定错误的性质和位置的原则

①用头脑去分析、思考与错误征兆有关的信息。

②避开死胡同。

③只把调试工具当作辅助手段来使用。

④避免用试探法，最多把它当作最后手段。

2．修改错误的原则

①在出现错误的地方很可能还有其他错误。

②修改错误的一个常见失误是只修改这个错误的征兆或这个错误的表现形式，而没有修改错误本身。

③修改一个错误的同时可能会引发新的错误。

④修改错误的过程将迫使人们暂时回到程序设计阶段。

⑤修改源代码程序，不要改变目标代码功能。

4.3.3 主要调试方法

1. 强行排错

①通过打印全部语句来排错。

②打印在程序特定部位的语句。

③使用自动调试工具。

2. 回溯法排错

①发现错误，分析错误征兆。

②确定“病症”位置。

③沿程序的控制流程回溯源程序代码。

④找到错误根源或确定错误产生的范围。

3. 归纳法排错

①收集有关数据。

②组织数据，提出假设。

4. 演绎法排错

①列举所有可能的假设。

②利用已有的数据排除不正确的假设。

③改进余下的假设。

④证明余下的假设。

4.3.4 错误分类

1. 编译时的错误

①始终在“输出”窗口中查看程序编译的输出，在“任务列表”窗口中经常会遗留以前编译后留下来的消息。

②认真查看编译输出的错误消息，掌握正确的错误地点和信息。在编译时如果碰到莫名其妙的错误时，应进行如下操作。

- 重新编译整个项目或删除解决方案。
- 关闭 IDE，然后再次打开。
- 重新启动计算机。
- 保证编译出来的程序不在运行状态中或者保证所有输出文件的属性都是可写的。

2．运行时的错误

①读取异常信息，猜测大概的发生地点和发生原因。

②仔细阅读发生异常处的源代码。

③在相应处设置断点，然后单步运行。

④如果还找不出错误，可以请同事帮忙。

⑤配置问题和数据库中数据的错误也会导致运行时的错误。

4.4　实战训练

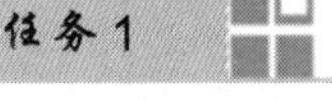

任务 1　开发网上图书商城的导航栏

※　需求说明

在网上图书商城中，用户可以通过导航栏访问系统的各个模块。该任务的具体要求如下。

- 开发网上图书商城导航栏的 JSP 页面。
- 利用开发出的网上图书商城导航栏，使网上图书商城的每个页面都具有相同的导航栏。

※　任务解析

系统设置导航栏是为了提高页面浏览的便利度，顶部水平的导航栏是当前最流行的网站导航设计模式之一，它通常放在网站所有页面的上方或下方。现可以利用 JSP 页面元素开发系统的导航栏设置网站各页面重复的导航栏、设置页面的转向。

※　知识引入

JSP 是 Java Server Page 的缩写，是由 Sun Microsystems 公司倡导的、许多公司参与建立的一种动态网页技术标准。在传统的网页 HTML 文件中加入 Java 程序片段（scriptlet）和 JSP 标记（tag），就构成了 JSP 网页（*.jsp）。Web 服务器在遇到访问 JSP 网页请求时，首先执行其中的程序片段，然后将执行结果以 HTML 格式返回给客户。程序片段可以操作数据库、重新定向网页及发送 E-mail 等，这就是建立动态网站所需要的功能。所有程序操作都在服务器端执行，网络上传送给客户端的仅仅是结果，对客户浏览器的要求很低。

1．使用声明

JSP 声明是一段 Java 源代码，用来定义类的属性和方法，声明后的属性和方法可以在该 JSP 文件的任何地方使用。

JSP 声明的语法格式如下。

```
<%! Java 定义语句 %>
```

例如，下面是在 JSP 中声明变量和方法的代码。

```
<%! int number =0; %>
<%! float a,b,c; %>
<%! Students s = new Students();%>
```

```
<%! String Name(){return "SNOW";}%>
```

以上代码声明了将要在 JSP 程序中用到的变量和方法。在 JSP 程序中，变量和方法必须先声明后使用，否则会出错。在声明语句中，可以一次性声明多个变量和方法，只要以“;”结尾即可，并且这些声明在 Java 中是合法的语句。

注意

- 声明必须以“;”结尾。
- 可以直接使用被包含进来的已经声明的变量和方法，不需要对它们重新进行声明。
- 一个声明仅在一个页面中有效，如果想每个页面都用到一些声明，最好把它们写成一个单独的文件，然后用<%@include%>或<jsp:include>元素包含进来。

2. 使用表达式

JSP 表达式在 JSP 请求处理阶段进行运算，所得的结果转换成字符串并与模板数据组合在一起。表达式在页面的位置就是该表达式计算结果显示的位置。

JSP 表达式的语法格式如下。

```
<%=Java 表达式/变量%>
```

例如，下面是在 JSP 中使用表达式的代码。

```
<%=str%>
<%="a"+"b"%>
<%=30*20%>
```

上面这些表达式相当于下面 3 行 Java 源代码语句。

```
out.println(str);
out.println("a"+"b");
out.println(30*20);
```

表达式元素表示的是一个在脚本语言中被定义的表达式，在运行后被自动转换为字符串，然后插入这个表达式在 JSP 文件中的位置，因为这个表达式的值已经被转化为字符串，所以能在一行文本中插入这个表达式。

说明

- 不能用分号“;”来作为表达式的结束符。
- 表达式必须是一个合法的 Java 表达式。
- 表达式必须有返回值，且返回值被转换为字符串。
- 表达式也可以作为其他 JSP 元素的属性值，一个表达式可能由一个或多个表达式组成，这些表达式的计算顺序是从左到右。

3. 使用脚本程序

JSP 脚本程序是在 JSP 页面中使用“<%”与“%>”标记起来的一段 Java 代码。在脚本程序中，可以定义变量、调用方法和进行各种表达式运算，且每行语句后面要加入分号。在脚本程序中定义的变量在当前的整个页面内部有效，但不会被其他的线程共享，当前用户对该变量的操作不会影响到其他的用户，当变量所在的页面关闭后就会被销毁。

JSP 脚本的语法格式如下。

```
<% java 代码 %>
```

例如，下面是在 JSP 中的脚本程序代码。

```
<% n++; %>
<% Student s=new Student();
s.show(); %>
```

脚本程序的使用比较灵活，实现的功能是 JSP 表达式无法实现的。一个脚本程序能够包含多个 JSP 语句、方法、变量及表达式，可以完成如下功能。

- 声明将要用到的变量或方法。
- 编写 JSP 表达式。
- 使用任何隐含的对象和任何用<jsp:useBean>声明过的对象。
- 编写 JSP 语句。
- 任何文本、HTML 标记和 JSP 元素必须在脚本程序之外。
- 当 JSP 接收到客户的请求时，脚本程序就会被执行，如果脚本中有要显示的内容，这些要显示的内容就被保存到 out 对象中。

4．使用加载指令

加载指令（include）用于在 JSP 页面中静态包含一个文件，该文件可以是 JSP 页面、HTML 页面、文本文件或一段 Java 代码。在主页面转换为 Servlet 前将 JSP 代码插入，当被包含的页面发生改变的时候，主页面也会更新。

加载指令的语法格式如下。

```
<%@ include file="文件名"%>
```

其中，file 属性用来设置要嵌入当前 JSP 文件中的 URL 地址。

例如，<%@ include file ="head.jsp" %>语句表示要把 head.jsp 页面嵌入当前页面中。

说明

- 在被包含的文件中不要使用和主页重复的 HTML 标签，这样会影响 JSP 文件中同样的标签，导致错误。
- 因为原文件和被包含文件可以互相访问彼此定义的变量和方法，所以要避免变量和方法在命名上同名的问题。

5．使用页面指令

页面指令 page 作用于整个 JSP 页面，定义了许多与页面相关的属性，这些属性将被用于和 JSP 容器通信，描述和页面相关的指示信息。在一个 JSP 页面中，page 指令可以出现多次，但是该指令中的属性只能出现一次，重复的属性设置将会覆盖前面的属性设置。

页面指令的语法格式如下。

```
<%@ page attr1="value1"  attr2="value2" ······ %>
```

page 指令有 13 个属性，如表 4-1 所示。

表 4-1 page 指令的属性

属 性	描 述
language="scripting Language"	用于指定在脚本元素中使用的脚本语言，默认为 Java，在 JSP 规范中，只能是 Java
import="importList"	用于导入脚本环境中可以使用的包或类，在默认情况下，如果未指定包，则导入 java.lang.*，javax.servlet.*包，属性值是以逗号分隔的导入列表
contentType="mimecodeinfo"	用于设置发送到客户端文档的响应报头的 MIME 类型和字符编码
pageEncoding="codeinfo"	用于指定 JSP 页面的字符编码。如果没有设置该属性，则 JSP 页面使用 contentType 属性指定的字符编码。如果两个属性都没设置，则 JSP 页面使用“ISO-8859-1”字符编码
session="true|false"	用于指定在 JSP 页面中是否可以使用 Session 对象。默认是 true，如果存在已有会话，则预定义 session 变量，并绑定到已有会话中，否则创建新会话将其绑定到 session。设置为 false 并不是禁用会话追踪，它只是阻止 JSP 页面为不拥有会话的用户创建新会话
buffer="none|sizekb"	用于指定 out 对象（JSP Write）使用的缓冲区大小，以 KB 为单位，默认为 8KB。none 表示不使用缓冲区。所有输出直接通过 Servlet Response 的 PrintWrite 对象输出
autoFlush="true|false"	用于控制在缓冲区占满之后，是自动清理输出缓冲区（默认为 true），还是在缓冲区溢出后抛出异常（false）。当 buffer=none 时，autoFalse=false 是错误的
info="info_text"	用于指定页面的相关信息，该信息可以通过调用 Servlet 中的 getServletlnfo 方法获取
errorPage="error_url"	用来指定一个 JSP 页面，由该页面来处理当前页面中抛出但没有捕获的任何异常。指定的页面可以通过 exception 变量访问异常信息。如果一个页面通过该属性定义了专有的错误页面，那么在 web.xml 文件中定义任何错误页面都不会被使用
isErrorPage="true|false"	表示当前页是否可以作为其他 JSP 页面的错误页面，选项为 true 或 falsc
inThreadSafe="true|false"	控制由 JSP 页面生成的 Servlet 是否允许并发访问（默认为 true，允许）
extends="info_text"	用于指定 JSP 页面转换后的 Servlet 类从哪个类继承，属性的值是完整的限定类名，通常不需要使用这个属性，JSP 容器会提供转换后的 Servlet 类的父类
isELlgnored=" info_text"	用于指定在 JSP 页面是否执行或忽略 EL 表达式。true 表示忽略，false 表示执行，默认值依赖于 web.xml 版本。Servlet 2.3 之前默认为 true，Serlvet 2.4 默认为 false

6．使用 include 动作标签

include 动作标签用来在 JSP 页面中动态包含一个文件，这样包含页面程序与被包含页面的程序是彼此独立的，互不影响。被包含的页面可以是一个动态文件（JSP 文件），也可以是一个静态文件（文本文件）。如果包含的是一个静态文件，就直接输出给客户，由客户端的浏览器负责显示；如果包含的是一个动态文件，则由 Web 服务器负责，把执行后的结果返回给客户端显示出来。

include 动作标签的语法格式如下。

```
<jsp:include page="{relativeURL<%=expression%> }" flush="true"/>
```

其中，page 属性用来设置动态包含文件 URL 地址或者代表文件 URL 地址的表达式。

flush 属性的值默认是 false，必须设为 true，不能使用 false。

<jsp:param>子句可以传递一个或多个参数给动态文件，并且在一个页面中使用多个<jsp:param>子句传递多个参数。

例如，下面是 include 动作标签的常用方法。

```
<jsp:include page="logo.html"/>
<jsp:include page="/index.jsp"/>
<jsp:include page="jsp/count.jsp"/>
<jsp:include page= "logo.htm" />
<jsp:param name="username" value="yhxzxb"/>
<jsp:include>
```

说 明

- 如果不需要传递参数，include 动作标签的两种语法格式是一样的，如果需要传递参数，则必须使用第二种。
- include 动作标签和 include 指令不同，前者是动态包含，如果被包含的页面是动态文件，将会把执行后的结果返回给客户端；后者是静态包含，包含文件与被包含文件组合形成一个文件，再由 Web 服务器执行。

7. 使用 forward 动作标签

forward 动作标签用来重定向网页，即从当前网页的 forward 动作标签转向执行另一个网页程序。

forward 动作标签的语法格式如下。

```
<jsp:forward page="{relativeURL | <%=expression%>]"/>
```

其中，page 属性用来设置要转向的文件 URL 地址或者代表文件 URL 地址的表达式。<jsp:param>子句可以传递一个或多个参数给动态文件，并且在一个页面中使用多个<jsp:param>子句传递多个参数。

例如，下面是 forward 动作标签的常用方法。

```
<jsp:forward page="logo.html"/>
<jsp:forward page="/index.jsp"/>
<jsp:forward page="jsp/count.jsp"/>
<jsp:forward page="logo.html"/>
<jsp:param name="username" value="yhxzxb"/>
<jsp:forward/>
```

8. 给程序添加注释

在 JSP 语法规范中，可以使用两种格式的注释：一种是 HTML 注释，另一种是隐藏注释。两种在语法规则和产生的结果上略有不同。

1）HTML 注释

HTML 注释是能在客户端源文件中显示的一种注释，注释内的所有 JSP 脚本元素、指令和动作正常执行，也就是说编译器会扫描注释内的代码行。

HTML 注释的语法格式如下。

```
<!-- comment [<%-expression %>] -->
```

如果在 JSP 文件中包含如下代码：

```
<!-- this file displays the user's information  -->
```

则在客户端（浏览器）的 HTML 源代码中产生和上面一样的数据。如果在 JSP 文件中包含如下代码：

```
<!-- this page was loaded on<%=(new java.util.Data()).toString() -->
```

则在客户端（浏览器）的 HTML 源代码中显示为：

```
<!-- this page was loaded on 2021-12-01 14:30:00 -->
```

可以在 HTML 注释中使用任何有效的 JSP 表达式。表达式是动态的，当用户第一次调用页面或该页面后来被重新调用时，该表达式将被赋值。JSP 引擎对 HTML 注释中的表达式执行完后，其执行的结果将直接插入到表达式显示的地方。然后该结果和 HTML 注释中的其他内容将被一起输出到客户端。

说明

- JSP 中的 HTML 注释与 HTML 脚本中的注释格式完全一致，但是输出的内容有所不同。JSP 的 HTML 注释除了可以输出静态注释内容，还可以输出表达式的结果。
- 通过 IE 浏览器“查看”菜单中的“源文件”命令还可以查看 HTML 注释信息。

2）隐藏注释

隐藏注释在 JSP 编译时被忽略掉，注释内的所有 JSP 脚本元素、指令和动作都将不起作用。JSP 编译器是不会对注释符之间的语句进行编译的，它不会显示在客户端（浏览器）。

隐藏注释的语法格式如下。

```
<%-- comment --%>
```

如果在 JSP 文件中包含如下代码：

```
<%-- 在页面源代码中，这个注释是看不见的 --%>
```

则在客户端（浏览器）的 HTML 源代码中查看不到上面的数据。

JSP 引擎对隐藏注释不做任何处理。隐藏注释既不发送到客户端（浏览器），也不出现在客户端（浏览器）的 JSP 页面中心，在客户端（浏览器）查看源文件时也是看不到的。因此，如果想在 JSP 页面源程序中写文档说明，那么隐藏注释是很有用的。

任务 2 实现数据库的连接

※ 需求说明

在网上图书商城中，用户及图书信息都存储在数据库中。只有连接到数据库，才可以在数据库中存取各种信息。该任务的具体要求如下。

用不同的方式与 MySQL 中的 Bookshop 数据库建立连接，测试数据库连接得是否正确，若连接成功，则在页面输出“使用**方式连接 MySQL 中的 Bookshop 数据库成功”，否则输出“使用**方式连接 MySQL 中的 Bookshop 数据库失败”。

※　任务解析

连接数据库有两种方式：在个人开发与测试中，通常使用 JDBC-ODBC 桥连方式；在生产型开发中，通常使用纯 Java 驱动的方式。两种连接数据库的方式都需要先加载数据库驱动程序，根据不同种类数据库加载不同的驱动程序，加载驱动程序后再连接数据库，然后通过编写、运行连接数据源的 Java 代码呈现测试结果。

※　知识引入

JDBC 是数据库连接技术的简称，提供连接和访问各种数据库的能力。JDBC 程序工作原理如图 4.3 所示。

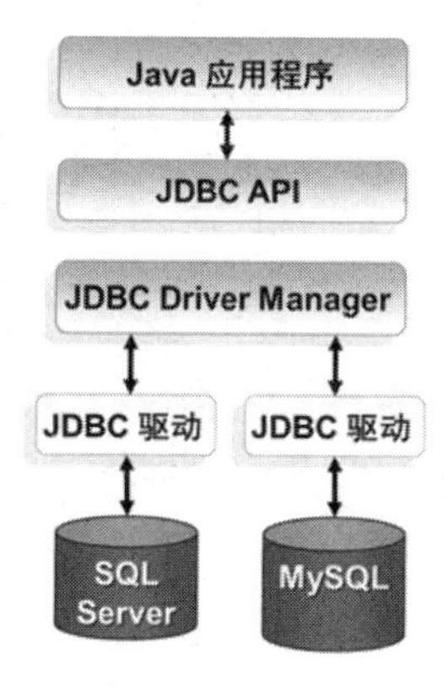

图 4.3　JDBC 程序工作原理

在开发应用程序时，我们只需正确加载 JDBC 驱动程序，争取调用 JDBC API，就可以进行数据库的访问了。

加载驱动程序需要用到 Class.forName()方法，此方法将系统给定的类加载到 Java 虚拟机中。如果系统中不存在指定的类，则会发生异常，异常的类型为 ClassNotFoundException。

一般来讲，使用 JDBC 开发数据库的应用可以分为下面 5 个步骤。

1．装载纯 Java 驱动

纯 Java 驱动是由 JDBC 驱动程序直接访问数据库的，驱动程序完全用 Java 语言编写，运行时速度快，而且具备了跨平台的特点。但是，由于这类驱动程序是特定于数据库厂商的，一种驱动程序只对应一种数据库，因此访问不同的数据库需要下载专门的驱动程序。现在使用的是 MySQL 数据库，可以从 MySQL 的官方网站下载驱动程序 jar 包。MySQL 提供一个类库文件 mysql-connector-java-5.1.7-bin.jar，具体使用哪个文件取决于首选的 Java 运行时环境（JRE）的设置，详见表 4-2。

表 4-2 JDBC 驱动程序的系统要求

JAR 文件	系统支持	说　明
mysql-connector-java-5.1.7-bin.jar	该类库提供对 JDBC 3.0 的支持，该类库要求使用 5.0 版的 Java 运行时环境（JRE）。连接到数据库时，在 JRE 6.0 上使用该类库会发生异常	JDBC 驱动程序不支持 JRE 1.4。使用 JDBC 驱动程序时必须将 JRE 1.4 升级至 JRE 5.0 或更高版本。在某些情况下，你可能需要重新编译应用程序，因为它可能与 JDK 5.0 或更高版本不兼容

取得 jar 包后，将 jar 包所在的路径加到 classpath 中。连接到 MySQL 驱动类的名称为 com.mysql.jdbc.Driver，加载驱动程序的示例代码如下。

```
try{
    //加载数据库驱动程序
    Class.forName ("com.mysql.jdbc.Driver");
    //数据库连接串
    String url="jdbc:mysql://127.0.0.1:3306/bookshop?
                    useUnicode=true&characterEncoding=utf-8&autoReconnect=true")
//数据库登录名
    String userName = "root"; //数据库登录密码
    String passWord = "123456";
    con = DriverManager.getConnection(url,username,password);
    out.println("使用 JDBC 驱动连接 MySQL 中的 Bookshop 数据库成功");
}catch(Exception e){
    out.println("使用 JDBC 驱动连接 MySQL 中的 bookshop 数据库失败");
}
```

2．建立与数据库的连接

在加载了驱动程序之后，使用 DriverManager 类的静态方法 getConnection()建立到给定数据库的连接。该方法接收 3 个参数，分别为数据库连接字符串、用户名和密码，用户名和密码是可选的。数据库连接字符串提供标识数据库的方法，是 JDBC 驱动程序提供的。使用不同的 JDBC 驱动程序，其连接字符串也是不同的。getConnection()方法将返回属于 Connection 接口的实例。

纯 Java 驱动连接 MySQL 的代码如下。

```
jdbc:mysql://<localhost>[<:3306>]/<webstore>
```

说明

localhost 为本机，3306 为 MySQL 服务的端口号，webstore 为数据库名。如果连接网络中的数据库，则可以用服务器的 IP 地址代替 localhost，如 jdbc:mysql://<127.0.0.1>[<:3306>]/<webstore>。

3．发送 SQL 语句

建立连接后，就可以向数据库发送 SQL 语句了。JDBC API 提供了 Statement 接口，用于向数据库发送 SQL 语句，可以使用 Connection 接口中的 createStatement()方法创建对象，用于发送 SQL 语句。

4．处理结果

如果执行的是查询操作，则 Statement 接口在执行完查询操作后，会将查询结果以结果集（ResultSet）对象的形式返回。

5．关闭数据库连接，释放资源

访问完某个数据库后，应当关闭数据库连接，释放与连接有关的资源，关闭连接可以使用 Connection 接口的 close()方法。

任务 3　添加网上图书商城的图书信息

※　需求说明

在网上图书商城中，图书管理者可以随时随地把图书添加到系统中供用户查询和购买。该任务的具体要求如下。

把图书的具体信息添加到网上图书商城中，即实现将新图书添加到图书表 t_books 中。具体信息包括图书名称：十万个为什么；运费：5.0；图书数量：500；所在地：湖北；图书分类：3。

※　任务解析

添加网上图书商城的图书信息即完成图书添加的功能。实现图书添加的功能首先要加载数据库驱动程序，其次建立与数据库的连接。执行 SQL 语句有两种方法，第一种是用 Statement 方式向数据库发送实现添加功能的 SQL 语句，最后对向数据库添加的结果进行处理。第二种是为了防止 SQL 注入攻击，用 PreparedStatement 的方式向数据库发送实现添加功能的 SQL 语句，最终对向数据库添加的结果进行处理。

知识引入

方法一：用 Statement 方式添加图书信息

添加图书信息的一般过程：首先根据输入的图书信息查询是否存在该图书，如果该图书不存在，则将图书添加到数据库中；如果提示该图书已经存在，就不允许添加了。所以，在数据访问操作中必须包含查询图书信息、添加图书信息这两步操作。

方法二：用 PreparedStatement 方式添加图书信息

在这个过程中，一定要考虑网站安全问题，防止 SQL 注入攻击。

所谓 SQL 注入攻击，就是攻击者把 SQL 命令插入 Web 表单的输入域或页面请求的查询字符串中，欺骗服务器执行恶意的 SQL 命令。在某些表单中，用户输入的内容直接用来构造（或者影响）动态 SQL 命令，或作为存储过程的输入参数，这类表单特别容易受到 SQL 注入攻击。

例如，select * from admin where username='XXX' and password='YYY'语句，如果在正式运行此语句之前，没有进行必要的字符过滤，则很容易实施 SQL 注入。如果在用户名文本框输入：abc' or 1=1，密码框内输入：123，则 SQL 语句变成 select * from admin whereusename= abc/' or 1=1 and password='123'，不管用户输入什么用户名与密码，此语句永远都能正确执行。用户轻易骗过系统，获取了合法身份。

使用 PreparedStatement 接口来做查询，可以有效防止 SQL 注入攻击。

1. PreparedStatement 接口

PreparedStatement 接口是 Statement 接口的子接口，直接继承并重载了 Statement 接口的方法，比普通的 Statement 接口使用起来更加灵活高效，其主要特点如下。

（1）一个 PreparedStatement 对象包含的 SQL 语句是预编译的，因此当需要多次执行同一条 SQL 语句时，利用 PreparedStatement 接口传送这条 SQL 语句可以大大提高执行效率。

（2） PreparedStatement 接口包含的 SQL 语句可以指定一个或多个参数。这些参数的值在 SQL 语句创建时未被指定，而是为每个参数保留一个问号“?”作为占位符。

以下的代码段（其中 conn 是 Connection 接口）创建了包含两个输入参数的 SQL 语句的 PreparedStatement 接口。

```
   PreparedStatement prst = conn.preparedStatement （update student set studname=?
Where studid=?)
```

在执行带参数的 SQL 语句之前，必须通过调用 PreparedStatement 对象的 setXXX 方法设置每个参数（“?”）的值，其中 XXX 与参数相应的数据类型一致，如 setInt、setString 等。setXXX 方法需要两个参数，第一个参数设置输入参数的序数位置，从 1 开始计数；第二个参数设置输入参数的值。例如：

```
   setString（1, "王楠"）;
   setString（2, "200801"）;
```

2. 使用 PreparedStatement 接口操作数据

（1）PreparedStatement 接口同 Statement 接口 ·样，提供了多种操作数据库的方法，主要方法如表 4-3 所示。

表 4-3 PreparedStatement 接口的常用方法

方法	功能描述
Boolean execute()	执行任何 SQL 语句，返回布尔值，决定是否返回结果集
ResultSet executeQuery()	执行 SQL 查询语句，返回查询结果集
int executeUpdate()	执行 SQL 更新语句，返回影响的记录行数
void setInt（int x, int y）	将第 x 参数设置为 int 值
void setString（int x, String y）	将第 y 参数设置为 String 值

（2）使用 PreparedStatement 接口操作数据步骤如下。

- 创建带参数的 SQL 语句。
- 生成 PreparedStatement 接口。
- 设置参数。
- 执行方法，操作数据。

任务 4　网上图书商城首页的商品分类

※　需求说明

在网上图书商城中，实现首页的商品分类展示功能。该任务的具体要求如下。

当登录成功后直接访问商品首页，首页左侧边栏为图书分类列表，需展示所有图书的一级分类和二级分类列表。

※　任务解析

数据库 Departments 表中存放分类信息，在进入首页前访问数据库查询分类表信息，在界面上展示一级分类和二级分类列表。

※　任务实施

步骤一：编写分类实体类。

```
public class Department {
    private int id;
    private String name;
    private List<Category> categories;

   //此处省略 get/set 方法
}
```

步骤二：编写 index.jsp 左侧边栏的分类页面代码。

```
<%
     SimpleDateFormat dateFormater = new SimpleDateFormat("yyyy-MM");
     NumberFormat numberFormat = NumberFormat.getCurrencyInstance(Locale.CHINA);
     IDepartmentDao dao = new DepartmentDaoImpl();
     List<Department> departments = dao.getList();
%>

<div class="left">
     <div class="category">
          <div class="category-header">
               ===商品类别===
          </div>
          <div class="category-body">
               <% for(Department department : departments){ %>
                    <h3 class="category-body-title"><%= department.getName() %></h3>
                    <ul class="category-body-content">
                         <%for(Category category : department.getCategories()){ %>
                              <li><a href="index.jsp?id=<%= category.getId() %>" class='<%=
((category.getId() + "").equals(request.getParameter("id")) ? "selected" : "unselected")%>'>
<%= category.getName() %></a></li>
                         <%} %>
                    </ul>
               <%} %>
          </div>
```

```
    </div>
</div>
```

步骤三：编写 dao 层业务实现功能。

```
public class DepartmentDaoImpl extends BaseDao implements IDepartmentDao {

public List<Department> getList() throws Exception {
    String sql = "select * from Departments";
    ResultSet rs = this.executeQuery(sql, null);
    List<Department> list = new ArrayList<Department>();

    while(rs.next()){
        Department item = new Department();
        item.setId(rs.getInt(1));
        item.setName(rs.getString(2));
        item.setCategories(this.getCategoriesByDepartmentId(item.getId()));

        list.add(item);
    }

    return list;
}
}
```

※运行截图如图 4.4 所示。

图 4.4 运行截图（一）

任务 5 处理网上图书商城的客户端请求

※ 需求说明

在网上图书商城中，实现用户登录和注销及登录后显示系统在线人数等功能。该任务的具体要求如下。

- 当用户在客户端输入登录信息时，把信息提交给服务器，提交的信息显示在新的页面上。
- 在客户端输入正确的用户名及密码后，跳转到登录成功的页面，页面显示“恭喜你，登录成功”，否则跳转到登录失败页面，页面显示“登录失败，用户名或密码错误”。
- 实现用户登录验证及注销功能。当用户直接打开某个网页时，验证用户是否为合法用户，如果是合法用户，则可正常浏览网页，并记录用户登录信息。否则，跳转回登录页面，提示用户重新登录；用户登录后，还可以进行注销操作。
- 登录到网上图书商城之后，统计该系统的在线人数。
- 用户非首次进入该系统时，可以不必登录，直接进入到网上图书商城。

※　任务解析

（1）服务器通过 Request 对象获取用户的输入信息。该任务中，可以使用 Request 对象获取用户的登录信息，将登录信息显示在新的页面上。

（2）服务器通过 Response 对象对客户端的请求做出响应，可以使用 Response 对象把 Web 服务器响应的内容发回给客户端。

（3）服务器通过 Session 对象存储客户信息，可以通过在 Session 对象内存储或删除客户信息达到记录登录或注销操作的目的。

（4）统计在线人数的方法有很多种，该任务可以使用 Application 对象统计在线人数。

（5）多数网站都有记住密码的功能，这样用户在非首次进入网上图书商城时可以不必输入信息进行登录，而是直接操作。这需要用到 Cookie 对象的操作。

※　知识引入

1．用 Request 对象获取用户登录信息

Web 开发最重要的特点是交互性，而实现交互性的重要内置对象是 Request 对象。

Request 对象是使用最多的内置对象，其最主要的作用是接收客户端发送的请求信息，如通过表单提供的参数、通过地址传递的参数、发送的头信息等。

Request 对象是 javax.servlet.http.HttpServletRequest 接口的实例化对象。其作用是与客户端交互，收集客户端的 Form、Cookie、超链接，或者收集服务器端的环境变量。从客户端向服务器发出请求，包括用户提交的信息及客户端的一些信息。客户端可通过 HTML 表单或在网页地址后面提供参数的方法提交数据，然后通过 Request 对象的相关方法来获取这些数据。Request 的各种方法主要用来处理客户端浏览器提交的请求中的各项参数和选项。

Request 对象的常用方法如表 4-4 所示。

表 4-4　Request 对象的常用方法

方法	描述
public String getParameter（String name）	接收客户端发来的请求参数内容
public String[] getParameterValues（String name）	取得客户端发来的一组请求参数内容

续表

方法	描述
public Enumeration getParameterNames()	取得全部请求参数的名称
public String getRemoteAddr()	得到客户端的 IP 地址
void setCharacterEncoding(String env) throws UnsuppotedEncodingExcption	设置统一的请求编码
public Boolean isUserInRole(String role)	进行用户身份的验证
public Httpsession getSession()	取得当前的 Session 对象
public StringBuffer getRequestURL()	返回正在请求的路径
public Enumeration getHeaderNames()	取得全部 Request Header 的名字
public String getHeader(String name)	根据名称取得头信息的内容
public String getMethod()	取得用户的提交方式
public String getServletPath()	提取访问的路径
public String getContextPath()	取得上下文资源路径
public Object getAttribute(String name)	返回指定名字的属性值，不存在则返回空值
public Object setAttribute(String name,Object obj)	设置指定名字的属性，并存储在 Request 中
public Cookie[ ] getCookies()	返回客户端的 Cookie 对象，结果是一个 Cookie 数组

2. 用 Response 对象重定向页面

Response 对象的主要作用是对客户端的请求做出响应，将 Web 服务器的处理结果发回给客户端。Response 对象只提供了一个数据集合 Cookie，它用于在客户端写入 Cookie 值。若指定的 Cookie 不存在，则创建它。若存在，则将自动进行更新。

Response 对象属于 javax.servlet.http.HttpServletResponse 接口的实例。HttpServletResponse 接口的定义如下：public interface HttpServletResponse extends ServletResponse。Response 对象的常用方法如表 4-5 所示。

表 4-5　Response 对象的常用方法

方法	描述
public void addCookie(Cookie cookie)	向客户端增加 Cookie
public void setHeader(String name,String value)	设置回应的头信息
public void sendRedirect(String location)throws IOException	页面跳转
public void addCookie(Cookie cookie)	添加一个 Cookie 对象，用来保存客户端的用户信息
public void flushBuffer()	强制将当前缓冲区的内容发送到客户端
public void sendError(int sc,String msg)	向客户端发送错误信息。sc 表示错误代码，如 505 表示服务器内部错误
public void setCharacterEncoding(String charset)	设置响应的字符编码
public ServletOutputStream getOutputStream()	返回到客户端的输出流对象

调用 Response 对象的 sendRedirect()方法可以实现页面的跳转，该跳转属于客户端跳转，用此方

法跳转后，地址栏的地址会发生改变。

3．用 Session 对象实现页面的访问控制

1）什么叫页面的访问控制

未登录客户可以浏览某些页面，当需要进一步操作时，系统会自动跳转到登录页面，提示用户登录。

2）如何进行页面的访问控制

如果能够设置一个属性，在任何一个需要进行访问控制的页面中都能取得该属性，我们就可以根据该属性的值判断用户是否登录。而之前讲过的 Request 对象的属性只在一次服务器端跳转内有效。

从一个用户打开浏览器并连接到服务器开始，到用户关闭浏览器离开这个服务器结束，称为一个会话。当一个用户访问一个服务器时，可能会在这个服务器的几个页面之间反复连接，反复刷新一个页面，服务器应当通过某种方法知道这是同一个用户，这就需要 Session 对象。

Session 对象的 ID 是指当一个用户首次访问服务器上的一个 JSP 页面时，JSP 引擎产生一个 Session 对象，同时分配一个字符类型的 ID 号，JSP 引擎同时将这个 ID 号发送到客户端，存放在 Cookie 中，这样 Session 对象和用户之间就建立了一一对应的关系。

当用户再次访问连接该服务器的其他页面时，不再给用户分配新的 Session 对象，直到用户关闭浏览器后，服务器端将该用户的 Session 对象取消，服务器与该用户的会话对应关系消失。当用户重新打开浏览器再连接到该服务器时，服务器为该用户再创建一个新的 Session 对象。

每个 Session 对象都表示不同的 Session 访问用户，Session 对象是 javax.servlet.http.HttpSession 接口的实例化对象，所以 Session 对象只能应用在 HTTP 中。Session 对象的引入是为了弥补 HTTP 的不足，HTTP 是一种无状态的协议。Session 对象的常用方法如表 4-6 所示。

表 4-6　Session 对象的常用方法

方法	描述
public string getId()	取得 Session ID
public long getCreationTime()	取得 Session 对象的创建时间
public long getLastAccessedTime()	取得 Session 对象的最后一次操作时间
public Object getAttribute(name)	取得指定名字的属性值
public boolean isNew()	判断是否是新的 Session 对象（新用户）
public void invalidate()	让 Session 对象失效
public Enumeration getAttributeNames()	得到 Session 对象全部属性的名称
public void setAttribute(String name, Object obj)	设置指定名称的属性值
public void removeAttribute(String name)	删除指定的属性名及值
public int getMaxInactiveInterval()	返回 Session 对象的生存时间

4．用 Application 对象统计在线人数

Session 对象保存的属性在重新打开一个新的浏览器时会丢失，如果希望设置一个属性，可以让

所有的用户都能看得见，则可以利用 Application 对象，这样可以将属性保存在服务器上，使得每个用户（每个 Session 对象）都能访问这个属性。

Application 对象用于存储和访问来自任何页面的变量，类似于 Session 对象。不同之处在于，所有的用户都分享一个 Application 对象，而 Session 对象和用户的关系是一一对应的。在 Application 对象中可以存放大量被应用程序中页面使用的信息（如数据库连接信息）。这意味着可以从任何的页面访问这些信息，同时也意味着你可以在一个地点改变这些信息，然后这些改变会自动反映在所有的页面上。

Application 对象是 javax.servlet.ServletContext 接口的实例化对象，服务器启动后就产生了这个 Application 对象，当用户在所访问的网站的各个页面之间浏览时，这个 Application 对象都是同一个，直到服务器关闭。与 Session 对象不同的是，所有用户的 Application 对象都是同一个，即所有用户共享这个内置的 Application 对象。Application 对象的常用方法如表 4-7 所示。

表 4-7　Application 对象的常用方法

方法	描述
public String getRealPath(String path)	得到虚拟目录对应的绝对路径
public Object getAttribute(String name)	得到指定属性的值
public String getServletInfo()	返回当前版本 Servlet 编译器的信息
public Enumeration getAttributeNames()	得到所有属性的名称
public String getContextPath()	取得当前的虚拟路径名称
public void removeAttribute(String name)	删除指定属性
public void setAttribute(String name, Object obj)	按照键值设置属性值

5. 用 Cookie 制作站点计数器

Cookie 是浏览器所提供的一种技术，这种技术让服务器端的程序能将一些只需保存在客户端或者在客户端进行处理的数据放在客户端计算机，而不需要通过网络传输，因而提高了网页处理的效率，同时也能够减少服务器的负载。

Cookie 是 Web 服务器保存在用户硬盘上的一段文本，Cookie 允许一个 Web 站点在用户的计算机上保存信息并且随后再将其取回。

服务器读取 Cookie 的时候，只能够读取到这个服务器的相关信息。而且，浏览器一般只允许存放 300 个 Cookie，每个站点最多存放 20 个。另外，每个 Cookie 的大小为 4KB，根本不会占用多少空间。同时，Cookie 是有时效性的。例如，设置了 Cookie 的存活时间为 1 分钟，则 1 分钟后当前 Cookie 就会被浏览器删除。因此，使用 Cookie 不会带来太大的安全威胁。

JSP 专门提供了 javax.servlet.http.Cookie 操作类，此类定义的常用方法如表 4-8 所示。

表 4-8　Cookie 定义的常用方法

方法	描述
public Cookie(String name, String value)	实例化 Cookie 对象，同时设置名称和内容
public String getName()	取得 Cookie 的名称

续表

方法	描述
public String getValue()	取得 Cookie 的内容
public void setMaxAge(int expiry)	设置 Cookie 的保存时间，以秒为单位

所有的 Cookie 都是由服务器设置到客户端的，要向客户端增加 Cookie，必须使用 Response 对象的相关方法，如表 4-9 所示。

表 4-9　设置 Cookie 的方法

方法	描述
public void addCookie(Cookie cookie)	向客户端设置 Cookie
public Cookie[] getCookies()	取得客户端设置的全部 Cookie
public Cookie(String name, String value)	构造方法，实例化对象

Cookie 的基本操作有以下几种。

（1）创建 Cookie。

```
Cookie[] cookies = request.getCookies();
```

（2）传送 Cookie。

```
response.addCookie (cookie);
```

（3）读取 Cookie。

```
Cookie[] cookies = request.getCookies();
      //寻找计数器 Cookie
      if (null !=cookies) {
      for (Cookie c : cookies) {
          if  (c.getName() .equals ("counter")) {
          cookie= c;
          findCookie = true;
          break;
      }
}
```

（4）设置 Cookie 的有效时间。

```
cookie.setMaxAge (60);
```

任务 6　网上图书商城商品的分页查询

※　需求说明

在网上图书商城中，实现首页商品的各种展现功能。该任务的具体要求如下。

➢ 实现网上图书商城首页商品信息的分页展示。

➢ 实现网上图书商城首页商品信息的分类展示。

➢ 实现网上图书商城首页商品信息的搜索展示。

※ 任务解析

1. 访问首页前通过 MVC 各层完成查询所有商品的信息，查询到了所有商品后，需要根据 PageSize 一页显示 20 条数据和 iPage 默认当前为第 1 页，通过数据库 limit 分页查询来完成商品信息的展示。

2. 单击左侧边栏分类项，给分类项添加请求后台链接，通过 get 方式访问后台，根据分类项 ID 按条件查询商品信息，并展示在图书商品列表中。

3. 按关键字搜索商品信息，通过模糊查询完成商品信息的查询。

※ 任务实施

步骤一：准备实体类。

```
public class Product {
   private int id;
   private String name;
   private String desc;
   private double price;
   private String imageFile;
   private boolean onCatalogPromotion;
   private String author;
   private String authorDesc;
   private String chapter;
   private String editorComment;
   private String isbn;
   private int wordsCount;
   private int clicks;
   private int discount;
   private Date publishDate;
   private int publisherId;
   private int categoryId;
   private String publisherName;

   //省略 get/set 方法
}
```

步骤二：编写 index.jsp 加载事件，获取查询所有商品信息的参数。

```
<%
String sPage = request.getParameter("page");
    String sCategoryId = request.getParameter("id");

    int iPage = 1;           //当前页码
    int iCategoryId = 0;    //小类编号
```

```
        if(sPage != null){
            iPage = Integer.parseInt(sPage);
        }

        IProductBiz biz = new ProductBizImpl();
        StringBuilder sb = new StringBuilder();
        String firstPageUrl = "";
        String prevPageUrl = "";
        String nextPageUrl = "";
        String lastPageUrl = "";
        List<Product> products = null;
        int pageSize = 20;
        int pageCount = 0;

        String search = request.getParameter("search");
        if(sCategoryId == null){
            if(search==null) {
                products = biz.getProductsByOnCatalog(iPage, pageSize, sb);
            }else{
                products = biz.getProductsByOnCatalog(iPage, pageSize, sb,search);
            }
            pageCount = Integer.parseInt(sb.toString());

            firstPageUrl = "index.jsp?page=1";
            prevPageUrl = "index.jsp?page=" + (iPage - 1);
            nextPageUrl = "index.jsp?page=" + (iPage + 1);
            lastPageUrl = "index.jsp?page=" + Integer.parseInt(sb.toString());
        }else{
            iCategoryId = Integer.parseInt(sCategoryId);
            products = biz.getProductsInCategory(iCategoryId, iPage, pageSize, sb);
            pageCount = Integer.parseInt(sb.toString());

            firstPageUrl = "index.jsp?id=" + iCategoryId + "&page=1";
            prevPageUrl = "index.jsp?id=" + iCategoryId + "&page=" + (iPage - 1);
            nextPageUrl = "index.jsp?id=" + iCategoryId + "&page=" + (iPage + 1);
            lastPageUrl = "index.jsp?id=" + iCategoryId + "&page=" + Integer.parseInt
(sb.toString());
        }
    %>
```

步骤三：编写 service 业务层代码。

```
    public class ProductBizImpl implements IProductBiz {
        private IProductDao dao = new ProductDaoImpl();

        public List<Product> getProductsByOnCatalog(int pageIndex, int pageSize,
                StringBuilder sb) throws Exception {
            List<Product> list = dao.getProductsByOnCatalog(pageIndex, pageSize, sb);
            int recoredCount = Integer.parseInt(sb.toString());
```

```
        int pageCount = (int)Math.ceil((double)recoredCount/pageSize);
        sb.setLength(0);
        sb.append(pageCount);

        return list;
    }
}
```

步骤四：编写 dao 层代码。

```
public class ProductDaoImpl extends BaseDao implements IProductDao {
/*
* 获取显示在首页中的特色商品
* */

public List<Product> getProductsByOnCatalog(int pageIndex, int pageSize,
        StringBuilder sb) throws Exception {
    String sql = "SELECT pr.`Id`, pr.`Name`, \n" +
            "\tCASE\n" +
            "\t\tWHEN CHAR_LENGTH( pr.`Description` ) > 200 THEN CONCAT(SUBSTRING
(pr.`Description`, 1, 200), '...')\n" +
            "\t\tELSE pr.`Description`\n" +
            "\tEND Description,pr.price, pr.ImageFile, pr.onCatalogPromotion, pr.author,
pu.Name publisherName, pr.publishDate, pr.discount\n" +
            "FROM publishers pu INNER JOIN Products pr ON pu.`Id` = pr.`PublisherId`\n" +
            "WHERE pr.`OnCatalogPromotion` = 1 " +
            "LIMIT ?,?";
    Object[] objects = {(pageIndex - 1) * pageSize, pageSize};
    List<Product> list = new ArrayList<Product>();
    Connection connection = this.getConnection();
    ResultSet resultSet = this.executeQuery(connection, sql, objects);
    //System.out.println(sql);
    readResultSetIntoList(resultSet, list);

    sql = "SELECT COUNT(*) " +
            "FROM publishers pu INNER JOIN Products pr ON pu.`Id` = pr.`PublisherId`\n" +
            "WHERE pr.`OnCatalogPromotion`";
    resultSet = this.executeQuery(connection, sql, null);
    resultSet.next();
    int recordCount = resultSet.getInt(1);
    sb.append(recordCount);

    this.closeAll(connection, null, resultSet);


    return list;
}
}
```

※　运行截图如图 4.5 所示。

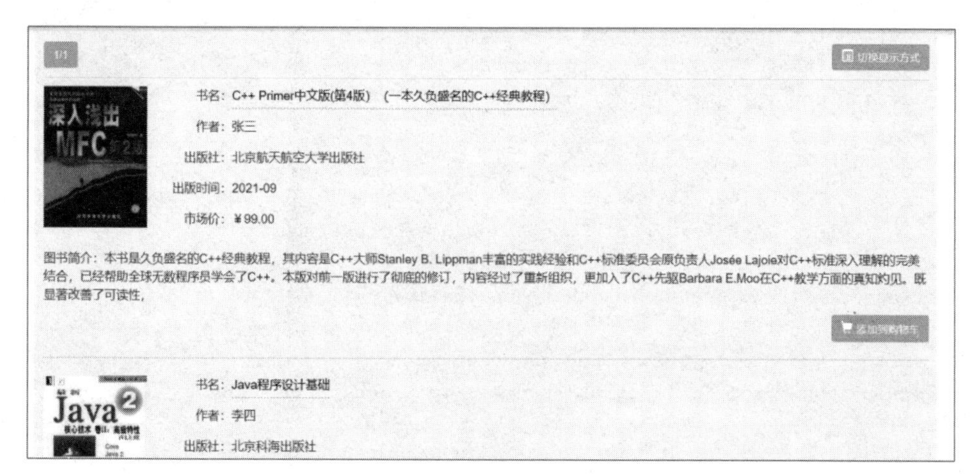

图 4.5　运行截图（二）

任务 7　在网上图书商城查看商品详情

※　需求说明

单击商品展示中的图片和标题，发送后台请求进入商品详情页面，在 JSP 中访问后台，根据 ID 查询商品信息并展现在商品详情页面。

- 实现图书详情页面的开发和设计。
- 实现根据 ID 查询图书数据并展现在详情页面中。

※　任务解析

单击首页列表中的商品图片和商品标题链接发送后台请求，根据商品 ID 按条件查询商品表的商品详细信息，并展现在商品详情页面中。

※　任务实施

步骤一：为展示商品中的商品做请求后台链接。

①为图片添加链接。

```
    <div class="p-item-img"><a target="_blank" href="details.jsp?id=<%= item.getId() %>">
<img src="images/product/<%= item.getImageFile() %>"></a></div>
```

②为标题添加链接。

```
    <li>
        <label>书名：</label>
        <a target="_blank" href="details.jsp?id=<%= item.getId() %>"><%= item.getName() %>
</a>
    </li>
```

步骤二：新建 details.jsp 页面。

```
    <%@ page import="com.obtk.service.IProductBiz" %>
```

```
<%@ page import="com.obtk.service.impl.ProductBizImpl" %>
<%@ page import="com.obtk.pojo.Product" %>
<%@ page import="java.text.SimpleDateFormat" %>
<%@ page import="java.text.NumberFormat" %>
<%@ page contentType="text/html;charset=UTF-8" language="java" %>
<html>
<head>
    <title>图书详细信息</title>
    <link rel="stylesheet" href="bootstrap/css/bootstrap.css">
    <link rel="stylesheet" href="css/web.css">
    <link rel="stylesheet" href="css/details.css">

    <script type="text/javascript" src="bootstrap/js/jquery.min.js"></script>
    <script type="text/javascript" src="scripts/addToCart.js"></script>
</head>
<body>

    <%if(item != null){%>
        <%@include file="header.jsp"%>
        <div class="my-container">
            <div class="p-item">
                <div class="p-item-base">
                    <div class="p-item-img">
                        <img src="images/product/<%=item.getImageFile()%>">
                    </div>
                    <ul class="p-item-text">
                        <li>
                            <label>书名：</label>
                            <span><%=item.getName()%></span>
                        </li>
                        <li>
                            <label>作者：</label>
                            <span><%= item.getAuthor() %></span>
                        </li>
                        <li>
                            <label>出版社：</label>
                            <span><%= item.getPublisherName() %></span>
                        </li>
                        <li>
                            <label>出版时间：</label>
                            <span><%= dateFormat.format(item.getPublishDate()) %></span>
                        </li>
                        <li>
                            <label>单击次数：</label>
                            <span><%=item.getClicks()%></span>
                        </li>
                        <li>
                            <label>市场价：</label>
                            <span><%= numberFormat.format(item.getPrice()) %></span>
```

```
                        </li>
                        <li>
                            <label>优惠价：</label>
                            <span><%= numberFormat.format(item.getPrice() * ((double)
item.getDiscount()) / 100) %>(<%=item.getDiscount()%>折)</span>
                        </li>
                    </ul>
                </div>
                <div class="text-right">
                    <button type="button" class="btn btn-info btn-sm addToCart"><i
class="glyphicon glyphicon-shopping-cart"></i>添加到购物车</button>
                    <input type="hidden" value="<%=item.getId()%>">
                </div>
                <div class="p-item-extention">
                    <fieldset>
                        <legend><span>作者简介</span></legend>
                        <div><%=(item.getAuthorDesc()) == null? "暂无":
item.getAuthorDesc()%></div>
                    </fieldset>
                    <fieldset>
                        <legend><span>图书简介</span></legend>
                        <div><%=item.getDesc() == null? "暂无": item.getDesc()%></div>
                    </fieldset>
                    <fieldset>
                        <legend><span>编辑推荐</span></legend>
                        <div><%=item.getEditorComment() == null? "暂无" :
item.getEditorComment()%></div>
                    </fieldset>
                    <fieldset>
                        <legend><span>图书目录</span></legend>
                        <div><%=item.getChapter() == null? "暂无" : item.getChapter()%>
</div>
                    </fieldset>
                </div>
            </div>
        </div>
        <%@include file="footer.jsp"%>
    <%}%>
</body>
</html>
<%--
<script>
    var winHeight = $(window).height();
    var docHeight = $(document).height();
    var availHeight = window.screen.availHeight;
    var height = window.screen.height;
    alert(height + "-" + availHeight + "-" + winHeight + "-" + docHeight);
</script>--%>
```

步骤三：在详情页面中添加根据 ID 查询商品详情的代码。

```
<%
        SimpleDateFormat dateFormat = new SimpleDateFormat("yyyy-MM");
        NumberFormat numberFormat = NumberFormat.getCurrencyInstance(Locale.CHINA);

        String sId = request.getParameter("id");
        Product item = null;
        if(sId == null || sId.equals("")){
            response.sendRedirect("index.jsp");
        }else{
            int id = Integer.parseInt(sId);
            IProductBiz biz = new ProductBizImpl();
            item = biz.getItem(id);
        }
    %>
```

步骤四：service 层实现，在 ProductBiz 和 ProductBizImpl 类中添加代码。

```
public Product getItem(int productId) throws Exception;
```

```
@Override
public Product getItem(int productId) throws Exception {
    return dao.getItem(productId);
}
```

步骤五：dao 层实现，在 ProductDao 和 ProductDaoImpl 类中添加代码。

```
public Product getItem(int productId) throws Exception;
```

```
public Product getItem(int productId) throws Exception {
    String sql = "SELECT pr.*, pu.`Name` publisherName\n" +
            "FROM publishers pu INNER JOIN Products pr ON pu.`Id` = pr.`PublisherId`\n" +
            "WHERE pr.`Id` = ?";
    Product item = null;
    Object[] objects = {productId};
    ResultSet resultSet = this.executeQuery(sql, objects);

    if(resultSet.next()){
        item = new Product();
        item.setId(resultSet.getInt("Id"));
        item.setName(resultSet.getString("Name"));
        item.setDesc(resultSet.getString("Description"));
        item.setPrice(resultSet.getDouble("price"));
        item.setAuthor(resultSet.getString("author"));
        item.setImageFile(resultSet.getString("imageFile"));
        item.setPublisherName(resultSet.getString("publisherName"));
        item.setPublishDate(resultSet.getDate("publishDate"));
        item.setAuthorDesc(resultSet.getString("AuthorDesc"));
        item.setChapter(resultSet.getString("Chapter"));
        item.setEditorComment(resultSet.getString("EditorComment"));
```

```
        item.setIsbn(resultSet.getString("Isbn"));
        item.setWordsCount(resultSet.getInt("WordsCount"));
        item.setClicks(resultSet.getInt("Clicks"));
        item.setDiscount(resultSet.getInt("Discount"));
    }

    return item;
}
```

※　运行截图如图 4.6 所示。

图 4.6　运行截图（三）

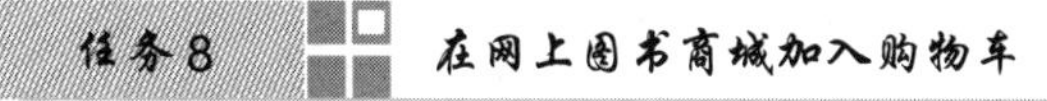

任务 8　在网上图书商城加入购物车

※　需求说明

将商品添加到购物车中，有两种方法：一是在商品详情页面中单击“添加到购物车”按钮，将该商品添加到购物车；二是在首页 index.jsp 商品展示中利用“添加到购物车”功能添加商品，这样选择的商品就会在购物车页面中出现了。

- ➢　实现购物车页面的开发和设计。
- ➢　实现加入购物车功能。

※　任务解析

单击首页商品展示中的“添加到购物车”按钮，访问后台请求，根据当前选择商品的 ID 和从 Cookie 中获取的当前用户账号信息添加到数据库 cart 购物车列表中。

※　任务实施

步骤一：为页面中的“添加到购物车”添加链接功能。

①为首页 index.jsp 中的“添加到购物车”添加链接功能。

```
<script type="text/javascript" src="scripts/addToCart.js"></script>
```

```
$(function () {
    $(".addToCart").click(function () {

        var id = $(this).next().val();
        window.open("/eBook/servlet/AddToCartServlet?id=" + id + "&r=" + Math.random(),
"cart");

    });
});
```

②为商品详情中引入购物车后台请求链接。

```
<script type="text/javascript" src="scripts/addToCart.js"></script>
```

步骤二：编写购物车实体类。

```
public class Cart {
    private int id;
    private int productId;
    private int quantity;
    private Date createTime;
    private String userAccount;
    private String ProductName;
    private double SubTotal;
    private double Price;
...省略 get/set 方法
}
```

步骤三：编写 servelt 层 AddToCartServlet 代码。

```
@WebServlet(value = "/servlet/AddToCartServlet")
public class AddToCartServlet extends HttpServlet {
    protected void doPost(HttpServletRequest request, HttpServletResponse response)
throws ServletException, IOException {

    }

    protected void doGet(HttpServletRequest request, HttpServletResponse response)
throws ServletException, IOException {
        request.setCharacterEncoding("utf-8");
        response.setContentType("text/html;charset=utf-8");
        PrintWriter writer = response.getWriter();

        String sProductId = request.getParameter("id");
        Cookie[] cookies = request.getCookies();

        if(sProductId == null || cookies == null){
            response.sendRedirect("index.jsp");
        }else {
            String account = "";
```

```
            boolean isAuthonticated = false;

            //首先试图获取已认证账号
            for (Cookie cookie : cookies) {
                if (cookie.getName().equals("authonticatedAccount")) {
                    account = URLDecoder.decode(cookie.getValue(),"utf-8");
                    isAuthonticated = true;
                    break;
                }
            }

            if(!isAuthonticated){
                for(Cookie cookie : cookies){
                    if(cookie.getName().equals("anonymousAccount")){
                        account = URLDecoder.decode(cookie.getValue(), "utf-8");
                        break;
                    }
                }
            }

            int productId = Integer.parseInt(sProductId);
            int quantity = 1;
            Date date1 = new Date();
            java.sql.Date date2 = new java.sql.Date(date1.getTime());

            Cart cart = new Cart();
            cart.setProductId(productId);
            cart.setQuantity(quantity);
            cart.setCreateTime(date2);
            cart.setUserAccount(account);

            ICartBiz biz = new CartBizImpl();
            try {
                biz.add(cart);
                response.sendRedirect("../cart.jsp");
            }catch (Exception ex){
                writer.print(ex.getMessage());
            }
        }
    }
}
```

步骤四：编写 service 层 ICartBiz 和 ICartBizImpl 代码。

```
public interface ICartBiz {
    public int add(Cart item) throws  Exception;
}
```

```
public class ICartBizImpl implements ICartBiz {
    private ICartDao dao = new CartDaoImpl();
```

```
    public int add(Cart item) throws Exception {
        return dao.add(item);
    }
}
```

步骤五：编写 dao 层业务代码。

```
public interface ICartDao {
    /**
     * 将商品添加到购物车
     * @param item
     * @return
     * @throws Exception
     */
    public int add(Cart item) throws  Exception;

 }
```

```
public class CartDaoImpl extends BaseDao implements ICartDao {

    /**
     * 将商品添加到购物车
     * 注意逻辑判断：可能是插入一条新记录，也可能是修改记录
     * @param item
     * @return
     * @throws Exception
     */
    public int add(Cart item) throws Exception {
        boolean flag = this.exists(item.getUserAccount(), item.getProductId());
        String sql = "";
        Object[] parms = null;

        if(!flag) {
            sql = "insert into Carts(ProductId,Quantity,CreateTime,UserAccount) 
values(?,?,?,?)";
            parms = new Object[]{item.getProductId(), item.getQuantity(), 
item.getCreateTime(), item.getUserAccount()};
        }else{
            sql = "update Carts set Quantity=Quantity+?,CreateTime=? where ProductId=? 
and UserAccount=?";
            parms = new Object[]{item.getQuantity(), item.getCreateTime(), 
item.getProductId(), item.getUserAccount()};
        }

        return this.executeUpdate(sql, parms);
    }

 }
```

※　运行截图如图 4.7 所示。

图 4.7　运行截图（四）

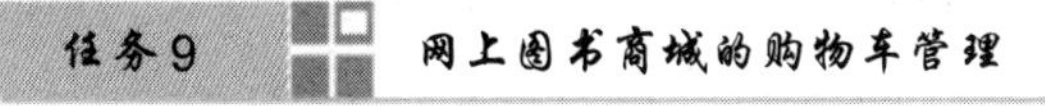

任务 9　网上图书商城的购物车管理

※　需求说明

对购物车中的商品进行管理，包括展现购物车中的商品信息、移除商品、修改商品数量等功能。

- ➢　实现购物车中移除商品功能。
- ➢　实现购物车中单击“+”和“-”按钮完成商品数量修改且总价随之变化功能。

※　任务解析

在购物车页面中，有移除商品的操作按钮，可以单击该按钮根据序号删除购物车列表中的数据，完成移除功能。

可以通过购物车每项商品订购量中的“+”和“-”按钮来更改每件商品的数量，为“+”和“-”按钮添加 js 代码逻辑，计算订购量个数。

为“继续购物”按钮添加返回主页功能，以便可以继续购物，再次添加到购物车的商品将继续插入到购物车列表中，相同的商品订购量加 1。

※　任务实施

步骤一：补充 service 层业务代码。

```
   public interface ICartBiz {
       public boolean exists(String account, int productId) throws Exception;
       public int add(Cart item) throws  Exception;
       public int update(Cart item) throws  Exception;
       public List<Cart> getList(String account) throws Exception;
       public void migrate(String anonymousAccount, String authonticatedAccount)
throws Exception;
       public void deteleCart(String account) throws Exception;
   }
```

```
public class CartBizImpl implements ICartBiz {
    private ICartDao dao = new CartDaoImpl();

    public boolean exists(String account, int productId) throws Exception{
        return dao.exists(account, productId);
    }
    public int update(Cart item) throws Exception {
        return dao.update(item);
    }

    public List<Cart> getList(String account) throws Exception{
        return dao.getList(account);
    }

    public void migrate(String anonymousAccount, String authonticatedAccount)
throws Exception {
        dao.migrate(anonymousAccount, authonticatedAccount);
    }

    @Override
    public void deteleCart(String account) throws Exception {
        dao.deleteCart(account);
    }
}
```

步骤二：补充 dao 层业务代码。

```
public class CartDaoImpl extends BaseDao implements ICartDao {
    /**
     * 判断指定的用户账号是否购买了指定的商品（编号）
     * @param account：用户账号
     * @param productId：商品编号
     * @return
     * @throws Exception
     */
    public boolean exists(String account, int productId) throws Exception{
        String sql = "select * from Carts where ProductId=? and UserAccount=?";
        Object[] parms = {productId, account};
        Connection connection = this.getConnection();
        ResultSet rs = this.executeQuery(connection, sql, parms);
        boolean flag = rs.next();

        this.closeAll(connection, null, rs);
        return flag;
    }

    public int update(Cart item) throws Exception{
```

```
            String sql = "";
            Object[] objects = {};

            if(item.getQuantity() == 0){
                sql = "delete from Carts where ProductId=? and UserAccount=?";
                objects = new Object[]{item.getProductId(), item.getUserAccount()};
            }else{
                sql = "update Carts set Quantity=?,CreateTime=? where ProductId=? and
UserAccount=?";
                objects = new Object[]{item.getQuantity(), item.getCreateTime(),
item.getProductId(), item.getUserAccount()};
            }

            return this.executeUpdate(sql, objects);
        }

        public List<Cart> getList(String account) throws Exception{
            List<Cart> list = new ArrayList<>();
            String sql = "SELECT p.`Id`, p.`Name`, p.`Price` * (p.`Discount` / 100)
Price, c.`Quantity`, p.`Price` * (p.`Discount` / 100) * c.`Quantity` SubTotal\n" +
                    "FROM Products p INNER JOIN Carts c\n" +
                    "ON p.`Id` = c.`ProductId`\n" +
                    "WHERE c.`UserAccount` = ?;";
            Object[] parms = {account};

            Connection connection = this.getConnection();
            ResultSet rs = this.executeQuery(connection, sql, parms);

            while (rs.next()){
                Cart cart = new Cart();
                cart.setProductId(rs.getInt("Id"));
                cart.setProductName(rs.getString("Name"));
                cart.setPrice(rs.getDouble("Price"));
                cart.setQuantity(rs.getInt("Quantity"));
                cart.setSubTotal(rs.getDouble("SubTotal"));

                list.add(cart);
            }
            this.closeAll(connection, null, rs);

            return list;
        }

        /**
         * 数据迁移
         * @param anonymousAccount: 匿名账号
         * @param authonticatedAccount: 登录账号
         * @throws Exception
         */
        public void migrate(String anonymousAccount, String authonticatedAccount)
throws Exception {
```

```
            //如果购物车中无此登录账号，则将匿名账号替换成登录账号即可
            String sql = "UPDATE Carts SET UserAccount = ? \n" +
                    "WHERE UserAccount = ? AND NOT EXISTS\n" +
                    "(\n" +
                    "\tSELECT * FROM\n" +
                    "\t(\n" +
                    "\t\tSELECT * FROM Carts\n" +
                    "\t) temp WHERE UserAccount = ?\n" +
                    ")";
            Object[] objects = {authonticatedAccount, anonymousAccount,
authonticatedAccount};
            this.executeUpdate(sql, objects);

            //如果购物车中有此登录账号但是无此商品，则将匿名账号替换成登录账号即可
            sql = "UPDATE Carts SET UserAccount = ?\n" +
                    "WHERE  UserAccount = ? AND ProductId NOT IN\n" +
                    "(\n" +
                    "\tSELECT ProductId FROM\n" +
                    "\t(\n" +
                    "\t\tSELECT ProductId FROM Carts WHERE UserAccount = ? \n" +
                    "\t) temp\n" +
                    ")";
            objects = new Object[]{authonticatedAccount, anonymousAccount, authonticatedAccount};
            this.executeUpdate(sql, objects);

            //如果购物车中有此登录账号且有此商品，则将商品数量进行合并，并删除匿名账号记录
            sql = "UPDATE Carts c1, Carts c2\n" +
                    "SET c1.Quantity = c1.Quantity + c2.Quantity\n" +
                    "WHERE c1.UserAccount = ? AND c2.UserAccount = ? AND c1.ProductId =
c2.ProductId\n";
            objects = new Object[]{authonticatedAccount, anonymousAccount};
            this.executeUpdate(sql, objects);

            sql = "delete from Carts where UserAccount=?";
            objects = new Object[]{anonymousAccount};
            this.executeUpdate(sql, objects);
        }

        @Override
        public void deleteCart(String account) throws Exception {
            String sql = "delete from Carts where UserAccount=?";
            Object[] objects = new Object[]{account};
            this.executeUpdate(sql, objects);
        }
    }
```

步骤三：在购物车页面中使用 js 完成购物车操作。

```
    function updateCart(row, productId, qantity){
        $.ajax({
```

```
            url: "/eBook/servlet/UpdateCartServlet",
            type: "post",
            data: {
                productId: productId,
                quantity: qantity
            },
            success: function (data) {
                if(qantity == 0){
                    row.remove();
                }else {
                    if (data == "ok") {
                        //价格
                        var price = parseFloat(row.children().eq(3).find("input").val());

                        //数量
                        var quantity = parseInt(row.children().eq(4).find("input").val());

                        //小计
                        var subTotal = price * quantity;
                        row.children().eq(5).find("span").text(accounting.formatMoney
(subTotal,"¥",2,",","."));
                        row.children().eq(5).find("input").val(subTotal);
                    }
                }

                var count = 0;          //商品总数量
                var totalPrice = 0;     //商品总价格
                $(".table tbody tr").each(function (index, ele) {
                    //ele 是一个 DOM 对象
                    count += parseInt($(ele).children().eq(4).find("input").val());
                    totalPrice += parseFloat($(ele).children().eq(5).find("input").val());
                });

                $("#count").text(count);
                $("#totalPrice").text(accounting.formatMoney(totalPrice, "¥",2,",","."));
            }
        });
    }

    $(function () {
        $(".add").click(function () {
            var row = $(this).parent().parent();
            var productId = row.children().get(1).innerText;
            var quantity = $(this).next().val();
            quantity = parseInt(quantity) + 1;
            $(this).next().val(quantity);

            updateCart(row, productId, quantity);
        });
```

```
    $(".sub").click(function () {
        var row = $(this).parent().parent();
        var productId = row.children().get(1).innerText;
        var quantity = $(this).prev().val();
        quantity = parseInt(quantity) - 1;

        if (quantity == 0){
            quantity = 1;
        }
        $(this).prev().val(quantity);

        updateCart(row, productId, quantity);
    });

    $(".remove").click(function () {
        if(window.confirm("确定要移除该商品吗？")) {
            var row = $(this).parent().parent();
            var productId = row.children().get(1).innerText;
            var quantity = 0;
            var $row = $(this).parent().parent();
            $row.remove();

            updateCart(row, productId, quantity);
        }
    });
})
```

※ 运行截图如图 4.8 和图 4.9 所示。

图 4.8 运行截图（五）

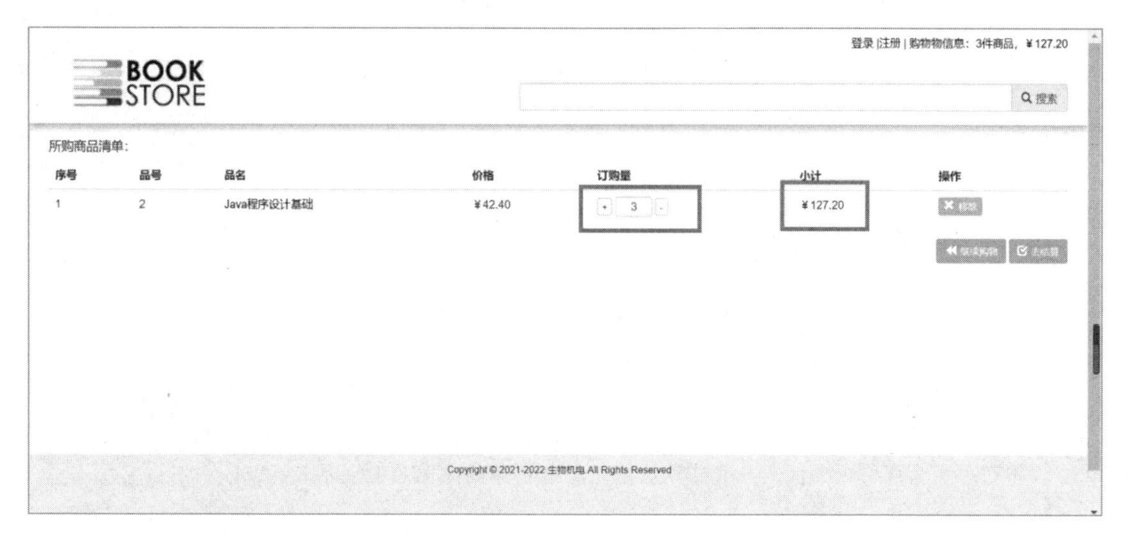

图 4.9　运行截图（六）

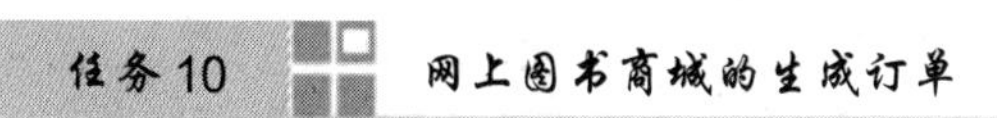

任务 10　网上图书商城的生成订单

※　需求说明

单击购物车页面中的“去结算”按钮，如果未登录用户信息，则跳转到登录页面中登录后方能进入订单页面；如果已经登录了，则可直接进入订单页面中。在订单页面中展现当前购物车中的所有商品信息和地址信息。

➢　实现订单详情页面的开发和设计。

➢　实现下订单功能。

※　任务解析

通过单击“去结算”按钮，跳转到订单详情页面，在订单详情页面中通过该用户的账号信息查询购物车列表中该用户的商品，通过 js 计算商品总价并展示在订单详情页面中；其次对订单收货人信息进行管理，可以对订单收货人信息进行增、删、改、查、设置默认收货地址等操作。

单击“确认订单”按钮，完成订单表各列数据的赋值，并完成整个下单功能。

※　任务实施

步骤一：编写订单实体类。

```
public class Order {
    private Integer EO_ID;
    //订单用户 ID
    private Integer EO_USER_ID;
    //用户昵称
    private String EO_USER_NAME;
    //用户地址
    private String EO_USER_ADDRESS;
    //订单创建时间
```

```
    private Date EO_CREATE_TIME;
    //订单总价
    private Double EO_COST;
    //订单状态（待审核，发货......）
    private Integer EO_STATUS;
    //付款类型（已付，未付）
    private Integer EO_TYPE;

    private List<OrderDetail> detailList;

   ...省略 get/set 方法
}
```

步骤二：编写订单页面代码，完成默认地址和购物车商品信息的展示。

```
<%@ page import="com.obtk.service.IAddressBiz" %>
<%@ page import="com.obtk.service.impl.AddressBizImpl" %>
<%@ page import="com.obtk.pojo.Address" %>
<%@ page import="java.util.*" %>
<%@ page contentType="text/html;charset=UTF-8" language="java" %>
<html>
<head>
    <title>结算</title>
    <link rel="stylesheet" href="../bootstrap/css/bootstrap.css">
    <link rel="stylesheet" href="../css/web.css">
    <link rel="stylesheet" href="../css/checkout.css">
    <script src="../bootstrap/js/jquery.js"></script>
    <script src="../bootstrap/js/bootstrap.js"></script>
    <script src="../scripts/checkout.js"></script>
</head>
<body>
    <%@include file="../header.jsp"%>
    <%
        IAddressBiz addressBiz = new AddressBizImpl();
        List<Address> addresses = addressBiz.getList(account);

        NumberFormat numberFormat = NumberFormat.getCurrencyInstance(Locale.CHINA);
        ICartBiz biz = new CartBizImpl();
        List<Cart> list = biz.getList(account);
    %>



    <div class="my-container">
        <h4 align="right"><button class="btn btn-primary submitOrder">提交订单
</button></h4>
        <h3 class="title">订单详情：</h3>
        <table class="table">
            <thead>
            <tr>
```

```
                    <th>序号</th>
                    <th>品号</th>
                    <th>品名</th>
                    <th>价格</th>
                    <th>订购量</th>
                    <th>小计</th>

                </tr>
                </thead>
                <tbody>
                <% for(int i = 0; i < list.size(); i++){ %>
                <tr>
                    <td><%=(i + 1)%></td>
                    <td><%=list.get(i).getProductId()%></td>
                    <td><a target="_blank" href="details.jsp?id=<%=list.get(i).getProductId()%>">
<%=list.get(i).getProductName()%></a></td>
                    <td>
                        <span><%=numberFormat.format(list.get(i).getPrice())%></span>
                        <input type="hidden" value="<%=list.get(i).getPrice()%>">
                    </td>
                    <td class="form-inline">

                        <span><%=list.get(i).getQuantity()%></span>

                    </td>
                    <td>
                        <span
id="danPrice"><%=numberFormat.format(list.get(i).getSubTotal())%></span>
                        <input type="hidden" class="subTotal" value="<%=list.get(i).
getSubTotal()%>">
                    </td>

                </tr>
              <%}%>

                <tr>
                    <td colspan="5"></td>
                    <td colspan="1" style="color:red;font-size: 20px;font-weight: bold">
总计：<span id="sum" style="color:red;font-size: 20px;font-weight: bold">
<%=numberFormat1.format(totalPrice)%></span><input type="hidden" id="totalPriceHidden"
value="<%=totalPrice%>"></td>
                </tr>
                </tbody>
            </table>

        </div>
        <div class="my-container">
            <ul class="title">
                <li>收货地址管理</li>
                <li>您已创建了<%=addresses.size()%>个收货地址，最多可以创建 20 个</li>
```

```
            <li>
                <%if(addresses.size() < 20){%>
                    <button type="button" class="btn btn-sm btn-info add"><i class=
"glyphicon glyphicon-plus"></i>添加新地址</button>
                <%}%>
            </li>
        </ul>
        <div class="content">
            <%for(int i = 0; i < addresses.size(); i += 4){%>
                <div class="addr-items">
                    <%for (int j = i; j < (i + 4); j++){%>
                        <%if(j >= addresses.size()){%>
                            <div class="addr-item clear"></div>
                        <%}else{%>
                            <div class="addr-item">
                                <div class="addr-item-header">
                                    <ul>
                                        <li>
                                            <i class="glyphicon glyphicon-user"></i>
                                            <span><%=addresses.get(j).getContactName()%>
</span>
                                        </li>
                                        <li>
                                            <%if(addresses.get(j).isDefault()){%>
                                                <span>默认地址</span>
                                            <%}else{%>
                                                <input type="hidden" value="<%=
addresses.get(j).getId()%>">
                                                <button class="btn btn-xs btn-info
setDefault">设为默认地址</button>
                                            <%}%>
                                        </li>
                                    </ul>
                                </div>
                                <div class="addr-item-body">
                                    <i class="glyphicon glyphicon-home"></i>
                                    <span><%=addresses.get(j).getProvince()%></span>
                                    <span><%=addresses.get(j).getCity()%></span>
                                    <span><%=addresses.get(j).getCounty()%></span>
                                    <span><%=addresses.get(j).getStreet()%></span>
                                    <span><%=addresses.get(j).getPostalCode()%></span>
                                </div>
                                <div class="addr-item-footer">
                                    <ul>
                                        <li>
                                            <i class="glyphicon glyphicon-phone"></i>
                                            <span><%=addresses.get(j).getPhone()%></span>
                                        </li>
                                        <li>
                                            <input type="hidden" id="address" value=
"<%=addresses.get(j).getId()%>">
```

```
                                                <button class="btn btn-xs btn-info edit">
<i class="glyphicon glyphicon-edit"></i>修改</button>
                                                <button  class="btn  btn-xs  btn-danger
del"> <i class="glyphicon glyphicon-remove"></i>删除</button>
                                            </li>
                                        </ul>
                                    </div>
                                </div>
                            <%}%>
                        <%}%>
                    </div>
                <%}%>
            </div>
        </div>


        <%@include file="../footer.jsp"%>


        <div class="modal fade" id="myModal" tabindex="-1" role="dialog" aria-labelledby=
"myModalLabel" aria-hidden="true">
            <div class="modal-dialog">
                <div class="modal-content">
                    <div class="modal-header">
                        <button type="button" class="close" data-dismiss="modal" aria-
hidden="true">&times;</button>
                        <h4 class="modal-title" id="myModalLabel">添加地址</h4>
                    </div>
                    <div class="modal-body">
                        <form role="form">
                            <div class="input-group">
                                <span class="input-group-addon">收货人: </span>
                                <input type="text" id="contactName" class="form-control"
autocomplete="off" style="width: 200px;">
                            </div>
                            <div class="input-group">
                                <span class="input-group-addon">联系电话: </span>
                                <input type="text" id="phone" class="form-control"
autocomplete="off" style="width: 200px;">
                            </div>
                            <div class="input-group">
                                <span class="input-group-addon">所在地区: </span>
                                <select id="province" class="form-control" style="width:
150px">

                                    <option value="0">===选择省===</option>
                                </select>
                                <select id="city" class="form-control" style="width: 150px">
                                    <option value="0">===选择市===</option>
                                </select>
                                <select id="county" class="form-control" style="width: 150px">
                                    <option value="0">===选择县/区===</option>
                                </select>
```

```
                    </div>
                    <div class="input-group">
                        <span class="input-group-addon">详细地址：</span>
                        <input type="text" id="street" class="form-control"
autocomplete="off" style="width: 450px">
                    </div>
                    <div class="input-group">
                        <span class="input-group-addon">邮政编码：</span>
                        <input type="text" id="postalCode" class="form-control"
style="width: 100px">
                    </div>
                </form>
            </div>
            <div class="modal-footer">
                <button type="button" class="btn btn-default" data-dismiss=
"modal">关闭</button>
                <button type="button" class="btn btn-primary submit">提交更改
</button>
                <input id="id" type="hidden" value="0">
            </div>
        </div>
    </div>
</div>
</body>
</html>
```

步骤三：为提交订单设置单击事件，异步访问后台 servlet。

```
$(".submitOrder").click(
    function () {
        var address=$("#address").val();
        var totalPrice=$("#totalPriceHidden").val();


        $.ajax({
            url: "/eBook/servlet/OrderServlet",
            type: "post",
            data: {
                addressId: address,
                totalPrice:totalPrice
            },
            success: function (data) {
                location.href = "/eBook/shopping-success.jsp";
            }

        })
    }
);
```

步骤四：编写 servlet 层代码。

```
@WebServlet("/servlet/OrderServlet")
public class OrderServlet extends HttpServlet {

    @Override
    protected void doGet(HttpServletRequest req, HttpServletResponse resp) throws
ServletException, IOException {
        doPost(req,resp);
    }

    @Override
    protected void doPost(HttpServletRequest req, HttpServletResponse resp) throws
ServletException, IOException {
        String address = req.getParameter("addressId");
        String totalPrice = req.getParameter("totalPrice");
        String account=null;
        Cookie[] cookies = req.getCookies();
        for (Cookie cookie : cookies) {
            if (cookie.getName().equals("authonticatedAccount")) {
                account= URLDecoder.decode(cookie.getValue(),"utf-8");
                break;
            }
        }

        //订单商品详情
        List<OrderDetail> detailList=new ArrayList<OrderDetail>();
        ICartBiz biz = new CartBizImpl();
        try {
            List<Cart> list = biz.getList(account);
            for (Cart cart:list) {
                OrderDetail detail=new OrderDetail();
                detail.setEP_ID(cart.getProductId());
                detail.setEOD_QUANTITY(cart.getQuantity());
                detail.setEOD_COST(cart.getSubTotal());
                detailList.add(detail);
            }
        } catch (Exception e) {
            e.printStackTrace();
        }

        //订单信息
        Order order=new Order();
        order.setEO_COST(Double.parseDouble(totalPrice));
        order.setEO_USER_NAME(account);
        order.setEO_USER_ADDRESS(address);
        order.setDetailList(detailList);
        order.setEO_STATUS(0);
        order.setEO_TYPE(1);

        IOrderBiz oBiz=new IOrderBizImp();
        try {
```

```
            oBiz.addOrder(order);
        } catch (Exception e) {
            e.printStackTrace();
        }

        //清空购物车
        try {
            biz.deteleCart(account);
        } catch (Exception e) {
            e.printStackTrace();
        }

    }
}
```

步骤五：编写 service 层代码。

```
public interface IOrderBiz {

    public void addOrder(Order order) throws Exception;
}
```

```
public class IOrderBizImp  implements IOrderBiz {
    @Override
    public void addOrder(Order order) throws Exception {
        IOrderDao orderDao=new OrderDaoImp();
        int id = orderDao.addOrder(order);

        List<OrderDetail> detailList = order.getDetailList();
        for (OrderDetail detail:detailList ) {
            detail.setEO_ID(id);
        }

        IOrderDetilDao detilDao=new OrderDetilDaoImp();
        detilDao.addOrderDetil(detailList);



    }
}
```

步骤六：编写 dao 层代码。

```
public interface IOrderDao {

    public int addOrder(Order order) throws Exception;
}
```

```
public class OrderDaoImp extends BaseDao implements IOrderDao {
    @Override
```

```
        public int addOrder(Order order) throws Exception {
            String sql = "insert into swjd_order(EO_USER_NAME,EO_USER_ADDRESS,
EO_CREATE_TIME,EO_COST,EO_STATUS,EO_TYPE) values(?,?,SYSDATE(),?,?,?)";
            Object[] objects = {order.getEO_USER_NAME(),order.getEO_USER_ADDRESS(),
            order.getEO_COST(),order.getEO_STATUS(),order.getEO_TYPE()};
            int id = this.executeInsert(sql, objects);

            return id;
        }
    }
```

※　运行截图如图 4.10 和图 4.11 所示。

图 4.10　运行截图（订单详情）

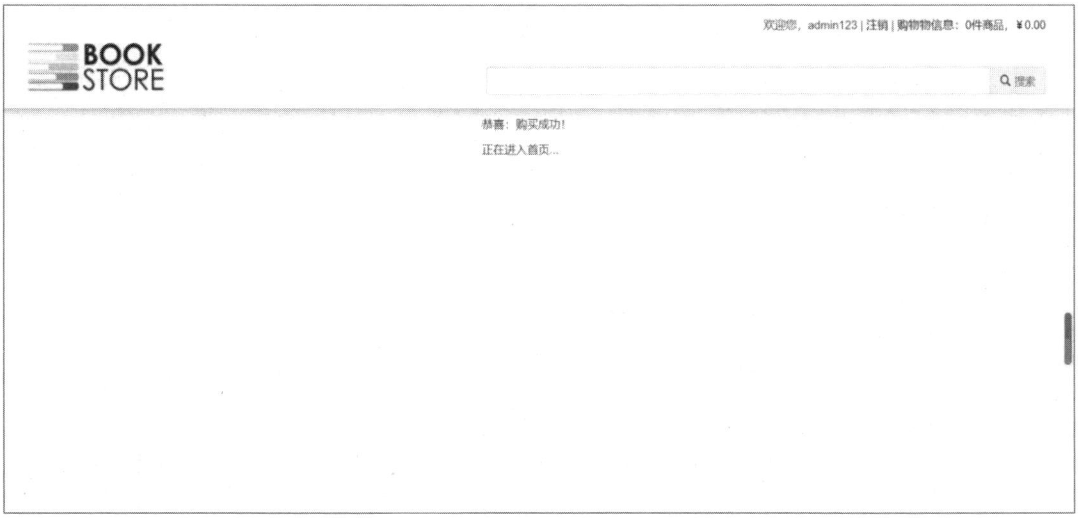

欢迎您，admin123 | 注销 | 购物物信息：0件商品，¥0.00

BOOK STORE

搜索

恭喜：购买成功！

正在进入首页...

图 4.11　运行截图（下单成功）

本章总结

- 编码就是使用选定的程序设计语言，把模块的过程性描述翻译为用该语言书写的能在机器上运行的源程序代码。
- 良好的编码风格是指源程序文档化、数据说明、语句结构、输入/输出方式。
- 程序的效率是指程序的执行速度及程序所需占用的内存的存储空间。
- 源程序的效率与详细设计阶段确定的算法的效率直接相关。在详细设计翻译转换成源程序代码后，算法效率反映为程序的执行速度和存储容量的要求。
- 代码调试是通过现象找出原因的一个分析的过程。调试的难点是错误的定位。

本章作业

一、选择题（每个题目中有一个或多个正确答案）

1．（　　）的过程是将设计描述翻译成某种预定的程序设计语言的过程。

A．需求分析　　B．软件设计

C．软件测试　　D．编码

2．下列（　　）不属于编码规范。

A．代码组织　　B．代码优化

C．变量命名规则　　D．函数命名规则

3．（　　）能减少冗余代码的数量，提高代码的内聚程度，减少耦合程度。

A．面向对象方法　　B．结构化方法

C．可视化方法　　D．ICASE 方法

4．（　　）是指基本块内的优化。所谓基本块，是指程序中的顺序执行语句序列，其中只有一个入口语句和一个出口语句。

A．局部优化　　B．代码优化

C．代码外提　　D．删除多余运算

5．下列（　　）不属于代码调试方法。

A．强行排错　　B．回溯法排错

C．演绎法排错　　D．比例法排错

二、简答题

1．什么是编码过程？编码的目标是什么？

2．编码规范主要包括哪几个部分？

3．代码优化有哪些常用技术?

三、操作题

1．根据本章所学知识，编程实现主页中的“查看详情”按钮功能。

提示

当单击“查看详情”按钮时，将图书的 ID 号作为超链接的参数值传递到详细页面，详细页面根据此参数值，从数据库中查询到该图书详细信息并显示。

2．编写更新图书信息功能。

提示

Statement 接口提供两种方法可用于数据的更新操作。

- int executeUpdate（String sql）：可以执行 update、insert、delete 操作，返回值是执行该操作所影响的行数。
- Boolean execute（String sql）：这是一个最为一般的执行方法，可以执行任意 SQL 语句，然后获得一个布尔值，表示是否返回 ResultSet。

3．使用 JSP 及 JDBC 技术完成对用户登录功能的完善，登录成功后可以使用 Session 进行用户的登录验证，在用户登录时记住密码，这样下次登录时就可以不用再输入密码而直接进行登录，用户根据需要也可以直接进行系统的退出操作。

提示

可以使用 Cookie 完成信息的保存。

可以让用户选择密码的保存时间，如保存一天、一月、一年或者选择不保存等。

4．完成用户登录到服务器上后打开所有的产品列表，然后选择将产品添加到购物车中，所有要购买的图书可以在用户的购物车中列出。

提示

每一个用户都有自己的 Session，所以，所谓的购物车就是将数据暂时保存在 Session 属性范围内，而且要购买的产品有多个，所以必须在 Session 中保存一个集合对象。

5．编写过滤器，实现编码过滤。

提示

使用 Servlet 过滤器。

6．使用监听器实现显示在线人员列表。

提示

使用 Servlet 监听器。

7．完成购物车中图书数量的更新功能。

提示

参照购物车中图书的添加操作，对数据库进行更新。

第 5 章 项目规范与版本控制

学习目标

◎ 理解项目规范的重要性

◎ 掌握常用的项目规范要求

◎ 理解常用版本控制工具的基本特征

◎ 掌握 Git 版本控制工具的用法

实战任务

◎ 能够使用 Git 版本控制工具管理项目实训

本章简介

在学习了需求分析、软件设计之后，从现在开始进入编码阶段的学习。什么样的软件才算高质量的软件呢？衡量的标准有很多，如编码可读性强且易于维护，界面设计能够以用户为出发点，具有统一的风格、操作简单等，这些都是高品质软件产品必须具备的特征。另外，如果是一个开发团队多人协同开发一个软件产品，那么为保证版本的一致性，避免开发过程中的并发问题，保障源代码管理的安全性，还需要进行软件版本的控制。

本章将重点介绍软件开发中所必须遵守的项目规范，并介绍几种常见的版本控制工具，使团队能够开发出优质的软件产品。

技术内容

5.1　为什么需要项目规范

现代软件产业已经过几十年的发展，一个软件由一个人单枪匹马完成的情况已经很少见了。软件都是在相互合作中完成的，合作的最小单位是两个人。多个工程师在一起，在相互合作的开发过程中，除了写代码，做得最多的事情就是"看代码"，每个人都能读懂"别人的代码"，并发表意见。这就要求每个人编写的代码要符合一定的规范，这样的代码才能更清晰、更易读。这时，有必要给出一条基准线，也就是应该符合什么样的项目规范和设计规范才能开发出优质的软件产品。

有人可能会有这样的想法："程序员写的代码应该是给机器看的吧？"

实际情况是人也看，机器也看，但最终是人在看。好的代码应该做到让"旁观者"看得清清楚楚。请看下面这段代码。

```
<select id="selectList" resultType="SysUser">select * from t_sys_user where <if test=
"roleId != null">roleId = #{roleId}</if><if test="realName != null and realName != ''">
and realName like CONCAT ('%', #{realName}, '%') </if> </select>
```

读完这段代码，估计你会有两种反应：(1)看不下去，必须重写；(2)找到这个程序员，让他修改代码。虽然计算机只关心编译生成的机器码，代码的规范性与机器码的可读性无关。但是，要做一个有商业价值的软件产品，编码规范就相当重要了。项目规范在软件构建及项目管理中，甚至程序员个人成长方面，都发挥着重要的作用，它是提高代码质量的最有效的方法之一。

综上所述，项目规范的重要作用如下。

1）提高可读性

一个项目大多是由一个团队来完成的，如果没有统一的规范，那么每个人的代码必定会风格迥异。在大多数情况下，即使程序中没有复杂的算法，仅仅是简单的逻辑代码读起来也是很困难的。代码整合是一个巨大的挑战。在统一风格下编写的代码的可读性会大大提高，规范的代码在团队合作开发中是非常必要的。

2）减少缺陷引入概率

在开发过程中，遵守项目规范能够有效减少 bug 的出现，从而使测试工作变得轻松简单。项目规范不仅是对开发人员的制约，也是提高开发效率的有效手段。例如，如果没有规范的输入/输出参数、规范的异常处理、规范的日志处理，将会导致一系列低级的 bug，而查找这些 bug 会花费很长时间，从而影响开发进度。

3）降低维护成本

遵守项目规范、可读性强的代码维护成本也很低。另外，好的编码规范会对模块的耦合性、接口的设计等做出约束，这样就会避免出现因为需求的细微变化而去修改很多方法的现象，规范的代码提升了程序的可维护性和可扩展性，大大降低了维护成本。

4）利于程序员个人成长

我们知道在一些开源项目中，一些大师级人物写的程序都是非常规范的。规范的代码有利于程序员理解开发语言、梳理模式和架构，从而快速提升开发水平。Martin Fowler 在《重构》一书中有一句经典的话："任何一个傻瓜都能写出计算机可以理解的代码，唯有写出人类容易理解的代码，才是优秀的程序员。"必须养成良好的开发习惯，这个习惯会使人终生受益。

综上所述，项目规范对于提升软件质量和促进程序员个人成长都具有非常重要的意义，我们必须长期坚持规范的开发习惯。

5.2 什么是项目规范

既然遵守项目规范在软件开发过程中如此重要，那么什么是项目规范？以及有哪些常用的项目规范？下面我们将详细介绍。

5.2.1 项目规范概述

项目规范是一系列标准，规定代码中的变量如何定义，注释如何编写，数据库表如何设计，界面如何组织等。对项目规范的理解需注意以下要点。

（1）应用范围：当前软件项目中。

（2）要求：开发团队所有成员要严格遵守。

（3）内容：一系列规则，包括编码规范、数据库规范、用户界面规范、测试规范、评审规范等。

5.2.2 常用项目规范

通常情况下，开发阶段所涉及的项目规范主要包含数据库规范、编码规范、界面规范，下面分别介绍。

1. 数据库规范

数据库规范性的好坏，对软件项目来说是很重要的。规范化设计数据库，能够增强软件系统的稳定性，保证数据的完整性和可维护性，提高数据存储效率，在满足业务需求的前提下，使系统运行的时间开销和空间开销达到优化平衡。下面介绍几种较重要的数据库规范。

1）命名规范

一个比较复杂的系统在数据库中的对象往往数以千计，若让数据库管理员看到对象名就能了解这个数据库对象的作用，必然会提高日常管理数据库的效率。对数据库中对象的命名，一般遵守以下规范。

（1）数据库对象的命名可使用英文字母、数字、下画线，并以英文字母开头。形式为：表名称=表名前缀+下画线+表内容标识。

（2）所有对数据库对象的命名，应符合其所存储的内容，能够见名知意。

（3）同一模块使用的表名尽量使用统一前缀。例如，所有与用户相关的表都可以"user_"开头。

。（4）命名时避免使用系统关键字。

2）数据库设计规范

对数据库的设计，通常应该遵守三大范式原则，下面回顾在数据库编程中曾经学习过的三大范式。

（1）第一范式：是对属性的原子性约束，要求属性具有原子性，不可再分解。

（2）第二范式：是对记录的唯一性约束，要求记录有唯一标识，即实体的唯一性。

（3）第三范式：是对字段冗余性的约束，即任何字段不能由其他字段派生，要求字段没有冗余。但是，没有冗余的数据库未必是最好的数据库，有时为了提高运行效率，必须降低范式标准，适当保留冗余数据。

例如，在图书表中同时存在图书单价、数量和金额字段，金额是计算列，由图书单价和数量计算而得，属于冗余字段，但可以提高查询统计速度，允许适当冗余。

2. 编码规范

要想成为高手，就必须把内功修炼好。良好的编码规范具有简明、易读、无二义性的特征，也体现了程序员的水平。编码规范主要体现在对代码中命名规则、缩进、换行和注释等方面的要求上。下面总结一下如何编写可读性强、整洁而优雅的代码。

1）编码格式

（1）使用缩进和对齐方式进行代码布局，清晰表达程序逻辑结构。代码中的逻辑部分占比为95%左右，程序员就是将人类语言翻译成编程语言，其实逻辑并没有改变。使用适当缩进和对齐能够更清晰地展示代码。

（2）将相关逻辑组织在一起，使得程序层次结构分明。我们写文章时，为使其层次分明、逻辑清楚，要将整篇文章分成若干个段落。同理，代码也应当分成“段落”。

（3）使用空行分割逻辑，过长的语句应适当换行。适当留白、换行让代码看上去更美观，读起来更顺畅。

2）命名原则

（1）尽可能使用无歧义的全英文字母命名的方式，准确地描述变量、属性、类等。

例如，使用 firstName、grandTotal 等命名，就比使用 x1、 y1、 fi 等更容易让人理解其含义。

（2）使用大小写字母混合的方式来命名会具有更好的可读性。常用的命名方法有：Pascal 命名法——所有单词的第一个字母大写；驼峰命名法——第一个单词全部小写，随后单词同 Pascal 命名法。

例如，Java 类或接口使用 Pascal 命名法，变量、方法、属性等使用驼峰命名法。

（3）尽量少用单词缩写。如果要用，尽量选择通用的缩写方式，且保持不变。

例如，如果要用“number”的缩写，则可用“num”这种缩写方式，且不再变化，而不要用“nu”这种不常用的缩写方式。

（4）命名时尽量避免使用太多字符，一般不超过 20 个字符。

（5）尽量避免使用相似度高的命名。

例如，只有单词单复数区别或大小写区别，customsInfo 与 customInfo、PetDao 与 PetDAO，类似这样的命名应当避免。

（6）方法命名使用动词，类、属性命名使用名词。

3）注释

（1）一般情况下，源程序中有效注释量占比必须在 20%以上，且注释应该准确、易懂，防止二义性。

（2）对类和接口注释时，采用 JavaDOC 文档注释，在类、接口之前应当对其进行注释，包括类、接口的描述及版本号、作者、内容、创建日期等，每次修改后增加更新者、更新版本号和更新日期。

（3）对方法注释时一般采用 JavaDOC 注释，要列出方法的名称、功能、输入/输出参数、返回值与修改信息等。

（4）注释应当与其描述的代码相邻，可放在代码的上方或右方，不可放在下方，且要将注释与其上方的代码用空行隔开。

（5）变量注释应该放在变量定义之后，并说明变量的用途和取值约定。

（6）边写代码边注释，修改代码的同时应修改相应的注释，以保证注释与代码的一致性。

4）其他规范

（1）方法声明：尽量限制成员方法的可见性，如果没必要公有（public），就定义为保护（protected）；没必要保护，就定义为私有（private）。

（2）变量声明：在代码块开始时声明，而不是用到时才声明。每行声明一个变量，局部变量声明的同时进行初始化。要避免声明的局部变量覆盖上一级变量，即不要在内部代码块中声明相同的变量。

（3）异常处理：编写异常处理代码块时，多个异常应分别捕捉并处理；避免使用单个 catch 来处理。

3. 界面规范

界面设计的中心是用户，要遵循以用户为中心的原则。友好的界面设计，不但有益于用户的视觉感官，而且能引导用户逐渐形成良好的操作习惯，提高用户操作系统的效率。界面设计应遵循以下规范。

1）一致性

在一个软件用户界面中，同类的界面元素应当有相同的视觉风格。例如，所有的命令按钮，要求所有的形状、色彩、响应方式等都是一致的。风格一致的界面可以减少用户的记忆量，减少误操作概率，并且迅速积累操作经验。

例如，在微软公司的 Office 系列产品中，其界面外观、布局、人机交互方式和信息显示格式等的设计保持了高度的一致性。

2）布局合理

界面的总体布局应当有一定的逻辑性，遵循用户从上而下、自左向右的浏览和操作习惯。例如，应避免常用业务功能按键排列过于分散，从而造成用户鼠标移动距离过长的弊端。

另外，应多做“减法”，将不常用的功能区块隐藏，以保持界面的简洁，使用户专注于主要业务操作流程，这样可以提高软件的易用性。

3）操作简单

界面的设计应当根据用户需求，使用最少的操作完成工作，以便提高工作效率。

以上分别简单介绍了软件项目中的数据库规范、编码规范和界面规范，如果在软件产品开发过程中，每个团队成员都能遵守这些规范，那将会大大提升软件产品的质量，使后期运维成本大大降低，并能够为公司培养一批忠实的用户。

5.3　源代码管理

为什么需要对源代码进行管理？自己写的代码，当别人需要看或者审核时，用邮件或即时工具传过去就好了。那为什么要看老版本的代码？最新的代码就是质量最好的，这还不够吗？请阅读以下发生在软件公司的故事。

案例分析

小张在星球软件公司实习，首次进入研发团队参与软件开发，对于研发团队日常的源代码管理规范存在疑惑。项目经理阿哲正在给他做耐心的指导。

阿哲：“在很久以前，原始人用什么造房子？”

小张：“找一个洞，或者自己挖一个洞，上面搭一个棚子挡雨……”

阿哲：“现代人怎么造房子？”

小张：“那就要有设计，当然还需要搭脚手架，用升降机、起重机等建筑工具。”

阿哲，“如果原始人穿越到现在，要造房子，是否可以不用脚手架，大家直接搬砖从一楼砌墙，然后站在一楼砌二楼，站在二楼砌三楼……砌到十楼？”

小张：“这有很多问题，如人力搬砖效率低下，人的体力有限，必须有工具帮忙，如果墙砌歪了，没有人来看，砌到五楼才发现从二楼就开始歪了，无法弥补。现代房屋有各种成型的模块（门框、窗框、各种预制板、各种管道线路），没有工具，仅靠人力很难搞定。”

阿哲：“对，我们需要脚手架、升降机、起重机、水泥搅拌车及各种检测工具来保证一座房子能顺利建好。”

对于一个软件来说也是同样的道理，需要靠软件工具和软件流程来共同保障，如正在建设中的高楼、半完工的楼顶上矗立着的塔吊、周围密密麻麻的脚手架。塔吊和脚手架不是用户需求的一部分，但这些是建筑工程中不可缺少的东西，是工程的要求。

而在软件工程中，也有类似脚手架、塔吊这样的工程系统、工具。源代码管理能够保证一个复杂软件即使在多个角色、多个团队合作下开发，也能够按时高质量地交付给客户。

源代码及项目的其他文档需要进行版本管理。在软件开发中，通过邮件或即时通信工具传递源代码或文档，会缺少必要的版本控制，这样团队的软件工程质量都在原始阶段，容易引起版本混乱，影响项目的开发和维护工作。这样可以引发下列问题。

（1）无法回滚：编码中难免误操作，但是一旦保存就无法回滚了。

（2）版本混乱：因为版本备份过多可能造成混乱，难以找回需要的版本。

（3）代码冲突：多人修改同一文件时，将产生代码冲突。

（4）缺少权限管理：无法对源代码进行精确的权限控制。

（5）无法追踪责任：当出现了严重的 bug 时，无法追踪到个人，难以管理。

源代码管理工具就是为解决上述问题而产生的。在今天，源代码管理工具在软件工程中已是标准配置了，大多数软件项目会应用到，属于最基础的项目开发工具，它能够记录软件工程从开始到结束的全过程，实现版本管理以及协作开发。

常用的版本控制工具有很多，以下主要介绍 VSS（Visual SourceSafe）、SVN（SubVersioN）、Git 版本控制工具。

5.3.1 VSS 版本控制工具

VSS 是微软的产品，是可以很好进行配置管理的入门级工具，如图 5.1 所示。

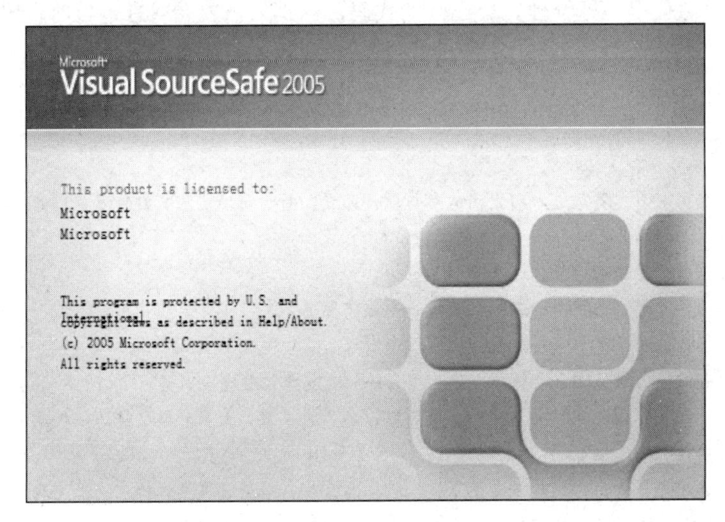

图 5.1 VSS 版本控制工具

易学易用是 VSS 的强项，它采用标准的 Windows 操作界面，只要对微软产品熟悉，就能很快上手。VSS 的安装和配置非常简单，对于该产品，无须进行专门培训，只要参考微软完备的随机文档，就可以很快用到实际工程中。

VSS 的安全性不高，可以在文件夹上设置不可读、可读、可读/写、可完全控制四级权限。由于 VSS 的文件夹是要完全共享给用户后，用户才能进入的，所以用户都可以删除 VSS 的文件夹，这一点是 VSS 的一个显著缺点。

5.3.2 SVN 版本控制工具

SVN 是一个开源的版本控制工具，如图 5.2 所示，管理着随时间改变的数据。

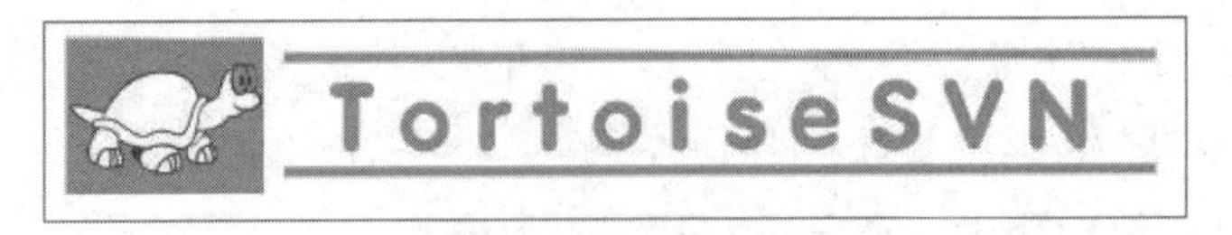

图 5.2 SVN 版本控制工具

这些数据放置在一个中央资料档案库中。这个档案库很像一个普通的文件服务器，不过它会记住每一次文件（档案）的变动。这样就可以把档案恢复到旧的版本，也可以浏览文件的变动历史。SVN 的特点如下。

（1）统一的版本号。任何一次提交都会让所有文件刷新为同一个新版本号，即使是提交并不涉及的文件。所以，各文件在某一时间的版本号是相同的。版本号相同的文件构成软件的一个版本。

（2）原子提交。一次提交不管是单个还是多个文件，都是作为一个整体提交的。在这期间发生的意外，如传输中断，不会引起数据库的不完整和数据损坏。

（3）重命名、复制、删除文件等动作都保存在版本历史记录中。

（4）目录也有版本历史。整个目录树可以被移动或者复制，操作很简单，而且能够保留全部版本记录。

5.3.3　Git 版本控制工具

Git 是一个免费、开源的分布式版本控制工具，如图 5.3 所示。

图 5.3　Git 版本控制工具

Git 版本控制工具用于敏捷高效地处理任何项目。分布式相比于集中式的最大区别在于开发都可以提交到本地，每个开发通过复制操作，在本地机器上复制一个完整的 Git 仓库，还可以把代码的修改提交本地库。

Git 之所以成为当前最为优秀的版本控制工具，主要基于以下原因。

（1）开源免费。让系统得到更好的进化，免费吸引了更大的用户群体，形成一个良性循环。

（2）分布式系统。可以让用户有更大的主动性和发挥空间，对服务器依赖降低到最低限度。

（3）速度快、体系小。复制粘贴占用空间大，而 Git 采用快照方式，创建和切换分支速度非常快。

5.3.4　VSS、SVN 和 Git 的对比

上面详细介绍了 VSS、SVN 和 Git 版本控制工具，下面来对比总结它们的特征，以及各自的应用场合。

（1）VSS：主要工作方式是通过“锁定（修改）—解锁（提交）”的方式进行版本控制的，也就是当一个用户锁定文件进行修改时，其他用户不能进行修改。优点是可以锁定核心代码，有效避免代码冲突，缺点是工作效率比较低，所以仅适合小团队开发使用。

（2）SVN：属于集中化版本控制工具。有全局版本号，对中文支持好，使用界面统一，操作简单，功能完善，各岗位人员均可以使用，因此适用于项目管理。缺点是由单一的服务器保存所有文件的修订版本，一旦发生故障就无法继续工作。

（3）Git：属于分布式版本控制工具。任何一个客户端都可以把原始代码库完全镜像下来，且占用极少的空间，解决了单一服务器带来的风险，具有非常强大的分支管理功能。但对图形界面支持较差，仅适合于代码管理。

5.4 实战训练

任务 1 配置并使用 Git 版本控制工具

※ 需求说明

（1）安装配置 Git 版本控制工具。

（2）练习 Git 版本控制工具的基本操作。

（3）使用 Git 版本控制工具管理项目实训。

本章总结

项目规范的重要作用在于：提高可读性，降低存在缺陷的概率，减少维护成本，有利于程序员个人成长。

经过规范化设计的数据库，能够增强软件系统的稳定性，能够保证数据的完整性和可维护性，能够提高数据存储效率，在满足业务需求的前提下，使系统运行时间开销和空间开销达到优化平衡。

代码格式不规范，不仅别人看起来不舒服，也会影响自己对代码的阅读，导致更容易犯错，并且更难排查错误。

良好的编码规范具有简明、易读、无二义性的特征，也体现了程序员的水平。编码规范主要体现在对代码中命名规则、缩进、换行和注释等方面的要求上。

界面设计的中心是用户，要遵循以用户为中心的原则，提供给用户可操作性强的界面，而不是由界面来操作用户。应遵循一致性、布局合理、操作简单的规范。

版本控制工具属于最基础的项目开发工具，它能够记录软件工程从开始到结束的全过程，实现版本管理及协作开发。

本章作业

一、选择题（每个题目中有一个或多个正确答案）

1．关于项目规范的重要作用的描述错误的有（　　）。

A．提高可读性　　　　B．降低存在缺陷的概率

C．减少维护成本　　　D．能够细化用户需求

2．以下（　　）属于正确的数据库表命名。

A．datetime　　B．int

C．po_order　　D．2_teacher

3．以下对于代码中的注释描述错误的是（　　）。

A．对于类和接口的注释，一般采用 JavaDOC 注释

B．变量的注释应该放在变量之后，说明变量的用途

C．注释应该准确，防止二义性

D．只要代码符合规范，无须编写注释

4．以下对界面规范的描述错误的是（　　）。

A．界面设计应具有一致性，可以减少用户的记忆量，并且迅速积累操作经验

B．界面的总体布局应当有一定的逻辑性，符合操作习惯

C．界面的设计应当根据用户需求，使用最少的操作完成工作，以便提高工作效率

D．界面设计应该追求个性化，并让用户逐渐适应产品

5．版本管理工具不能解决的问题有（　　）。

A．编码中有误操作，一旦保存无法回滚

B．版本过多导致版本混乱

C．多人修改同一文件时可能产生代码冲突

D．多人开发同一项目时，编码规范不统一

二、简答题

1．在日常开发中，如果不遵循统一的项目规范，可能会造成什么问题？

2．你使用过哪种版本控制工具？使用版本控制工具的好处有哪些？

第6章 软件开发的过程管理

本章目标

学习目标

◎ 了解软件开发的进度管理

◎ 了解软件开发的风险控制

◎ 了解软件开发的质量管理

◎ 掌握项目实训的评审要求

实战任务

◎ 讨论项目组项目实训的开发进度、风险和质量

本章简介

项目实训从开始到现在，开发进度怎样？项目组是否严格按照开发计划的进度完成软件系统的开发任务？是否存在风险？对软件质量有什么要求？作为项目组的成员，除了完成项目经理分配的任务，你对项目整体有哪些了解？怎样配合项目经理的工作？

为了保证项目实训的开发进度，需要提前发现并规避项目风险，顺利完成项目实训。本章重点介绍软件项目开发过程中的进度管理、风险控制、质量管理和项目评审，希望大家能将本章所学的知识运用到项目实训中，并在实践中对软件工程有更深刻的理解。“今天所做的一切，都是为明天的成功做准备”，你准备好了吗？

技术内容

6.1　进度管理

每一个项目组的成员都希望自己参与的项目能够成功。怎样才算是一个成功的项目呢？一般来说，成功的项目就是能够在规定的工期、成本的条件下，达到项目要求，即时间（time）、成本（cost）、质量（quality）是保证项目成功的基本要素，对项目的成败起着至关重要的作用。其中，时间要素会对其他要素产生很大的影响，如图 6.1 所示。

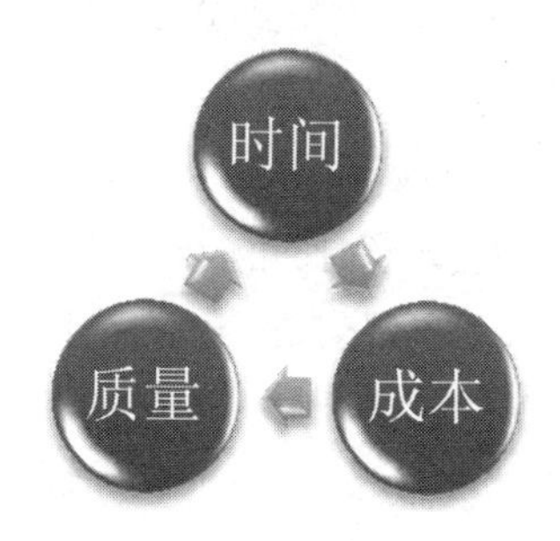

图 6.1　保证项目成功的三要素

做好时间管理，也就是有效地实施项目进度管理，这是项目成功的重要保障。项目进度的落空或拖延，会导致用户不满意，影响项目组的声誉，也可能会丢失市场机会，影响软件产品的销售，进而影响整个项目组所在企业的生存和发展。那么，如何分配时间、安排软件开发的进度？有什么方法可以控制软件项目的进度呢？

1．软件项目的进度管理

项目进度管理是指在项目实施过程中，对各阶段的进展程度和项目最终完成的期限进行管理。项目进度管理就是在规定的时间内，拟订出合理且经济的进度计划，在执行该计划的过程中，经常要检查实际进度是否按计划要求进行；如果实际进度与计划发生了偏差，便要及时找出原因，采取必要的补救措施或调整、修改原计划，直至项目完成。

软件项目进度管理的目的是在最后交付日期之前完成软件项目，涉及的主要过程包括编制开发计划、控制开发计划。

（1）编制开发计划：分析任务顺序，估算任务用时和资源（人、设备）要求，并以此制定开发计划。

（2）控制开发计划：控制和管理软件项目计划的变更。

项目实施过程中，在项目开始之前要确定项目计划进度的里程碑，制定合理的计划。比较项目资源表中所列出的每一个项目任务的计划开始时间、完成时间和实际开始时间、完成时间，以便快速、准确掌握项目进度的关键问题所在，并给予解决。

在执行该计划的过程中，经常要检查实际进度是否按计划要求进行。若出现偏差，便要及时找出原因，采取必要的补救措施，修改原计划，直至项目完成。其目的是保证项目能在满足其时间约束条件的前提下实现其总体目标。

在本书前面章节中，我们已经学习了如何制定合理的计划和有效追踪原则。下面介绍影响软件项目开发进度的主要因素和解决方法。

2．影响软件项目开发进度的主要因素

一旦项目计划确定，项目组进入正式开发阶段后，就需要着手追踪和控制项目中各项任务的完成情况。那么，哪些因素有可能影响项目的开发进度呢？要有效地进行时间和进度控制，必须对影响进度的因素进行分析，及时采取必要的措施，尽量缩小计划进度与实际进度的偏差，实现对项目的主动控制。软件开发项目中影响进度的因素有很多，如人的因素、技术因素、资金因素、环境因素等。其中人的因素是最重要的，技术的因素归根到底也是人的因素。下面是常见的问题。

1）80/20 原则与过于乐观的进度控制

80/20 原则在软件开发进度控制方面体现在：占比 80%的项目工作可以在 20%的占比总时间内完成，而剩余的占比 20%的项目工作需要占用总时间的 80%。这个占比 80%的项目工作不一定发生在项目的前期，而可能分布在项目的各个阶段，但是剩余的占比 20%的项目工作大部分发生在项目的后期。所以软件开发在进入编码阶段后会给人一种“进展快速”的感觉，使得项目组及相关人员和高层领导产生了过于乐观的估计。由此可能造成项目组疏于管理，项目组成员也放松了心态，放缓了工作节奏，由主动加班加点变成了朝九晚五不紧不慢，最终可能会导致后期工作拖延，给用户留下不好的印象。

2）范围、质量因素对进度的影响

软件开发项目比其他任何建设项目都有更频繁的变更，大概是因为软件系统是一种“看不见”又“很容易修改的”的东西，用户想改就改，造成需求的不确定性。如果项目经理不知道拒绝，加上“我能”的心理因素，一般都会答应修改。这样就会逐渐影响项目的进度。

如果某项工作在进度上达到要求了，但经检验其质量没有达到要求，则必然要通过返工等手段，增加人力资源和时间的投入，实际上就是拖延了项目进度。不管是从横向或纵向看，部分工作的质量会影响总体项目的进度，前面的工作质量会影响到后面的工作质量。

3）资源、预算变更对进度的影响

项目资源中最主要的是人力资源，有时某方面的人员不到位，或者在多个项目并存的情况下某方面的人员中途被抽调到其他项目，或承担多个项目工作被困在别的项目中无法专心投入本项目。

信息资源，如某些国家标准、行业标准，用户无法提供，或相关机构暂时没有发布，需要项目组收集或购买。在这种情况下，如果这些信息资源不能按时得到，就会影响需求分析、软件设计或程序编码工作。

其他资源，如开发设备或软件没有到货，也会对进度造成影响。另外，预算的变更会影响某些资源的变更，并影响项目的进度。

4）未考虑不可预见事件发生造成的影响

假设、约束、风险等考虑“不周到”，就会在软件项目计划中给一些不可预见事件的发生留下隐患。例如，项目资源特别是人力资源缺乏、人员生病、人员离职等不可预见的事件，这些都会对项

目的进度控制造成影响。另外，企业环境、社会环境、天灾人祸等事件对项目的进度控制也会造成影响。

5）开发人员方面的因素对进度的影响

软件开发人员有两种常见的心态会影响项目进度控制：一是技术完美主义，二是自尊心。

技术完美主义的常见现象是，有些开发人员由于进度压力、经验等方面的原因，会匆忙先进入编码等具体的工作，等做到一定程度后可能会因为灵光一现突然有了更好的构思，或者看到一些更好的技术介绍，或者觉得外部架构可以更加美化，或者觉得内部架构可以更加优化，这样他们会私下或公开调整软件，尝试使用新的技术。也许使用这些新的技术对完成项目本身的目标并没有影响，但可能会带来不确定的隐患。这种做法不是以用户的需求为本，也不是以项目组的总体目标为本，可能会对软件开发进度造成较大的影响。

自尊心的常见现象是，有些开发人员在遇到一些自己无法解决的问题时，倾向于靠自己摸索，而不愿请教周围那些项目经验丰富的人。有些人也许会通过聊天室、社区论坛等方式匿名向别人求教。如果运气好，会很快地解决问题；否则要花很长时间摸索。

这些都会对项目进度产生影响，可能会造成开发进度的延误。如何才能避免软件项目开发中影响进度的主要因素，保证软件项目按计划完成呢？

3．保证软件项目进度的解决方法

由于软件项目开发是由项目组全体成员共同合作完成的，为了准确把控开发过程中的具体情况，保证项目进度按计划执行，项目经理会从以下几个方面入手。

1）选择高效的开发过程模型

敏捷生命周期模型更有利于团队间的沟通，而且其快速迭代、持续交付的思想更容易保证项目进度。

2）及时了解团队每个成员的工作进度

项目进度是由每个成员的工作进度来保证的。如果有一个人不能按时完成任务就会造成整个项目进度滞后。所以，保证项目进度首先要了解每个人的工作进度，可以通过以下方式及时了解项目组成员的工作进度。

①定期举行项目状态会议：项目组成员在项目组会议上汇报工作完成情况，对前面一段时间的开发工作进行总结。

②每日站立会议上或日报中说明当前工作进展情况：全体项目组成员依次介绍上一个工作日已完成的工作、当前工作日计划完成的工作，以及遇到的问题、所采取的解决方案及改进建议。

③单独沟通了解工作情况：非正式地与开发人员交谈，得到他们对开发进展和存在问题的客观评价，关心每个人的职业规划、思想动态，以保证开发团队的稳定性。

④评价实施过程中所产生的所有评审结果：对关键节点的成果举办评审会，并客观、真实地做出评价，及早发现开发工作中的问题，并给予纠正。

项目组成员应主动配合项目经理完成项目管理的各种工作。

3）明确任务完成标准

在团队开发中，项目组必须对各个工作的完成标准达成一致。例如，编写一个文档是否需要通过审核才能算完成？编写代码时，是否必须测试通过才算完成？如果任务完成标准不统一、不明确，很容易造成滞后，因为不确定的因素往往会带来更大的风险。

4）及时调整计划

在前面章节学习制定项目计划时，已经强调了计划的变化性，项目经理或团队成员要根据实际情况对计划做适当调整，但是计划的变更一定要提前。例如，一个任务要求 3 天完成，在第一天如果执行者预估自己再怎么努力也不能完成，至少需要 4 天，此时执行者就应该提出延期申请，不能等到 3 天过去了再对项目经理说无法完成，这样会使整个团队很被动。如果在团队中发生这种情况，当事人应该受到惩罚。而在工作开展之前，项目经理应该明确告诉全体成员，出现问题要及时沟通，便于项目经理做好应对措施。

5）找出影响项目进度的因素

作为团队领导者，项目经理在项目进行了一个阶段后要带领团队进行总结，找出影响项目进度的主要原因，针对不同的原因采取不同的措施，千万不要任其发展，让项目延期变成项目组的常态。如果这样持续延期，那项目计划就形同虚设，不仅影响团队成员的积极性，还会使整个项目在一段时间后陷入混乱状态。

6）关注并解决问题

在项目开发中，要以人为本，尤其是项目经理不要把重心放在“管”上，而是要做团队的教练，帮助解决问题，帮助成员成长。而作为开发人员，按时高质量完成任务是工作职责。

6.2 风险控制

风险是指存在遭受损失的可能性。在 20 世纪 70 年代初期，西方世界的软件危机使人们开始清醒认识到软件开发过程的高复杂性，许多学者致力于通过软件标准化，提出一系列软件过程模型，将系统的、可量化的、规范的方法应用到软件开发中，以减少软件开发的无序状态，降低软件风险，提高软件质量。

6.2.1 关注软件项目风险

在介绍软件项目风险之前，让我们先关注一个真实的案例。

案例分析

公司成立 ERP 软件系统开发项目组。在项目经理小李的带领下，项目组全体成员全力以赴投入软件系统的紧张开发中。在距离成功发布前的 1 个月，项目组的晓明突然告诉项目经理小李，他拿到了美国一所大学的录取通知书，已经办理好了去美国的留学签证，2 周后将会辞职前往美国留学。此时，项目组开发工作正如火如荼、紧张而有序地进行着。对于项目经理而言，晓明的离职是一个不可预测的风险。很显然，晓明的离开会影响项目组的正常运作，影响项目的开发进度，会对 2 周后项目组的工作带来一系列的问题：谁来接替晓明的工作？如何尽可能避免由此给项目组在工作方面所带来的损失？

软件项目风险是指某些事件存在使软件项目的实施受到影响和损失，甚至导致失败的可能性。例如，人员的流失、计划过于乐观、设计低劣等。软件项目风险具有下面两个特征。

（1）不确定性：风险事件可能发生也可能不发生，没有一定会发生的风险。

（2）损失：如果风险变成了现实，就会产生恶性后果或损失。

软件项目开发中存在以下几种不同类型的风险。

1）项目风险

项目风险是指潜在的预算、进度、人力（工作人员和组织）、资源、用户、需求等方面的问题，以及它们对软件项目的影响。项目风险威胁项目计划，如果风险变成现实，就有可能会拖延项目的进度，增加项目的成本。项目风险包括项目的复杂性，规模、结构的不确定性等因素。

2）技术风险

技术风险是指潜在的设计、实现、接口、验证和维护等方面的问题。此外，规约的二义性、技术的不确定性、陈旧的技术，以及“过于先进”的技术也是风险因素。技术风险威胁着要开发的软件的质量及交付时间。如果技术风险变成现实，则开发工作可能会变得很困难或者不可能。

3）商业风险

商业风险威胁着开发软件的生存能力，常常会危害项目或产品。主要的商业风险如下。

（1）开发一个没有人真正需要的产品或系统（市场风险）。

（2）开发的产品不再符合公司的整体商业策略（策略风险）。

（3）开发了一个销售部门不知道如何去销售的产品。

（4）由于重点的转移或人员的变动而失去了高级管理层的支持（管理风险）。

（5）没有得到预算或人力上的保证（预算风险）。

风险在项目实施过程中大量存在，软件风险的形式多样，且事先难以预测，它们会对软件项目的开发和实施带来不良的影响，需要及时想办法来规避因此而带来的风险。如果不对风险进行良好的管理，项目就很难保证按照计划、在成本和进度范围内，开发出高质量的软件产品，甚至会导致项目失败。

6.2.2　软件项目风险控制

1989 年，美国著名软件工程学家巴利・玻姆首次提出了软件开发过程中风险管理（risk management）的概念。如今随着计算机技术的发展，软件的复杂度越来越高，针对企业的项目日益增多，对软件项目系统化、规范化管理的需求也越来越迫切。

风险管理是指识别、分析和控制风险的活动。这组活动不是孤立的而是一组系统化、持续化的过程。美国项目管理学会的报告中对风险管理这样定义：风险管理是在项目存续期间识别、分析风险因素，采取必要对策的决策科学与艺术的结合。

换言之，软件项目风险管理是在风险影响软件项目成功实施之前，识别风险（会有哪些风险），预防和消除风险（最好不要让风险发生），制定风险发生后的处理措施（万一发生该怎么办）。

软件项目的风险管理更是软件项目管理中的重要内容。大量的统计表明，实行有效的风险管理是软件项目开发过程中减少损失的一种重要手段。风险管理贯穿于软件项目开发周期的全过程。

风险管理有两种策略，即被动风险策略和主动风险策略。

被动风险策略是针对可能发生的风险变成真正的问题时，才会拨出资源进行处理的策略。这种管理模式常常被称为“救火模式”。当努力“扑救”失败后，项目就处在真正的危机之中了。

主动风险策略是在技术工作开始之前就已经启动，标识出潜在的风险，评估它们出现的概率及产生的影响，按重要性对风险进行排序。然后，软件项目组建立一个计划来管理风险。主动风险策略的主要目标是预防风险。但是，因为不是所有的风险都能够预防，所以项目组必须建立一个应对意外事件的计划，使其在必要时能够以可控的、有效的方式做出反应。

下面是软件项目经理常用的处理风险的方法。

1. 风险意识

面对可能出现的风险，项目经理应安排软件项目风险管理知识的培训，增强全体成员的风险意识。本着以人为本的理念，发挥每个人的能动性，使大家都参与到软件项目的风险管理中。软件项目中每一个成员的风险意识的强弱与风险处理能力的高低直接影响软件项目风险管理工作的好坏。

2. 风险识别

风险识别是及早地发现对软件项目计划的威胁，识别已知和可预测的风险，只有识别出这些风险才有可能避免这些风险。

3. 风险回避

常常可以通过及时改变计划、调整资源制止或避免有可能发生的风险。项目经理可以采取主动放弃或拒绝使用导致风险的方案来规避风险。例如，在开发中使用某种新技术可能会提高软件质量，但学习新技术需要花费时间、新技术的稳定性不能确定等因素都有可能会导致进度被严重滞后。这时候就可以放弃这种技术来规避风险。

4. 风险转移

风险转移是指将可能出现的风险转嫁到其他部门或个人去承担。例如，在软件开发中与用户沟通时可能存在风险，这时可以由产品部门与用户沟通，从而转移风险。

5. 风险损失控制

在日常的工作和生活中，会遇到各种不确定性事件，风险的出现在所难免，也许风险已经成了事实，只能尽快想办法让风险带来的损失降到最小。因此，项目经理或团队应该提前建立风险损失控制的预案，一旦风险发生应该马上启动预案。

项目经理应对软件项目所涉及的各种风险实施有效的控制和管理，采取主动行动，尽量使风险事件的有利后果（带来的机会）最大化，而使风险事件所带来的不利后果（威胁）降到最低，以最少的成本保证项目安全、可靠地实施，从而实现项目的总目标。

6.3 质量管理

每一位软件工程师都希望自己参与的软件系统、产品能够成功上线发布，运用在实际的工作中，为所服务的企业创建经济价值，营造良好的口碑。但什么是软件质量？如何管理软件质量呢？

6.3.1　软件质量

目前，很多软件公司存在下面这些问题。

（1）公司的产品质量很难稳定，到了用户那里总是出现很多问题，软件工程师经常要到用户那里现场“救火”。

（2）发布的软件产品总是出现各种各样的问题。这个版本问题已经解决，新的版本中可能又出现新问题了。开发人员总是抱怨没有时间把问题一次解决好，但是却有时间把反复出现的问题解决很多次。

（3）产品上市时间总是一拖再拖，很难按时推出新产品或新版本，产品推出后也不能适应市场的需求。

（4）开发人员总是加班加点地工作，还是有解决不完的问题。

这一切都是什么原因造成的？有人会说，这是软件质量管理没有做好。

说到软件质量，很容易想到软件缺陷。缺陷少潜移默化地成为高质量软件的代名词。但这种认识是片面的。

软件质量是软件与用户需求相一致的程度。具体地说，软件质量是软件符合明确叙述的功能和性能需求及所有专业开发的软件都应具有的隐含特征的程度。因此，是否满足用户需求成为衡量软件质量的基础：质量高的软件除了满足明确定义的需求，还要满足隐含的需求。

软件质量是软件产品和软件组织的生命线。如果软件中存在质量问题，就会增加开发和维护软件产品的成本。同时，可能会造成经济损失，甚至灾难性的后果。

软件的质量形成于软件的整个开发过程中，而不是事后的检查（如测试）。要真正地提高软件质量，必须有一个成熟和稳定的软件开发过程。而对软件项目的各个阶段成果进行评审，可以及早发现并消除缺陷，降低项目开发成本，提高软件项目的质量。

6.3.2　软件质量管理

软件质量管理就像治病。传说中国古代著名的神医扁鹊有 3 个兄弟，都是郎中。人们问扁鹊：“你们兄弟 3 人中，谁的医术最高？”

扁鹊回答：“我常用猛药给病危者医治，偶尔有些病危者被我救活，于是我的医术远近闻名，成了名医。我二哥通常在人们刚刚生病的时候马上就治愈他们，临近村庄的人都说他是好郎中。我大哥不外出治病，他深知人们生病的原因，所以能够预防村里人生病，他的医术只有我们村里人才知道。其实我的医术不如二哥，二哥的医术不如大哥。”

从这个故事可以看出，要想身体好、少生病，至少有 3 种办法。

（1）提早预防，不让疾病产生，这就是扁鹊大哥的办法。

（2）及早发现、及早治疗，这就是扁鹊二哥的办法。

（3）及早抢救，死马当活马医。这是万不得已而为之的方法，就是扁鹊经常做的事情。其实软件质量管理也类似，是对整个软件项目质量进行把控、管理的过程。

软件质量管理应该建立3套体系：预防体系、有效检查体系、快速抢救体系。

1. 预防体系

要在软件开发过程中有效地防止工作成果出现缺陷，可以采用以下措施。

1）专家培训

不断提高大家的技术水平、管理水平。

2）流程化

不断提高规范化水平，把经验和教训固化在流程中。如果按照流程进行开发，能够保证软件质量。如果不按照流程来开发，就不能保证软件质量。这主要是依赖于参与项目的人员。而流程化的目的是希望产品质量不依赖于人，而要依赖于流程、制度、规范。这样开发的软件产品，质量比较稳定，即使人员变更也不会产生太大的影响。

当然，在软件开发过程中，需要根据实际情况，不断优化流程，以便流程容易执行。

3）复用化

处理相同的事情最好尽量复用现有代码，或者把公共功能做成模块，便于项目组成员复用。

2. 有效检查体系

在软件开发过程中，尽早发现问题，尽早解决问题，这样的代价最少。主要措施如下。

（1）技术评审。请专家对技术方案、设计思路进行评审，在编码之前找出可能的问题。质量管理大师爱德华兹·戴明说过："质量是设计出来的。"可见编码之前的设计方案是非常重要的。设计时所埋下的缺陷隐患在后期是很难解决的。设计不好的软件就像体质不好的人，后期再多的调理收效也甚微。

（2）软件测试。测试是查漏补缺的重要手段，可以运用各种测试方法，如静态测试、动态测试、白盒测试、黑盒测试、单元测试、模块测试、系统测试、回归测试、功能测试、性能测试、易用性测试、手工测试、自动测试等。但最重要的是要使所有的测试方法形成一套有效的测试系统。有关软件测试的概念及方法将在本课程后面章节做详细的讲解。

（3）过程检查。过程检查就是检查软件项目的工作过程和工作成果是否符合既定的规范。在软件项目中，如果工作过程和工作成果不符合规范，就可能会导致质量问题。例如，代码和文档的版本及其命名不符合版本控制规范、重要的变更不遵循变更控制流程，都有可能造成开发工作的混乱，进而导致软件产品质量下降。但是，也要注意：工作过程和工作成果符合既定规范，并不意味着产品质量一定能得到保证。因此，过程检查只是保证质量的一个必要条件，而不是充分条件，其还需要与技术评审、软件测试、缺陷跟踪、过程改进等各方面措施互相配合，共同促进软件质量的提高。

（4）代码评审。评审工作主要看代码是否与当初的设计方案一致，这样能最大限度减少编码阶段产生的问题。

3. 快速抢救体系

在软件发布之后，用户可能会发现问题。因此，一定要尽早回应，给予解决，尽量减少对用户的影响，这也有利于维护自己产品的声誉。

6.3.3　项目实训评审

软件评审（Software Review）是对软件元素或者项目状态的一种评估手段，确定其是否与计划的结果保持一致，并使其得到改进。根据不同的评审阶段，可以分为需求评审、功能评审、质量评审、成本评审、维护评审等。通常根据不同的评审目标形成评审结果。评审包括检视、团队评审、走读、成对编程、同行检查、特别检查等。

到目前为止，学生的项目实训的编码工作已经进行了一个阶段，尝遍了甜酸苦辣各种滋味。现在，可暂时停下来，对每个项目组的开发情况做一次集中评审，在及时了解项目完成情况的同时，也帮助学生发现开发中存在的问题，寻求相应的解决方案，并制定后续的开发计划。每个项目组在评审中需要汇报如下内容。

（1）展示项目组前期完成的项目功能。

（2）项目进度及项目计划执行情况。

（3）项目中存在的风险。

（4）项目开发中遇到的困难及问题，解决思路。

（5）经过项目实训的历练，对软件开发的感受和心得。

（6）后续开发计划。

6.4　实战训练

任务 1　讨论项目实训的过程管理问题和解决方案

※　**需求说明**

根据项目实训的开发进度，召开项目组会议。要求每个开发小组，介绍本项目的实际开发进度；分析和讨论影响项目开发进度的因素，获得保证进度的方案；分析和讨论目前项目开发中可能存在的风险，针对这些风险提出解决方案或预案；分析和讨论目前项目组工作成果的质量，并得出提高项目质量的解决方案。

任务 2　实现基于 MVC 模式的系统

※　**需求说明**

任务描述

在网上图书商城中，可以用分层管理的开发方式实现用户登录。该任务的具体要求如下。

- 使用 MVC 设计模式实现 Web 系统的登录功能。
- 实现网上图书商城登录功能中视图（View）的创建。
- 实现网上图书商城登录功能中控制器（Controller）的创建。

➢ 实现网上图书商城登录功能中模型（Model）的创建。

※ 任务解析

（1）MVC 是一种模式，包括模型、视图、控制器 3 个模块。将原有注册功能用这 3 个模块表示即可。

（2）由 JSP 完成视图（View）的创建。

（3）由 JSP 完成控制器（Controller）的创建。

（4）由 JSP 完成模型（Model）的创建。

※ 知识引入

1．Java Web 开发模式

JSP 技术规范中给出了两种 JSP 开发 Web 应用的方式，这两种方式可以归纳为模型一和模型二，这两种模型的主要差别在于它们处理业务的流程不同。模型一如图 6.2 所示，称为 JSP+JavaBean 模型。在这一模型中，JSP 页面独自响应请求并将处理结果返回给客户，所有的数据通过 JavaBean 来处理，JSP 实现页面的表现。

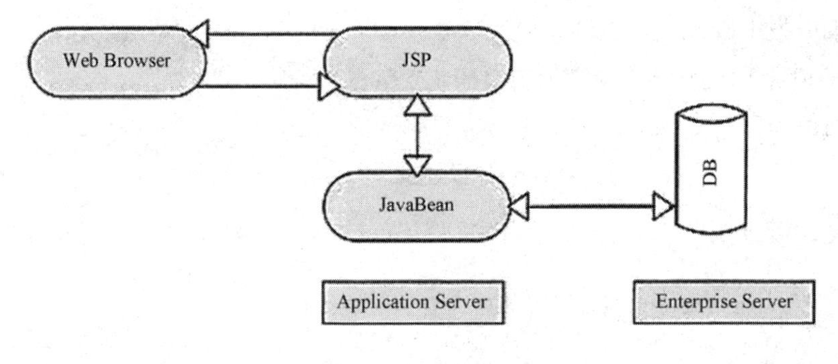

图 6.2 JSP 模型一

从图 6.2 可以看出，模型一也实现了页面表现和业务逻辑相分离。然而这种方式需要在 JSP 页面使用大量的 Java 代码。当处理的业务逻辑很复杂时，这种情况会变得非常糟糕，大量嵌入式代码使整个页面程序变得异常复杂。所以，模型一不能满足大型应用的需要。但是由于该模型简单，不用涉及诸多要素，所以可以满足很多小型应用的需要，在简单应用中可以考虑采用模型一。

模型二如图 6.3 所示，称为 JSP+Servlet+JavaBean 模型。这一模型结合了 JSP 和 Servlet 技术，充分利用了 JSP 和 Servlet 两种技术原有的优势。这个模型使用 JSP 技术来表现页面，使用 Servlet 技术完成大量的事务处理，使用 JavaBean 来存储数据。Servlet 用来处理请求的事物，充当一个控制者的角色，并负责向客户发送请求。它创建 JSP 需要的 JavaBean 和对象，然后根据用户请求的行为，决定将哪个 JSP 页面发送给客户。

从开发的观点看，模型二具有更清晰的页面表现、清楚的开发角色划分，可以充分利用开发团队中的网页设计人员和 Java 开发人员。这些优势在大型项目中表现得尤为突出，网页设计人员可以充分发挥自己的美术和设计才能来充分表现页面，程序编写人员可以充分发挥自己的业务逻辑处理思维，实现项目中的业务处理。

另外，从设计结构来看，这种模型充分体现了模型—视图—控制器的设计架构。事实上，现存的很多开发框架都是基于这种模型的，如 Apache Struts 框架和 Java Server Faces 框架。

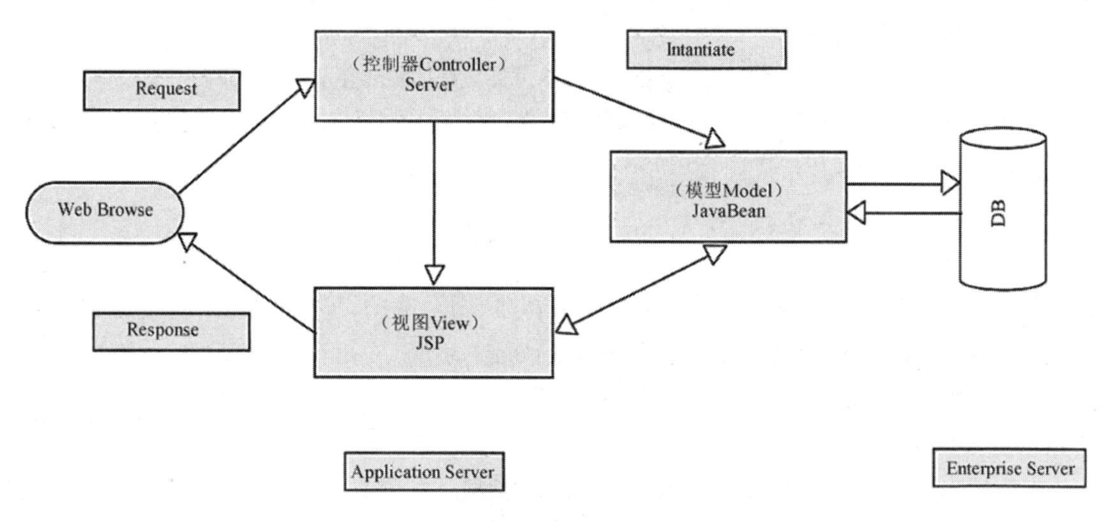

图 6.3　JSP 模型二

2．实现基于 MVC 模式的应用程序

前面已经学习了 JSP 和 Servlet 技术，使用它们可以开发出完整的 Web 项目。通过对 Servlet 技术的学习，大家已经知道 JSP 技术是在 Servlet 技术的基础上形成的，它的主要任务是简化页面的开发。在编写程序的时候，如果把大量的 Java 代码写在 JSP 页面中，进行程序控制和业务逻辑的操作，显然违背了 JSP 技术的初衷，为程序员和美工带来了很大困扰，为了解决这个问题，在进行项目设计时可以使用 MVC 设计模式。

1）什么是设计模式

设计模式是一套被反复使用、成功的代码设计经验的总结。模式必须是典型问题（不是个别问题）的解决方案。设计模式为某一类问题提供了解决方案，同时设计模式优化了代码，使代码更容易让别人理解，提高了重用性、可靠性。

2）MVC 设计模式的定义

MVC 是一种流行的软件设计模式，它把系统分为 3 个模块。

➢　视图（View）：对应的组件是 JSP 文件或 HTML 文件。

➢　控制器（Controller）：对应的组件是 Servlet。

➢　模型（Model）：对应的组件是 JavaBean（Java 类）。

视图提供可交互的客户界面，向客户显示模型数据。控制器响应客户的请求，根据客户的请求来操作模型，并把模型的响应结果经由视图展现给客户。模型可以分为业务模型和数据模型，它们代表应用程序的业务逻辑和状态。

3）MVC 设计模式的优势

采用 MVC 设计模式具有以下优势。

➢　各司其职，互不干涉

在 MVC 模式中，3 个模块各司其职，所以如果哪一个模块的需求发生了变化，就只需要更改相应模块中的代码即可。

➢ 有利于开发中的分工

在 MVC 模式中，由于按模块把系统分开，那么就能更好地实现开发中的分工。网页设计人员可以开发 JSP 页面，业务熟悉的开发人员可以开发对模型中相关业务处理的方法，而其他开发人员可以开发控制器，以进行程序控制。

➢ 有利于组件的重用

分模块更有利于组件的重用，如控制可独立成一个通用的组件，视图也可做成通用的操作界面。MVC 最重要的特点就是把显示与数据分离，这样就增加了各个模块的可重用性。

采用 MVC 模式开发程序时，应注意各个组件的分工与协作，在视图中，不要进行业务逻辑和程序控制的操作，视图只显示动态内容，不做其他操作。模型与控制器也一样，它们有各自的“工作内容”，各司其职。

当客户端发送请求时，服务器端 Servlet 接收请求数据，并根据数据调用模型中相应的方法访问数据库，然后把执行结果返回给 Servlet，Servlet 根据结果转向不同的 JSP 或 HTML 页面，以响应客户端请求。

3．视图的创建

视图代表用户交互界面，对于 Web 应用来说，视图可以概括为 HTML 界面，但是可能是 XHTML、XML 和 Applet。由于应用的复杂性和规模性，界面的处理也变得具有挑战性。一个应用可能有很多不同的视图，MVC 设计模式对于视图的处理仅限于在视图上对数据的采集和处理，而不包括在视图上对业务流程的处理。业务流程的处理交给模型。例如，一个订单的视图只接收来自模型的数据并显示给用户，同时将用户界面的输入数据和请求传递给控制和模型。

在 J2EE 应用程序中，视图可能由 Java Server Page （JSP）承担。生成视图的代码则可能是一个 Servlet 的某一部分，特别是在客户端、服务器端交互的时候。

4．控制器的创建

控制器的作用可以理解为从用户接收请求，将模型与视图匹配在一起，共同完成用户的请求。划分控制层的作用也很明显，它清楚地告诉你，它就是一个分发器，选择什么样的模型，选择什么样的视图，可以完成什么样的用户请求。控制层并不做任何的数据处理。例如，用户单击一个链接，控制层接收请求后，并不处理业务信息，它只把用户的信息传递给模型，告诉模型做什么，选择符合要求的视图返回给用户。因此，一个模型可能对应多个视图，一个视图可能对应多个模型。

模型、视图与控制器的分离，使得一个模型可以具有多个显示视图。如果用户通过某个视图的控制器改变了模型的数据，那么所有其他依赖于这些数据的视图都应反映这些变化。因此，无论何时发生了何种数据变化，控制器都会将变化通知所有的视图，导致显示的更新，这实际上是一种模型的变化-传播机制。

在 J2EE 应用中，控制器可能是一个 Servlet，现在一般用 Struts 实现。

5．模型的创建

模型就是业务流程/状态的处理及业务规则的制定。业务流程的处理过程对其他模块来说是黑箱操作，模型接收视图请求的数据，并返回最终的处理结果。

业务模型的设计可以说是 MVC 最主要的核心。目前流行的 EJB 模型就是一个典型的应用例子，它从应用技术实现的角度对模型做了进一步的划分，以便充分利用现有的组件，但它不能作为应用设计模型的框架。它仅仅告诉开发者按这种模型设计就可以利用某些技术组件，从而减少了技术上的困难。对开发者而言，就可以专注于业务模型的设计。MVC 设计模式告诉我们，把应用的模型按一定的规则抽取出来，抽取的层次很重要，这也是判断开发人员是否优秀的依据。抽象与具体不能隔得太远，也不能离得太近。MVC 并没有提供模型的设计方法，而只告诉开发者应该组织管理这些模型，以便模型的重构和提高重用性。我们可以用对象编程来做比喻，MVC 定义了一个顶级类，告诉它的子类只能做这些，这点对编程的开发人员来说非常重要。

业务模型还有一个很重要的模型那就是数据模型。数据模型主要指实体对象的数据保存（持续化）。例如，将一张订单保存到数据库，从数据库获取订单。我们可以将这个模型单独列出，所有有关数据库的操作只限制在该模型中。

任务 3　部署网上图书商城

※　需求说明

在网上图书商城中，使用验证码实现用户登录，用加密技术实现用户注册和登录，并部署网上图书商城。本任务的具体要求如下。

- 在登录界面实现验证码验证。
- 在登录和注册中使用加密技术。
- 实现网上图书商城静态部署。
- 实现网上图书商城动态部署。

※　任务解析

（1）分析多种验证码的特点，在此登录界面中增加一个数字验证码的安全验证技术。

（2）在登录和注册中使用 DES 加密技术增强系统的安全性。

（3）在服务器启动之前部署好系统。

（4）在服务器启动之后部署好系统。

※　知识引入

1．使用验证码实现用户登录的安全验证

随着 Internet 的发展和普及，人们通过网络可以方便地获取各种各样的信息和资源，这些信息和资源由分布在 Internet 中的各种 Web 服务器提供。Web 服务器在提供大量资源的同时也经常会碰到客户端的恶意攻击，面对这些恶意攻击，如果服务器本身不能有效验证并拒绝这些非法操作或防范这些恶意的攻击，就会严重消耗系统资源，降低网站的性能甚至使程序崩溃。

1）验证码原理

现在流行的判断访问 Web 程序的是合法用户还是恶意操作用户的方法是采用“验证码”技术。“验证码”就是将一串随机的数字和符号生成一幅图片，图片里加上一些干扰像素（防止 OCR），由用户肉眼识别其中的验证码信息，然后输入表单提交网站验证，验证成功后才能使用某项功能。这样可以防止通过程序进行自动批量注册，对特定的注册用户用特定程序暴力破解方式进行不断的登录、灌水。因为验证码是一个数字或符号混合的图片，人看起来都很费劲，机器识别就更加困难了。例如，百度贴吧未登录发帖要输入验证码，就是为了防止大规模匿名回帖的发生。

2）验证码种类

随着人们对网络安全的日益重视，验证码技术的发展越来越迅速。通常情况下，验证码有以下几种验证方式。

① 4 位数字验证码。这种验证方式通常是用一组随机的数字字符串来进行验证的，4 位数字验证码是最原始的验证码，验证原理比较简单，验证作用不是很大，对黑客的安全防范作用也不是很强。

②GIF 格式验证码。这种验证方式是目前常用的随机数字图片验证码方式。图片上的字符主要是由文字和数字组成的。字体没有太多变化，验证作用比 4 位数字验证码好一些。CDSN 网站用户登录就使用 GIF 格式的验证码。

③PNG 格式验证码。这种验证方式的验证码图片由随机数字与随机大写字母组成。每刷新一次，每个字符还会变位置。有时候刷出的图片，人眼很难识别，使用 PNG 格式验证码比用 GIF 格式验证码更安全。QQ 网站登录时就用 PNG 格式的验证码。

④BMP 格式验证码。这种验证方式由随机数字、随机大写字母和随机干扰像素组成，BMP 格式验证码能够变换不同的随机位置，有时候还可以变换随机的字体。

⑤JPG 格式验证码。这种验证方式的验证码由随机英文字母、随机颜色、随机位置和随机长度组成。Google 的 Gmail 注册时使用的就是 JPG 格式验证码。

本任务中采用 4 位数字验证码的验证方式实现对用户登录的验证。

2. 在登录和注册中使用 DES 加密

DES 算法为密码体制中的对称密码体制，又称为美国数据加密标准，是 1972 年由美国 IBM 公司研制的对称密码体制加密算法。明文按 64 位进行分组，密钥长 64 位，密钥事实上是 56 位参与 DES 运算（第 8、16、24、32、40、48、56、64 位是校验位），使得每个密钥都有奇数个，分组后的明文组和 56 位的密钥按位替代或交换的方法形成密文组的加密方法。

DES 算法具有极高安全性，到目前为止，除了用穷举搜索法对 DES 算法进行攻击，还没有发现更有效的办法。而 56 位长的密钥的穷举空间为 2^{56}，这意味着如果一台计算机的速度是每一秒检测一百万个密钥，则它搜索完全部密钥就需要将近 2285 年的时间，可见，这是难以实现的。然而，这并不意味着 DES 是不可破解的。而实际上，随着硬件技术和 Internet 的发展，其破解的可能性越来越大，而且，所需要的时间越来越少。

3. 静态部署 Web 应用

静态部署是指在服务器启动之前部署好，只有当服务器启动之后，所部署的 Web 应用程序才能被访问。

4．动态部署 Web 应用

动态部署是指可以在服务器启动之后部署 Web 应用程序，而不用重新启动服务器。动态部署要用到服务器提供的 manager.war 文件，如果在$CATALINA_HOME\webapps\下没有该文件，则务必重新下载 Tomcat，否则不能完成动态部署的功能。

本章总结

- 软件项目进度管理的目的是在最后交付日期之前完成软件项目。
- 软件项目进度管理涉及的主要过程包括编制开发计划、控制开发计划。
- 为了准确把控开发过程的具体情况，保证项目进度按计划执行，项目经理需要从以下几方面入手：
  - ◎ 选择高效的开发过程模型；
  - ◎ 及时了解团队每个成员的工作进度，明确任务完成标准；
  - ◎ 及时调整计划；
  - ◎ 找出影响项目进度的因素，关注并解决问题。
- 风险管理是在项目存续期间识别、分析风险因素，采取必要对策的决策科学与艺术的结合。风险管理有两种策略，即被动风险策略和主动风险策略。
- 软件质量是软件符合明确叙述的功能和性能需求，以及所有专业开发的软件都应具有的隐含特征的程度。
- 用户需求是衡量软件质量的基础；质量高的软件除了满足明确定义的需求，还要满足隐含的需求。

本章作业

一、选择题（每个题目中有一个或多个正确答案）

1．通常，下面（　　）不是项目成功的三要素。

A．时间　　B．成本　　C．质量　　D．客户

2．项目进度管理又称为（　　）。

A．项目时间管理　　B．项目质量管理

C．项目风险管理　　D．项目成本管理

3．影响软件项目开发进度的因素有（　　）。

A．80/20 原则与过于乐观的进度控制　　B．范围、质量因素对进度的影响

C．资源、预算变更对进度的影响 D．客户需求变更对进度的影响

4．软件风险管理包含（　　）两种策略。

A．救火和危机管理 B．已知风险和未知风险

C．被动风险和主动风险 D．不确定性和损失

5．软件项目的质量目标是由（　　）引起的。

A．技术 B．用户需求 C．产品 D．社会推动

二、简答题

1．项目实训开始至今，项目开发进度方面是否按计划进行？如有延迟，分析原因，并给出解决方案。

2．项目实训开始至今，项目开发中是否存在风险？项目组是如何化解风险的？后期开发中有什么预案？

3．项目实训开始至今，项目质量方面存在哪些问题？打算采取哪些方法提升项目的质量？

三、操作题

1．使用 MVC 设计模式，实现网上图书商城的结算功能。

提示

MVC 设计模式包含模型、视图、控制器 3 个模块。

2．改进网上图书商城的前台登录程序，添加颜色验证码以增强系统安全性。

3．改进网上图书商城的用户注册系统及用户登录系统程序，注册时对密码进行 MD5 加密，登录时对用户输入的密码进行 MD5 验证。

提示

MD5 是一个不可逆的字符串变换算法，将任意长度的“字符串”变换成一个 128bit 的大整数。

4．完善网上图书商城的各项功能，对 Tomcat 服务器进行安全配置后，分别使用静态部署和动态部署的方法完成系统部署。

第 7 章

软件测试

本章目标

学习目标

◎ 掌握软件测试的计划编写

◎ 掌握测试环境的搭建

◎ 懂得测试如何分类

◎ 掌握软件测试的过程和策略

◎ 能够熟练掌握软件测试用例编写

◎ 能够熟练使用逻辑覆盖、基本路径测试、因果图等测试用例设计方法

◎ 能够对程序进行简单的静态测试

◎ 掌握编程中程序的调试

◎ 能够较为熟练地使用性能测试工具

◎ 了解缺陷处理流程

实战任务

◎ 测试项目实训

本章简介

软件产业发展至今，已逐步渗透到各个领域，成为越来越不可或缺的技术成分。随着硬件技术和软件语言的不断发展，软件开发取得了长足的进展，但软件中的各种缺陷所带来的经济成本也居高不下，需要引起注意。

软件开发是一个系统工程，包括需求分析、系统设计、编码、测试、维护等多个阶段。软件开发是生产制造软件，软件测试是检查开发出来的软件的质量。与传统加工制造企业相似，软件开发人员就是生产加工的工人，软件测试人员则是质量检查人员。软件开发质量与软件测试之间有密不

可分的关系，软件测试是软件开发质量的保障。

在现代软件开发的流程中，软件测试贯穿于整个开发流程。虽然我们将来的具体工作不一定是软件测试，但为了提高软件开发工作的质量和效率，大家还需要更深入地了解和掌握软件测试方面的知识和技能。前面章节，我们学习了软件测试的常用方法、软件测试分类、软件测试与调试的区别等基本知识。本章将进一步学习软件测试的相关知识和技能，包括编写测试用例和测试报告、缺陷处理流程和缺陷管理系统等。

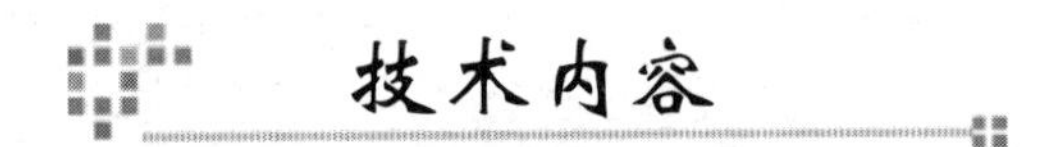

7.1 软件测试流程

软件开发和软件测试是一个有机的整体。软件测试贯穿于软件开发过程中，软件生命周期的各个阶段都少不了相应的软件测试。开发与测试是相辅相成、密不可分的，开发人员开发出新的产品后，要通过测试判断产品是否完全满足用户的需求。如果测试人员发现缺陷，将提交给开发人员进行修复，并对完成修复的产品进行回归测试，直到符合需求为止。因此，一个符合用户需求的软件产品是开发人员和测试人员共同努力的结果。

1. 软件质量

软件企业的软件工程师，对软件测试工作又爱又恨，一方面测试会从其开发的程序中找出缺陷，需要软件工程师费心去修复；另一方面测试会发现程序的缺陷，修复后能很好地展示软件产品的质量。项目组觉得软件测试能保障质量，所以测试工程师要对质量负责；软件工程师也会对测试产生依赖心理，很多功能实现后，就交给测试工程师去测试；软件产品上线后，如果因为测试遗漏导致缺陷，测试工程师要为质量问题负责。其实这并不公平。因为软件开发是由多个环节组成的，从最开始的需求，到后面的系统设计、程序开发，每个环节都可能会导致出现质量问题，而测试只能对已经开发完成的软件产品进行检测，并不能干预整个开发过程。例如，测试人员无法对开发人员编写的代码进行直接测试，只能基于软件功能进行测试，即测试工程师无法控制软件工程师的代码质量。

因此，软件质量涉及功能、结构和过程 3 个方面。

1）功能

最终用户得到的是软件，体验的是软件功能，功能的质量直接决定了产品的质量。满足用户需求是对功能质量最基本的要求。在此基础上，缺陷数量、性能、用户界面等都是很重要的质量指标。如果软件的缺陷太多、性能差、界面难看、操作体验差，用户就不会满意。

2）结构

当今，软件架构技术已经比较成熟。而对于软件项目来说，构成软件结构的最重要的部分是代码。因此，可以认为：结构质量是实现软件功能的架构和代码质量。代码的质量主要体现在以下方面。

（1）代码的可维护性：在不影响稳定性的前提下，是否能方便地添加或者修改现有的代码。

（2）代码的可读性：代码是否容易理解，是否能快速上手。

（3）代码的执行效率：代码的执行效率直接影响了软件性能。

（4）代码的安全性：是否有安全漏洞，安全性是代码质量很重要的一个指标。

（5）代码的可测试性：代码是否能使用单元测试、集成测试进行测试验证。

虽然最终用户不能直接感知到代码，但代码质量会直接影响软件的功能质量，也会影响到后续的维护升级。

3）过程

软件开发离不开软件工程，离不开项目管理。软件开发过程的质量决定了软件项目是否能如期完成，开发成本是否能控制在预算之内。

过程质量虽然也是最终用户不能直接感知的，但其会直接影响代码质量和功能质量，甚至是产品的成败。

因此，软件质量不是由某个单方面质量决定的，通常是由几个方面的质量因素相互影响、共同决定的，这就意味着项目经理、产品经理、软件工程师、测试工程师等项目组成员应共同对软件质量负责。

2．软件测试生命周期

初学软件开发的人员，对于软件测试也许会存在以下疑问。

（1）制定测试计划的前期是否需要进行需求调研？

（2）测试具体分几个阶段？每个阶段执行的依据是什么？

（3）每个阶段的作用是什么？

（4）每个阶段都需要生成哪些文档？这些文档对整个测试工作和产品的质量保障起到哪些作用？软件开发的生命周期和软件测试的生命周期分别如图 7.1 和图 7.2 所示。

图 7.1　软件开发生命周期

图 7.2　软件测试生命周期

从软件测试生命周期可以看出，软件测试贯穿于软件开发过程中，其目的是确认软件产品的质量，保证整个软件开发过程都是高质量的。

软件测试的原则是：从用户角度出发，希望通过软件测试充分暴露软件中存在的问题和缺陷，从而考虑是否可以接受该产品；从开发者角度出发，希望测试能表明软件产品不存在错误，已经正确地实现了用户的需求。

在明确软件测试的原则后，下面介绍软件测试模型。

7.1.1 软件测试模型

目前，主流的软件开发生命周期模型有瀑布模型、快速原型模型、增量模型、敏捷生命周期模型等。这些模型对于软件开发过程具有很好的指导作用。

软件测试是为了发现错误而运行程序的过程，它的目的是尽可能发现被测试软件中的错误，提高软件质量。软件测试是与软件开发紧密相关的一系列有计划、系统性的活动，是软件生命周期中一项非常重要且非常复杂的工作，它对保证软件质量具有极其重要的意义。虽然软件测试比软件开发的发展时间短，但也已经总结出了很多模型。在实际工作中，常见的有 V 模型、W 模型、H 模型、X 模型等。这些测试模型对开发过程进行了很好的总结，体现了测试与开发的融合。其中，V 模型是最具有代表意义的测试模型，软件测试的 W 模型、H 模型、X 模型都是在其基础上发展、完善的新版本。本章将重点介绍 V 模型。

1. V 模型

V 模型最早是由保罗·洛克于 20 世纪 80 年代后期提出的，由英国国家计算机中心文献发布，旨在改进软件开发的效率。

在 V 模型发布之前，人们通常把测试过程作为在需求分析、概要设计、详细设计、编码全部完成之后的一个阶段，尽管当时软件测试工作已经占用软件项目生命周期的一半时间，但大多数人认为软件测试只是一个收尾工作，而不是主要的工程。V 模型的发布就是为了改变之前行业的普遍认知。

V 模型是软件开发瀑布模型的变种，它反映了测试活动与分析、设计的关系。从左到右，描述了基本的软件开发过程和测试行为，明确地标明了测试过程中存在的不同级别，清楚地描述了这些测试阶段和开发过程期间各阶段的对应关系，如图 7.3 所示。

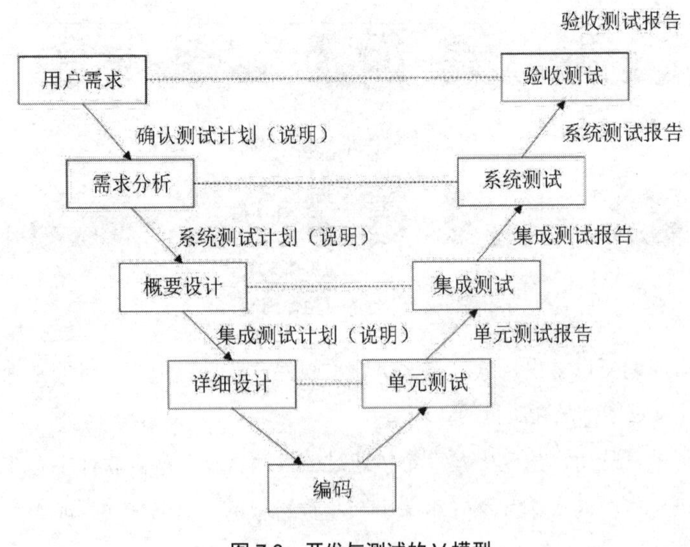

图 7.3 开发与测试的 V 模型

从图 7.3 可以看出，V 模型从左至右将软件开发和软件测试分开，形成 V 字形。其中的箭头代表了时间方向，左边依次下降的是开发过程的各阶段，与此相对应的是右边依次上升的部分，即测试过程的各个阶段。单元测试对应详细设计、集成测试对应概要设计、系统测试对应需求分析、验收测试（Acceptance Test）对应用户需求。

V 模型的软件测试策略既包含了底层测试，又包含了顶层测试。底层测试是为了确保源代码的正确性，顶层测试是为了使整个系统满足用户的需求。不同的测试级别检测的重点有所不同，具体内容如下。

（1）单元测试：检测模块的代码是否符合详细设计的要求。

（2）集成测试：检测此前测试过的各组成部分是否能完好地结合到一起，是否满足软件设计的要求。

（3）系统测试：检测系统功能、性能的质量特性是否达到系统要求的指标。

（4）验收测试：确定软件是否满足用户的需求或合同的要求。

图 7.4 是软件测试的详细过程，体现了软件测试由小到大、由内到外、循序渐进的过程和分而治之的思想。

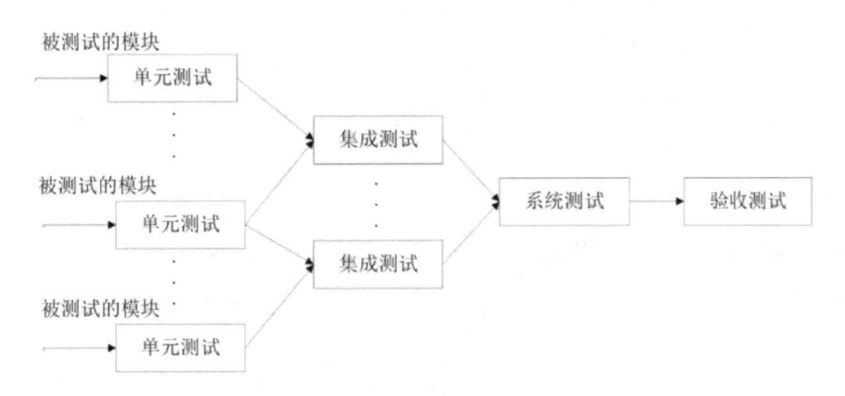

图 7.4 软件测试的详细过程

注意

软件测试中单元测试、集成测试、系统测试及验收测试的相关知识在前面实训课程的相关章节中已经做过详细讲解，学生们可以再次复习回顾。

V 模型存在一定的局限性，它仅仅把测试过程作为在需求分析、概要设计、详细设计以及编码之后的一个阶段，容易使人误解测试是软件开发的最后一个阶段，主要是针对程序进行测试，寻找错误。而需求分析阶段所隐藏的问题一直到后期的验收测试才可能被发现。在实际开发中，如果修复需求分析阶段的错误，将会导致所有阶段都要重新经过需求、设计、编码、测试等过程，返工量非常大，模型灵活性比较低。甚至可能存在开发前期未发现的错误会传递并扩散到后面的阶段，而在后面阶段发现这些错误时，已经很难回头再修正，从而导致项目的失败。

2. 其他模型

V 模型的局限性是不能体现尽早、不断地进行软件测试的原则，因此，在 V 模型的基础上先后演化出 W 模型（如图 7.5 所示）、H 模型（如图 7.6 所示）、X 模型（如图 7.7 所示），增加软件各开发阶段同步进行的测试。如果对这些模型感兴趣，可以上网查找相关资料进行学习。

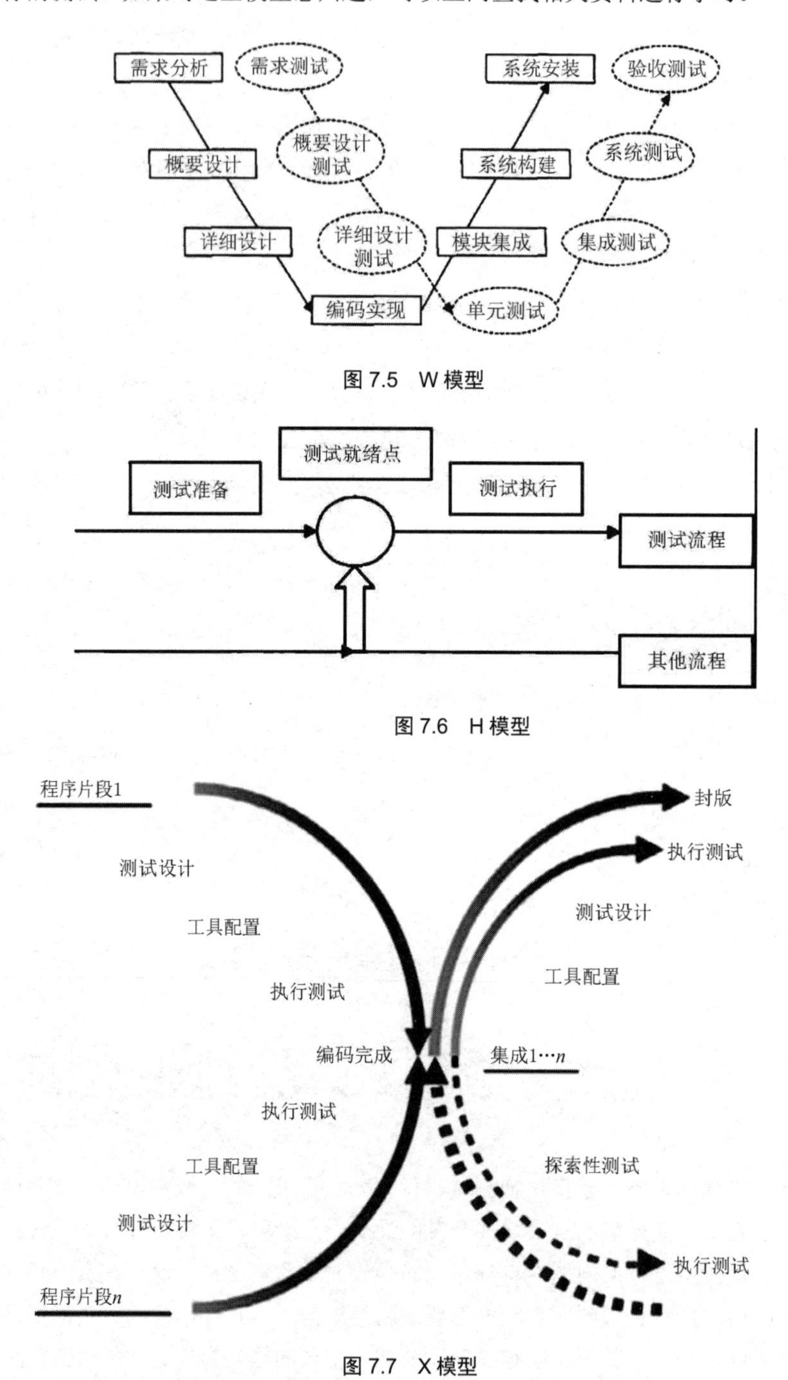

图 7.5　W 模型

图 7.6　H 模型

图 7.7　X 模型

7.1.2　软件测试的基本流程

软件测试是一个严谨、全面且有条理的过程，包括多种测试类型，每种测试类型的测试重点都不一样，都有针对性的测试条件，来发现软件产品中的相应问题。软件测试的基本流程如下。

（1）需求分析阶段：阅读需求，理解需求，分析需求点，参与需求评审会议。

（2）测试计划阶段：参考软件需求规格说明书、项目总体计划，编写测试计划，计划的内容包括测试范围、进度安排、人力物力分配，并制定整体测试策略。

（3）编写测试用例：适当了解软件设计，搭建测试用例框架，根据需求和软件设计编写测试用例。

（4）测试执行阶段：搭建环境，准备数据，根据软件项目开发进度，依次进入单元测试、集成测试、系统测试及验收测试。在测试的同时，管理并跟踪缺陷，执行回归测试、交叉测试、自由测试，直到测试结束。为了保证软件产品的质量，除了对软件产品执行功能测试，还会进行非功能测试，包括性能测试、安全测试、压力测试等。

在软件测试的最后，需要输出测试报告，确认所测试的软件项目是否可以上线。

7.2　软件测试方法

随着软件技术的发展，软件测试也衍生出许多的测试方法和技术。因此，软件测试方法也有多种多样的分类。从针对系统的内部结构和具体实现算法的角度，可分为黑盒测试（Black-Box Test）和白盒测试（White-Box Test）。

但要注意，任何一种测试方法都不能覆盖所有测试的需求，在某些场合会存在一定的局限性。在前面的实训课程中，我们学习了常用的黑盒测试和白盒测试两种软件测试方法。表 7-1 是黑盒测试和白盒测试两种软件测试方法的内容介绍。

表 7-1　黑盒测试和白盒测试

测试方法名称	测试内容
黑盒测试	把软件系统当作一个“黑箱”，无法了解或使用系统的内部结构及知识；从软件的行为而不是内部结构出发来设计测试
白盒测试	设计中可以看到软件系统的内部结构，并且使用软件的内部知识指导测试数据及方法的选择

7.2.1　黑盒测试方法

在实际工作中，测试人员对系统的了解越多越好。目前大多数的测试人员做的都是黑盒测试。黑盒测试方法主要包括等价类划分法、边界值分析法、因果图法、错误猜测法等。

1．等价类划分法

作为一种最为典型的黑盒测试方法，等价类划分法完全不考虑程序的内部结构，而只是根据程序的要求和说明进行测试用例的设计。测试人员要对需求规格说明书中的各项需求，尤其是功能需求进行细致分析，然后把程序的输入域划分成若干个部分，从每个部分中选取少数有代表性的数据作为测试用例。经过这种划分后，每一类的有代表性的数据在测试中的作用都等价于这一类中的其他值。

等价类划分可有两种不同的情况：有效等价类和无效等价类。

（1）有效等价类：是指对于需求规格说明书中合理的、有意义的输入条件构成的集合。利用有效等价类可检验程序是否实现了需求规格说明书中所规定的功能和性能。

（2）无效等价类：与有效登记类的定义恰巧相反。

设计测试用例时，要同时考虑这两种等价类。因为软件不仅要能接受合理的数据，也要能经受意外的、不合理数据的考验。这样的测试才能确保软件具有更高的可靠性。

等价类划分法的原则如下。

（1）在输入条件规定了取值范围或值的个数的情况下，可以确立一个有效等价类和两个无效等价类。例如，在学生考试成绩管理系统的考试成绩管理模块中，输入值是学生参加某一次考试的成绩，取值范围是 0～100 分。现要测试该模块学生考试成绩输入处理是否正确。根据测试需求，需要考虑以下等价类的划分，如图 7.8 所示。有效等价类：大于等于 0 分且小于等于 100 分，无效等价类：小于 0 分或者大于 100 分。

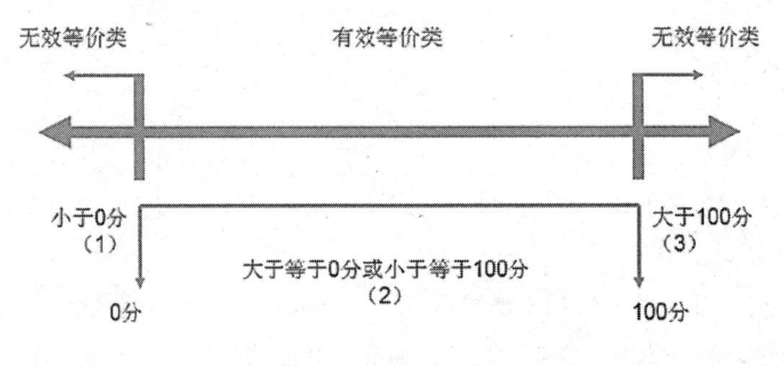

图 7.8 等价类划分

正确地划分等价类，可以大大减少测试用例的数量，并能保证软件测试的结果准确有效。如果错误地将两个不同的等价类当作一个等价类，就会遗漏一种测试情况。相反，如果把同一个等价类看作了两个不同的等价类，那么测试就会冗余。

（2）在输入条件规定了输入值的集合或者规定了“必须如何”的条件的情况下，可确定一个有效等价类和一个无效等价类。

（3）在输入条件是一个布尔值（true 或 false）的情况下，可确定一个有效等价类和一个无效等价类。

（4）在规定了输入条件的一组值（假定 n 个），并且程序要对每一个输入值分别处理的情况下，可确立 n 个有效等价类和一个无效等价类。

（5）在规定了输入条件必须遵守规则的情况下，可确立一个有效等价类（符合规则）和若干个无效等价类（从不同角度违反规则）。

（6）在确知已划分的等价类中各元素在程序处理中的方式不同的情况下，则应再将该等价类进一步划分为更小的等价类。

2．边界值分析法

边界值分析是对输入或输出的边界值进行测试的一种黑盒测试方法。通常，它是作为等价类划分法的补充，具有很强的发现程序错误的能力。长期的测试工作经验说明，大量的错误发生在输入或输出范围的边界上，而不是发生在输入输出范围的内部。因此，针对各种边界情况设计测试用例，可以检查出更多的错误。

使用边界值分析方法设计测试用例，首先应确定边界情况。通常，输入和输出等价类的边界就是应对测试的。应该选取正好等于、刚刚大于或刚刚小于边界的值作为测试数据，而不是选取等价类中的典型值或任意值作为测试数据。

在学生考试成绩管理系统的考试成绩管理模块中，如果运用边界值分析法进行测试，将测试下面的边界值，如表 7-2 所示。

表 7-2　边界值分析表

边　界　值	是否有效
-1 分	无效
0 分	有效
100 分	有效
101 分	无效

基于边界值分析方法选择测试用例的原则如下。

（1）如果输入条件规定了取值范围，则应取刚达到这个范围的边界的值，以及刚刚超越这个范围的边界的值作为测试输入数据。

（2）如果输入条件规定了值的个数，则用最大个数、最小个数、比最小个数少 1、比最大个数多 1 的数作为测试数据。

（3）根据需求规格说明书的每个输出条件，使用前面的第 1 原则。

（4）根据需求规格说明书的每个输出条件，使用前面的第 2 原则。

（5）如果需求规格说明书给出的输入域或输出域是有序集合，则应选取集合的第一个元素和最后一个元素作为测试用例。

（6）如果程序中使用了一个内部数据结构，则应当选择这个内部数据结构的边界上的值作为测试用例。

（7）分析需求规格说明书，找出其他可能的边界条件。

3. 因果图法

等价类划分方法和边界值分析方法都是着重考虑输入条件的，但未考虑输入条件之间的联系、相互组合等。考虑输入条件之间的相互组合，可能会产生一些新的情况。但要检查输入条件的组合不是一件容易的事情，即使把所有输入条件划分成等价类，它们之间的组合情况也会相当多。因此，必须考虑采用一种适合于描述对于多种条件的组合，相应产生多个动作的形式来设计测试用例。这就需要用到因果图（逻辑模型）。

什么是因果图？因果图是一种形式化的语言（以图的形式表现），它不仅描述了原因和结果之间的关系，而且描述了各个原因之间、各个结果之间复杂的组合关系。在这里，因就是程序的输入条件，而果则是程序的输出。正确地使用因果图可以对复杂的功能逻辑进行分析，设计出高效而简捷的测试用例。因果图法最终生成的是判定表，它适合于检查程序输入条件的各种组合情况。

现在以“两位整数加法器”程序为例，使用因果图法测试加法器程序。

（1）分析确定原因（输入）和结果（输出）

从两个输入的角度看，分析原因和结果。输入有 8 种情况，如下所示。

c11：0≤输入 1≤99。

c12：-99≤输入 1<0。

c13：输入 1<-99。

c14：输入 1>99。

c21：0≤输入 2≤99。

c22：-99≤输入 2<0。

c23：输入 2<-99。

c24：输入 2>99。

输出有两种情况，如下所示。

e1：正确计算。

e2：错误提示。

（2）简化判定表，并给出结果。

简化依据如下：

c11、c12、c13、c14 是互斥的，c21、c22、c23、c24 是互斥的。c13、c14、c23、c24 为真时，另一个无论输入什么值，结果都是 e2。由以上的输入、输出得到的判定表如表 7-3 所示。

表 7-3 两位整数加法器的判定表

<table>
<tr><th colspan="2">组合序号：</th><th>1</th><th>2</th><th>3</th><th>4</th><th>5</th><th>6</th><th>7</th><th>8</th></tr>
<tr><td rowspan="4">输入 1</td><td>c11</td><td>1</td><td>1</td><td>0</td><td>0</td><td>0</td><td>0</td><td rowspan="4">-</td><td rowspan="4">-</td></tr>
<tr><td>c12</td><td>0</td><td>0</td><td>1</td><td>1</td><td>0</td><td>0</td></tr>
<tr><td>c13</td><td>0</td><td>0</td><td>0</td><td>0</td><td>1</td><td>0</td></tr>
<tr><td>c14</td><td>0</td><td>0</td><td>0</td><td>0</td><td>0</td><td>1</td></tr>
<tr><td rowspan="4">输入 2</td><td>c21</td><td>1</td><td>0</td><td>1</td><td>0</td><td rowspan="4">-</td><td rowspan="4">-</td><td>0</td><td>0</td></tr>
<tr><td>c22</td><td>0</td><td>1</td><td>0</td><td>1</td><td>0</td><td>0</td></tr>
<tr><td>c23</td><td>0</td><td>0</td><td>0</td><td>0</td><td>1</td><td>0</td></tr>
<tr><td>c24</td><td>0</td><td>0</td><td>0</td><td>0</td><td>0</td><td>1</td></tr>
<tr><td rowspan="2">输出</td><td>e1</td><td>1</td><td>1</td><td>1</td><td>1</td><td>0</td><td>0</td><td>0</td><td>0</td></tr>
<tr><td>e2</td><td>0</td><td>0</td><td>0</td><td>0</td><td>1</td><td>1</td><td>1</td><td>1</td></tr>
</table>

注：表中单元格里数字 1 代表该项有值，0 代表该项无值。

由于输入项、输出项的各种情况存在互斥关系，所以各列只需看为“1”的部分。例如，输入 1 为 c11，范围为 0≤输入 1≤99；输入 2 为 c21，范围为 0≤输入 2≤99，则输出 e1（结果正确）。同理，可以理解其他列的含义，由这个判定表的各列将得出 8 个对应的测试用例。

因果图法最终生成的是判定表，根据判定表的列可以得到测试用例。

4．错误猜测法

错误猜测法（错误推测）是基于经验和直觉推测程序中所有可能存在的错误，从而有针对性地设计测试用例的方法。它没有固定的形式，依靠的是经验和直觉。其实，工作中多数具有丰富项目经验的软件开发工程师和测试工程师都会使用到这种方法。积累的经验越丰富，方法的使用效率越高。因此，错误猜测法并不是一种测试技术，而是一种可以应用到所有测试技术中产生更加有效的测试的技能。

错误猜测法的基本思想是列举出程序中所有可能有的错误和容易发生错误的特殊情况，根据它们选择测试用例。例如，输入数据和输出数据为0，输出表格为空格或输入表格只有一行，等等，这些都是容易发生错误的情况，可选择这些情况设计测试用例。

实际上，测试人员在运用错误猜测法时，常使用的一系列技术如下。

（1）有关被测系统的知识，如设计方法或实现技术。

（2）有关早期测试阶段结果的知识（尤其对回归测试更为重要）。

（3）与测试类似或相关系统的经验（知道在以前的类似系统中曾在哪些地方出现缺陷）。

（4）典型的实现错误的知识（如被零除错误）。

（5）通用的测试经验规则。

成功地使用错误推测法必须在确保发现一个缺陷时能够对问题进行重现，以及在缺陷得到纠正之后可以确认缺陷修复。因此，当发现程序中可能会有缺陷时，需要立刻建立能够发现这个缺陷的测试用例。

5. 经验

在实际开发中，可以按照下面的原则，使用本章所学的测试技术完成软件的测试工作。

（1）在任何情况下，都必须使用边界值分析法。经验表明，用这种方法设计出的测试用例发现程序错误的能力最强。

（2）使用等价类划分法补充测试用例。

（3）使用错误猜测法再追加测试用例。

（4）如果程序的功能说明中包含输入条件的组合情况，那么因果图法是最佳选择。

7.2.2 白盒测试方法

在软件项目开发中，使用频率较高的是黑盒测试方法，可以以此测试证明软件中当前每个实现的功能是否符合当初软件的功能设计。

白盒测试也称为结构测试或逻辑驱动测试，其按照程序内部结构进行测试。测试人员使用白盒测试方法检测软件内部动作是否按照设计规格说明书的规定正常进行，检验程序中每条通路是否都能按预定的要求正确工作，通过在不同点检查程序的状态来确定程序运行实际的状态是否与预期的状态一致。

采用白盒测试只有遵循以下原则，才能达到测试的目标。

（1）保证一个模块中的所有独立路径至少被测试一次。

（2）所有逻辑值均需测试真（true）和假（false）两种情况。

（3）检查程序的内部数据结果，保证其结构的有效性。

（4）在上下边界及可操作范围内运行所有循环。

软件工程师在参加软件企业面试时，可能会被问到白盒测试的基本概念。因此，只需了解本节有关白盒测试的一些常用方法即可。

白盒测试方法包括逻辑覆盖测试、循环覆盖测试、基本路径测试。

1. 逻辑覆盖测试

逻辑覆盖测试是最传统的白盒测试方法，要求测试人员对程序的逻辑结构非常清楚。该方法针对程序的内部逻辑结构设计测试用例，通过测试用例达到路径覆盖的目的。逻辑覆盖包括语句覆盖、判定覆盖、条件覆盖、判定-条件覆盖、条件组合覆盖、路径覆盖，这 6 种覆盖标准发现错误的能力呈由弱到强的变化。

（1）语句覆盖：每条语句至少执行一次。

（2）判定覆盖：每个判定的每个分支至少执行一次。

（3）条件覆盖：每个判定的每个条件应取到各种可能的值。

（4）判定-条件覆盖：同时满足判定覆盖和条件覆盖。

（5）条件组合覆盖：每个判定中各条件的每一种组合至少执行一次。

（6）路径覆盖：程序中每一条可能的路径至少执行一次。

2. 循环覆盖测试

本质上，循环覆盖测试方法的目的是检查循环结构的有效性。通常，可以划分为简单循环、嵌套循环、串接循环和非结构循环 4 种类型。在实际的测试中，要覆盖含有循环结构的所有路径是不可能的，循环覆盖可以通过限制循环次数来测试。

3. 基本路径测试

在实际测试中，即便是一个比较简单的程序，只要使用了分支结构或循环结构，都会有很多的路径。要在测试中覆盖所有路径是不现实的。基本路径测试是路径覆盖测试的一种变体，它是一种简化路径数的测试方法。基本路径测试在分析程序控制流图的基础上，通过分析控制构造的环路复杂性，导出基本可执行路径集合，从而设计测试用例的方法。设计出的测试用例要保证程序的每一个可执行语句至少执行一次。

7.3 软件测试用例及测试报告

软件测试用例是软件测试执行的基础，是软件测试的核心。好的测试用例能够提高测试效率，节约测试时间。在结束软件测试之前，测试人员需编写提交一份详细的测试报告，对所测试的软件项目质量、测试过程进行评价。

7.3.1 测试用例

通过本章前面小节的学习，我们对软件测试的基本概念已有所了解。但可能仍然会存在许多疑惑，例如，怎样全面地测试程序的所有功能？如何获得测试的覆盖率？应该如何对新版本进行重复测试？软件项目工期紧张，如何能提高测试效率？这些问题都可以采用编写测试用例的方法予以解决。

1．测试用例概述

测试用例是指在测试执行之前，设计的一套详细的测试方案，包括测试环境、测试步骤、测试数据和预期结果。

1）为什么要编写测试用例

编写测试用例的好处主要表现在以下几个方面。

（1）组织性：编写测试用例有利于组织测试。在开始实施测试之前设计好测试用例，可以避免盲目测试，并可以提高测试效率。

（2）功能覆盖：测试用例可以确保功能不被遗漏。要确保所开发的软件能让最终用户满意，最好的办法就是明确阐述最终用户的期望，对这些期望进行核实并确认其有效性，测试用例直接反映了这些要核实的需求，令所做的测试重点突出、目的明确，以确保用户需要的功能不被遗漏。

（3）重复性：在项目进行期间对不同软件版本必须要多次重复执行同样的测试，以寻找新的软件缺陷，保证老的软件缺陷已被修复。没有测试用例而仅凭记忆不可能记住执行了哪些测试及执行情况，这样就很难重复原有的测试。

（4）跟踪；通过对测试用例的统计，如统计执行了多少测试用例？多少通过？多少失败？以确定下一步测试的重点，缺陷多的模块可以在后续的测试中重点进行测试。

（5）测试确认：在少数行业的高风险的测试中，如医疗、航天等行业，不允许出现任何问题，必须证明确实按照计划执行了所有的测试用例。发布忽略了某些测试用例的软件是十分危险的。通过测试用例可以对测试过程进行有效的监督，可以准确、有效地评估测试，并对测试是否完成有个量化的结果。

除了上面的好处，编写测试用例也有缺点。编写测试用例是一个费时费力的工作。通常，编写测试用例的时间比实际执行测试的时间还要长。但是，应该看到：测试用例来自于测试需求，它是对测试需求的一个细化，是整个测试的基础，测试用例覆盖系统的程度决定了测试的覆盖程度。如果没有测试用例，就只能按照测试人员的心情进行测试，这将无法保证软件产品的质量。

2）什么时候编写测试用例

测试用例要尽早编写，通常会在测试设计阶段，即系统需求规格说明书和测试计划完成之后，编写测试用例。

3）由谁编写测试用例

一般情况下，测试用例由测试设计人员编写，由测试执行人员执行。

4）根据什么编写测试用例

编写测试用例的唯一标准就是用户需求，具体参考资料是系统需求规格说明书和原型。

编写测试用例的基本目标：设计一组发现某个错误或某类错误的测试数据。测试用例主要覆盖以下几个方面。

（1）正确性测试：输入用户实际数据以验证系统是否满足需求规格说明书的要求；测试用例中的测试点应首先保证要至少覆盖需求规格说明书中的各项功能，并且运行正常，获得预期结果。

（2）容错性（健壮性）测试：程序能够接收正确数据输入且产生正确（预期）的输出；输入非法数据（非法类型、不符合要求的数据、溢出数据等），程序应能给出提示，并进行相应处理。测试人员把自己扮成一名对软件产品操作不熟悉的用户，进行任意的操作，以验证软件的容错性。

（3）完整（安全）性测试：对未经授权的用户使用软件系统或数据的企图，软件产品所能控制的程度。程序的数据处理能够保持外部信息（数据库或文件）的完整。

（4）接口间测试：测试各个模块相互之间的协调和通信情况，以及数据输入输出的一致性和正确性。测试用例包括欲测试的功能、应输入的数据和预期的输出结果。应该选用少量、高效的测试数据进行尽可能完备的测试。

2．测试用例模板

测试用例包含的主要内容有用例、前置条件、输入、期待结果和测试结果。随着项目规模的增大，需要引入模块以便于组织用例，每个公司的要求不尽相同。同时，使用的测试工具不同，测试用例的内容也有所不同。

通常，使用 Excel 表格或 Word 表格的形式编写测试用例，或在测试工具中输入测试用例。表 7-4 是测试用例模板，列出了测试用例的格式和经常会用到的条目。

表 7-4 测试用例模板

<table>
<tr><td>项目名称</td><td colspan="3"></td><td>程序版本</td><td colspan="3"></td></tr>
<tr><td>模块名称</td><td colspan="7"></td></tr>
<tr><td>设计人员</td><td colspan="3"></td><td>编制时间</td><td colspan="3"></td></tr>
<tr><td>功能特性</td><td colspan="7"></td></tr>
<tr><td>测试目的</td><td colspan="7"></td></tr>
<tr><td>预置条件</td><td colspan="7"></td></tr>
<tr><td>参考信息</td><td colspan="3"></td><td>特殊规程说明</td><td colspan="3"></td></tr>
<tr><td>用例编号</td><td>相关用例</td><td>用例说明</td><td>输入数据</td><td>预期结果</td><td>测试结果
（通过/不通过）</td><td>缺陷编号</td><td>备注</td></tr>
<tr><td></td><td></td><td></td><td></td><td></td><td></td><td></td><td></td></tr>
<tr><td></td><td></td><td></td><td></td><td></td><td></td><td></td><td></td></tr>
<tr><td></td><td></td><td></td><td></td><td></td><td></td><td></td><td></td></tr>
</table>

表 7-4 所示的测试用例模板中各主要条目的内容说明如下。

（1）项目名称：指明本测试用例用来测试什么软件项目。

（2）模块名称：指明要测试的内容，如菜单名称、模块名称等。

（3）测试目的：描述被测试功能的详细特性及要测试的目标。

（4）预置条件：执行测试用例之前所做的操作，如启动程序等。

（5）用例编号：标识该测试用例的唯一编号。可以按规定的格式对测试用例进行编号。

（6）相关用例（用例间的依赖关系）：列出必须先于本测试用例执行的测试用例。例如，对用户登录功能执行测试之前，必须先执行用户注册功能的测试。

（7）用例说明：描述实现用例的步骤。

（8）输入数据：描述测试用例所需的输入数据或条件。例如，测试计算器，可以输入 1+1。对于测试基于文件的操作，可以输入文件名，也可以输入内容的描述。

（9）预期结果：描述输入数据后程序应该输出的结果。例如，1+1 的预期结果是 2；输入文件名可以正确打开文件，文件的内容和预期的一致。通常情况下，可以通过检查具体的屏幕、报告、文件等方式来确认实际结果与预期结果是否一致。

（10）测试结果：此项在测试执行时填写，说明测试用例是否通过。如果不通过，就要生成缺陷报告，并注明缺陷编号。这里的缺陷编号要与缺陷跟踪系统（Defect Tracking System）中的编号一致。

利用这个测试用例模板，可以集中管理测试用例。测试用例经过合理分配以后，可以很好地模块化，使测试结果易于统计、跟踪。在实际的软件开发和测试工作中，设计测试用例不用拘泥于模板，不同的软件公司会结合项目情况和公司缺陷管理方法来设计测试用例的格式和内容，以达到最佳测试效果。

3. 测试用例示例

在我们的项目实训中，要求使用 Excel 工具管理测试用例，其中包含以下各项。

（1）系统模块：首先要按大的功能块组织，如在项目实训中，用户登录模块和业务处理逻辑模块可以分别组织成不同的模块，分别设计编写相关的测试用例。

（2）功能特性：按功能特性对已经组织好的功能模块进行划分，如用户登录模块可以分为用户注册、用户登录两个功能特性。

（3）用例编号：用例按照“系统模块编号.功能点编号.用例顺序”的格式进行编号。例如，用户管理模块的编号为 1，人事管理模块的编号为 2。“用户登录”为用户管理模块的第二个功能点，编号为 1.2，用例“必填数据”是功能点“用户登录”的第二个用例，它的编号就是 1.2.2。

（4）用例说明：用例的简单描述。

（5）预置条件：当前用例执行前，必须满足的先决条件。例如，用户登录之前，必须先执行用户注册功能。

（6）输入数据：执行一个用例时需要输入的数据，或是需要进行的操作描述。

（7）预期结果：执行测试用例之后，应该得到的正确结果描述。

（8）测试结果：用例执行后会产生两种测试结果，即“通过”或“失败”；再加上“未执行”用例的状态，共 3 种状态。从“未执行”用例中执行一个用例后，该用例应为“失败”或“通过”。

（9）失败原因：如果测试用例执行结果为“失败”，则由开发人员写上失败原因。表 7-5 是人事信息管理系统中工资管理子系统的测试用例的设计范例。

表 7-5　人事信息管理系统中工资管理子系统的测试用例的设计范例

<table>
<tr><td>项目名称</td><td colspan="2">人事信息管理系统中工资管理子系统</td><td>程序版本</td><td>1.0.26</td></tr>
<tr><td>模块名称</td><td colspan="4">Login</td></tr>
<tr><td>设计人员</td><td>张三</td><td>编制时间</td><td colspan="2">2021/12/15</td></tr>
<tr><td>功能特性</td><td colspan="4">用户身份验证</td></tr>
<tr><td>测试目的</td><td colspan="4">验证输入是否合法，允许合法用户登录，阻止非法用户登录</td></tr>
<tr><td>预置条件</td><td colspan="4">用户注册</td></tr>
<tr><td>参考信息</td><td>需求规格说明书中关于“登录”的说明</td><td colspan="2">特殊规程说明</td><td>数据库访问权限</td></tr>
</table>

续表

用例编号	用例说明	输入数据	预期结果	测试结果（通过/不通过）	缺陷编号	备注
TC-TEP_Login_1	输入用户名和密码，单击“登录”按钮	用户名=root，密码为空	显示警告信息“密码不能为空!”	成功		密码不能为空
TC-TEP_Login_2	输入用户名和密码，单击“登录”按钮	用户名为空，密码=123456	显示警告信息“用户名不能为空!”	成功		用户名不能为空
TC-TEP_Login_3	输入用户名和密码，单击“登录”按钮	用户名=root，密码=1	显示警告信息“请输入的正确用户名和密码!”	失败	login001	用户密码的组成字符数少于 4 位，不符合业务规则的要求
TC-TEP_Login_4	输入用户名和密码，单击“登录”按钮	用户名=root1，密码=123456	显示警告信息“请输入正确的用户名和密码!”	成功		用户名错误
TC-TEP_Login_5	输入用户名和密码，单击“登录”按钮	用户名为空，密码为空	显示警告信息“用户名和密码不能为空!”	成功		用户名和密码均不能为空
TC-TEP_Login_6	输入用户名和密码，单击“登录”按钮	用户名=root，密码=123456	进入系统页面	成功		
TC-TEP_Login_7	输入用户名和密码，单击“登录”按钮	用户名=admin，密码=admin	进入系统页面	成功		
TC-TEP_Login_8	输入用户名和密码，单击“登录”按钮	用户名="root，密码=123456	显示警告信息“请输入正确的用户名和密码!”	失败	login002	用户名中有非法字符“"”，不符合业务规则的要求
TC-TEP_Login_9	输入用户名和密码，单击“登录”按钮	用户名=user，密码=user	显示警告信息“当前用户无权限，请联系管理员!”	失败	login003	已注册的用户名，但不具备登录本页面的权限

7.3.2 测试报告

测试报告是测试阶段最后的文档产出物，测试报告是把测试的过程和结果写成文档，对发现的问题和缺陷进行分析，为纠正软件存在的质量问题提供依据，同时为软件验收和交付打下基础。一份详细的测试报告含有足够的信息，包括产品质量和测试过程的评价，测试报告要基于测试中的数据采集及对最终测试结果的分析。

7.4　缺陷跟踪系统

1947 年 9 月 9 日，一只小飞蛾钻进了哈佛大学的一台计算机电路里，导致系统无法工作。操作员把抓住的飞蛾贴在计算机日志上，写下了“首个发现 bug 的实际案例”，如图 7.9 所示。

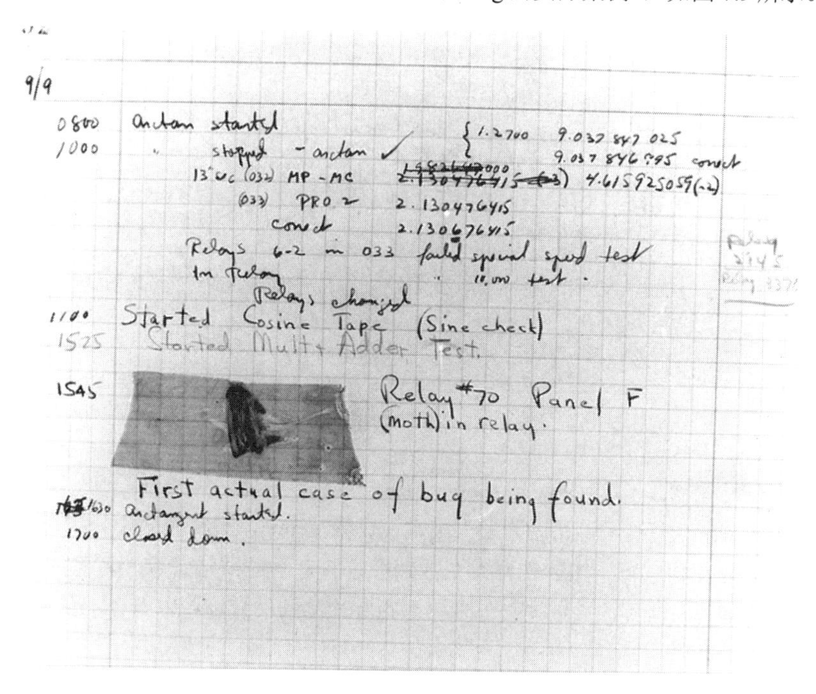

图 7.9　首个发现 bug 的实际案例

虽然 bug 的历史已经有 70 多年了，然而缺陷跟踪工具却很晚才出现。软件项目中最早是通过邮件、即时通信等原始方式报告缺陷的，直到 1992 年才有了第一个专业的缺陷跟踪软件 GNATS。此后，才逐步有了 Bugzilla、Jira、MantisBT、QC、禅道等专业的缺陷跟踪系统。现在，缺陷跟踪系统已经成为软件项目中不可缺少的工具之一。

缺陷跟踪系统又称为 bug 跟踪系统。在软件项目开发中，使用缺陷跟踪系统可以保证软件产品的质量，节省开发时间和成本。

目前，出现了很多开源和商业的缺陷跟踪管理系统。根据项目规模和缺陷跟踪管理系统的特点和实现的功能，软件开发企业选择使用其中的某个系统。大多数软件开发企业都会采用自动化的缺陷跟踪系统跟踪管理软件中所发现的缺陷，它会记录每个缺陷的大量相关信息，包括解决的过程。

缺陷跟踪系统能报告的内容主要包括缺陷数量、每个缺陷的状态（新建、打开、重新打开、已解决、已关闭、打回）、修复方法说明、修复涉及的文件列表、缺陷的现象描述、缺陷出现时的系统环境描述、对应的测试用例和测试结果、缺陷的严重程度分类、处理的优先级等信息。

在软件项目开发中，要把好的实践流程化，把好的流程工具化。缺陷跟踪系统很好地贯彻了这一点，将缺陷解决过程进行了流程化。平时在缺陷跟踪系统中看到的 bug 状态只是一个有限的状态列表，但其背后是一套解决缺陷的流程。图 7.10 呈现的是一个 bug 从创建到最后结束可能存在的状态及处理流程。

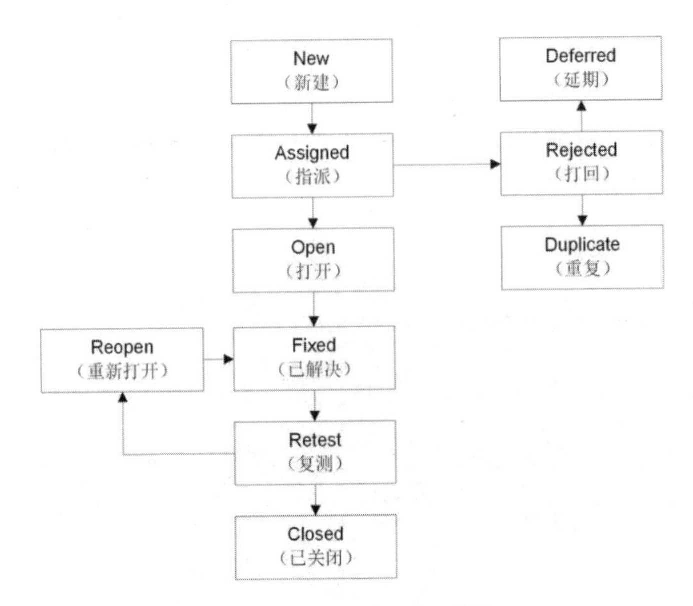

图 7.10　bug 状态及处理流程

从图 7.10 中可以发现，一个 bug 的发现、解决、复测、关闭，需要开发人员、测试人员共同完成。为了让测试人员能跟踪缺陷，帮助开发人员重现、修复 bug，需要测试人员和开发人员高效协作，制定并执行缺陷处理流程。每一家软件开发企业都会选择适合的缺陷跟踪管理系统，并制定适合本企业业务特点的缺陷处理流程，并按缺陷处理流程跟踪缺陷的修复过程。万变不离其宗，图 7.11 是常规的缺陷处理流程。

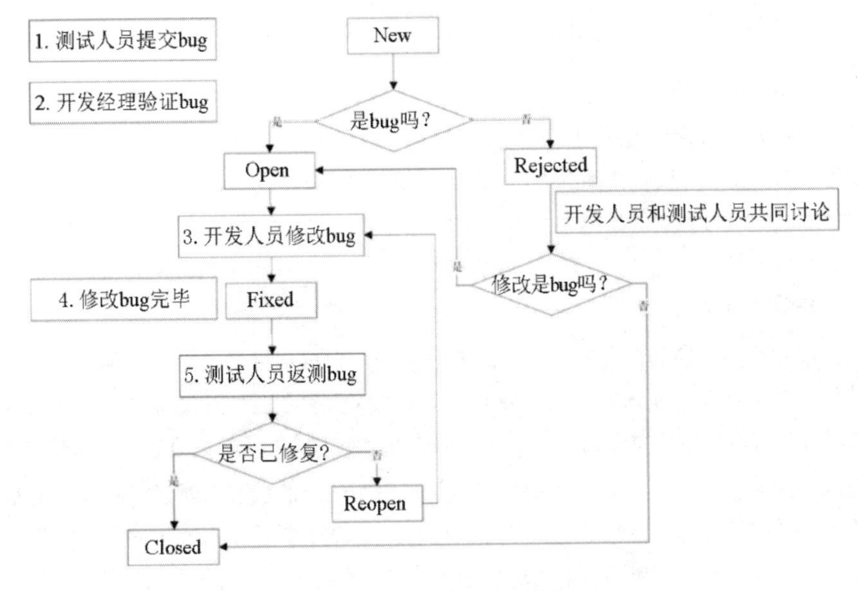

图 7.11　常规的缺陷处理流程

缺陷处理流程的执行步骤如下。

（1）测试人员发现缺陷，对缺陷的现象进行描述，并录入缺陷跟踪管理系统中，缺陷是“新建”（New 状态）。

（2）开发的负责人（产品经理、项目经理）会根据缺陷的相关信息（描述、严重程度等）进行初步的确认。如果确认是问题，则置为“打开”（Open）状态，并设置处理优先级，分派给相应的开发人员处理。如果不是缺陷，则置为“打回”（Rejected）状态。

（3）开发人员对分配给自己的缺陷进行分析。如果不是缺陷，则直接置为打回状态。如果是缺陷，则进行修复。修复缺陷后，将缺陷状态置为“已解决”（Fixed），并记录修复的相关信息（修复方法中说明修复涉及的文件列表等）。

（4）测试人员对已解决的缺陷进行回归测试。如果测试通过，则将缺陷状态置为“已关闭”（Closed）。如果缺陷仍然存在，则置为“重新打开”（Reopen）状态，由开发人员重新处理。

（5）测试人员对打回状态的缺陷进行重新验证，如果确认不是问题，则置为“已关闭”状态：否则置为“重新打开”状态，并进行相应的说明。

通过执行缺陷处理流程，开发人员可以集中对 bug 进行分配，按照优先级分别解决，而测试人员则可以第一时间知道 bug 处理的状态变化，并及时验证，方便跟踪整个过程。

注意

（1）不应该使用 QQ、微信、邮件方式反馈 bug。如果客户、同事通过缺陷跟踪系统之外的其他途径反馈 bug，则应该提交到缺陷跟踪系统中进行统一的管理和跟踪。

（2）缺陷跟踪系统是用来跟踪缺陷处理的，不是用来讨论或扯皮的。遇到这样的情况时，需要主动与相关人员面对面讨论，当面确认清楚 bug 的问题，并尽快给予解决。

7.5　实战训练

任务1练习　**编写测试用例，测试实训项目**

※　需求说明

项目组各成员分别为项目实训实现的每个功能编写测试用例，并执行测试用例对项目实训进行测试，将测试出的缺陷记录到缺陷记录表中，对测试出的缺陷进行修改，最后使用测试报告模板，编写项目实训测试总结。

本章总结

- 软件测试是为了发现错误而运行程序的过程，它的目的是尽可能发现被测试软件中的错误，提高软件质量。
- V 模型是软件开发瀑布模型的变种，它反映了测试活动与分析、设计的关系。从左到右，描述了基本的软件开发过程和测试行为，明确地标明了测试过程中存在的不同级别，清楚地描述了测试阶段和开发过程期间各阶段的对应关系。
- 黑盒测试常用的方法有等价类划分法、边界值分析法、因果图法和错误猜测法。白盒测试常用的方法有逻辑覆盖测试、循环覆盖测试、基本路径测试。

- 测试用例是指为实施测试而向被测试系统提供的输入数据、操作或各种环境设置，以及一个所期望结果的特定的集合。
- 测试用例是指在测试执行之前，设计的一套详细的测试方案，包括测试环境、测试步骤、测试数据和预期结果。
- 缺陷跟踪系统主要包括缺陷数量、每个缺陷的状态（新建、打开、重新打开、已解决、已关闭、打回）、修复方法说明、修复涉及的文件列表、缺陷的现象描述、缺陷出现时的系统环境描述、对应的测试用例和测试结果、缺陷的严重程度分类、处理的优先级等信息。

本章作业

一、选择题（每个题目中有一个或多个正确答案）

1．典型的V模型包括四种测试级别，分别是（　　）。

A．单元测试、系统测试、验收测试、维护测试

B．单元测试、回归测试、系统测试、验收测试

C．单元测试、集成测试、系统测试、验收测试

D．单元测试、模块测试、系统测试、验收测试

2．（　　）是对输入或输出的边界值进行测试的一种黑盒测试方法。

A．等价类划分法　　B．边界值分析法

C．因果图法　　D．错误猜测法

3．使用白盒测试方法时，确定测试数据应根据（　　）和指定的覆盖标准。

A．程序的内部逻辑　　B．程序的复杂程度

C．使用说明书　　D．程序的功能

4．成功的测试是指运行测试用例后（　　）。

A．未发现程序错误　　B．发现了程序错误

C．证明程序的正确性　　D．改正了程序错误

5．若一个通讯录最多可以输入 100 条记录，则设计下列（　　）组测试用例进行测试，可以获得最优的效果。

A．分别输入 0、1、50、100 条记录

B．分别输入 0、1、50、99、100 条记录

C．分别输入 0、1、99、100、101 条记录

D．分别输入 0、1、50、99、100、101 条记录

二、简答题

在中心教员面授指导后，完成下面的作业。

（1）项目实训开发中安排软件测试了吗？哪个阶段开始安排软件测试？为什么？

（2）对其他项目组的项目实训进行测试，记录 bug，执行缺陷处理流程，记录返测修复后的 bug，直至全部处理完。

第 8 章 项目验收交付与维护总结

本章目标

学习目标

◎ 了解软件系统版本的基本概念

◎ 了解软件项目的验收交付

◎ 了解软件项目的维护工作

◎ 能够进行项目总结

◎ 了解软件工程的过程改进

实战任务

◎ 对项目实训进行总结复盘

本章简介

通过软件测试之后，后续还有很多工作要做。版本发布如何规划？软件验收交付给客户时，项目组需要提供哪些文档？怎样才能顺利交接给客户？当软件系统正式投入使用时，客户可能会遇到哪些问题？怎样才能做好项目维护工作？如何改进软件开发活动，保证软件质量？

本章是软件开发专业项目实训教材的最后一章，将重点学习软件项目的版本发布、验收交付和系统维护，以及软件工程改进的相关知识。希望学生在完成项目实训后，能深入总结自己在项目中的得失，整理自己在开发中遇到的问题，并在后面的工作中不断弥补自己的不足。

技术内容

8.1　版本发布

完成软件项目的代码开发和测试工作后，就要与最终客户见面了。也许新入职的成员会觉得版本发布是一件非常简单的事情，就是将程序编译打包进行部署。其实并不是这么简单。在实际工作中，经常存在发错版本的问题，或者是因发布前仅仅修改了几行代码而导致上线出现 bug 的现象。

对于项目组特别是项目经理或产品经理来说，版本发布是一件比较纠结的事情，如一部分功能还没有全部实现，还有很多 bug 没有改完，预感一旦版本发布，客户和用户的负面评价会让人很尴尬，结果发布时间一拖再拖，辛辛苦苦开发的软件项目迟迟不能上线。如何才能在保障产品质量的前提下，做好版本发布呢？

首先，让我们了解软件版本。

1．软件版本

在不同的语境下，版本的含义也有所不同。例如，产品经理会对软件工程师说“这个功能我们将放到下一个版本中实现”，软件工程师会对测试工程师说“这个 bug 在昨天的版本中已经修复了”。这里产品经理说的“版本”是指特定功能集合，软件工程师说的“版本”则是指某一次程序的构建结果。软件版本包含两部分含义，一部分是代表特定功能集合，一部分代表某次特定代码的构建结果。

为了明确标识软件版本，需要对版本进行编号。目前，软件版本的命名规范如下。主版本号.子版本号.修订版本号.[日期版本号].[希腊字母版本号]，例如，1.2.1、2.0、2.0.1.20211212_beta。

（1）主版本号：当功能变化较大时采用，如增加模块或是整体架构发生变化。此版本号由项目决定是否修改。

（2）子版本号：相对于主版本号而言，子版本号的升级对应的只是局部的变化，但该局部的变化造成程序和以前版本不能兼容，或对该程序以前的协作关系产生了破坏，或是功能上有大的改进或增强。此版本号由项目决定是否修改。

（3）修订版本号：一般是 bug 的修复或是一些小的变化，也可能是一些功能的扩充。要经常发布修订版，修复一个严重 bug 即可发布一个修订版。此版本号由项目经理决定是否修改。

（4）日期版本号：用于记录修改项目的当前日期，每天对项目的修改都需要更改日期版本号，此版本号由软件工程师决定是否修改。

（5）希腊字母版本号：用于标注当前版本的软件处于的开发阶段，当软件进入另一个阶段时需要修改此版本号。此版本号共有 5 种，分别为 base、alpha、beta、RC、release，它由项目组决定是否修改。

软件版本阶段说明如下。

- base：表示该软件仅仅是一个假页面链接，通常包括所有的功能和页面布局，但页面中的功能都没有完全实现，只是作为整体软件系统的一个基础架构。
- alpha：软件的初级版本，表示该软件在此阶段以实现软件功能为主，通常只在软件团队内部交流。一般而言，该版本软件的 bug 较多，需要继续修改，是测试版本。
- beta：相对于 alpha 版本已经有了很大的进步，消除了严重错误，但还需要经过多次测试来进一步消除 bug。此版本主要的修改对象是软件 UI。
- RC：表示软件已经相当成熟了，基本上不存在导致错误的 bug，与即将发布的正式版本相差无几。
- release：意味着“最终版本”。在前面的一系列测试版本之后，终归会有一个正式的版本，是最终交付客户使用的一个版本。

开发团队对版本约定了清晰的定义和规范的版本编号后，在讨论版本时，项目组成员就可以根据版本号清楚地知道应该有哪些功能，属于哪一次的构建结果。在修复 bug 或增加功能时，软件工程师也能清楚地知道代码应该是哪个版本；在验证 bug 时，测试工程师就可以知道应该在哪个版本中验证 bug 是否被修复。

2．规范发布流程，保障发布软件质量

真正的软件发布版本并不像我们想象的那么简单，不只是将源代码部署配置，还需要注意下面几个问题。

（1）必须保证要编译部署的是正确的版本。虽然一般情况下，开发人员不会犯这样低级的错误，但是如果发布了错误的版本，后果可能会很严重，所以要引起足够的重视，项目组平时要做好版本管理。

（2）要保证版本稳定可靠。一个具有丰富开发经验的软件工程师应该知道：开发软件的每一次代码修改，都有可能导致新的 bug 产生。如果软件在发布前还一直在增加新的功能或者在不停地修复 bug，那么质量是难以保证的。

（3）在发布失败后能回滚。任何人都不能保证软件发布后没有严重问题，所以最保险的方法就是在部署后，如果发现发布的版本出现严重问题，就应该对程序进行回滚操作，恢复到部署之前的状态。即使有一些不可逆的升级，也需要事先做好应对措施，如发布公告、停止服务、尽快修复。

针对上述这些问题，可以制定并执行合理的流程和规范，保证发布的质量。例如，图 8.1 是一个软件企业制定的软件版本发布流程。

1）在发布之前要做代码冻结

代码冻结的原则是尽可能减少代码的修改，使软件运行稳定。

在版本发布之前，对于要发布的版本，可在源代码管理工具中专门创建一个 release 分支，并冻结这个分支的代码修改，不接受新功能的增加，甚至不是大 bug 不修改，只修复大的 bug。严格地控制对代码的修改，可以让版本的质量逐步趋于稳定。

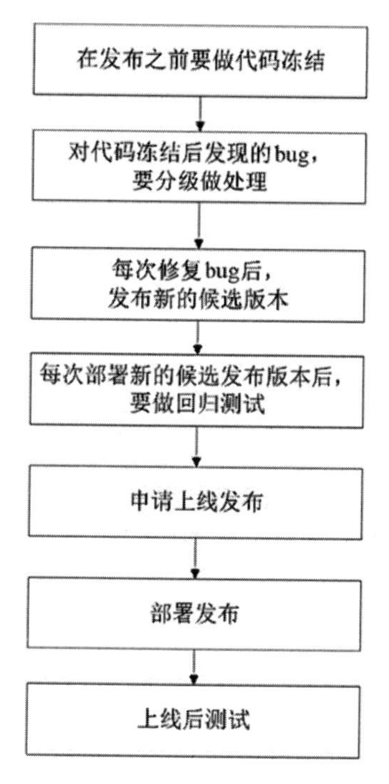

图 8.1　软件版本发布流程

2）对代码冻结后发现的 bug，要分级处理

在代码冻结后，可能还存在一些 bug，同时测试的过程中也会新增一些 bug。对于这些 bug，要做简单的分级：哪些是发布前必须修改的，哪些是发布后再修改的。

关于对 bug 分级，需要项目经理和产品经理一同确认。

3）每次修复 bug 后，发布新的候选版本

进入代码冻结后，软件工程师还需要对一些 bug 进行修复。每一次修复 bug 后，就要生成一个新的候选发布版本，如 1.1 RC1、1.1 RC2。

4）每次部署新的候选发布版本后，要做回归测试

每次开发人员部署新的候选发布版本到测试环境后，还需要做一次回归测试。也就是说，在修复 bug 后，对主要流程要重新测试一遍，同时还要对之前修复过的 bug 再确认一遍，以确保 bug 确实修复了，并没有引入新的 bug。

如果当前候选发布版本达到版本发布的质量标准，就可以准备发布了。

5）申请上线发布

在正式上线发布前，通常需要有一个申请和审批的流程。审批的主要目的是要有人或者有部门统筹对所有的上线发布有一个全面的了解和控制，避免上线过于随意而产生问题，避免和其他部门的上线有冲突。

6）部署发布

如果已经实现了自动化，那么部署发布应该是一个简单的步骤。但如果还没有自动化部署发布，就需要按照事先制定的详细的操作步骤进行，以避免部署发布时发生纰漏。

7）上线后测试

软件项目上线后，测试工程师需要对已经上线的版本做一个主要功能的测试，以确保线上运行正常。需要对数据进行监控，特别是一些关键数据，如服务器 CPU 利用率、内存占用情况、服务出错率等。

万一发现版本上线后出现问题，需要考虑按照事先准备好的回滚方案执行回滚操作，尽量将损失降到最低。通常，不建议马上对问题打补丁进行修复。因为即使是很小的代码修改，都可能会造成新的 bug；而重新做一遍回归测试，耗时会比较长。

这是一个常见的版本发布流程，大家可以基于这个流程制定适合自己的版本发布流程，让每个版本发布更加稳定可靠。

软件正式上线只是新的开始，还需要收集客户和用户的反馈，对线上服务进行监控和预警，对整个版本的开发过程进行总结和回顾，供后期的软件开发工作参考和借鉴。

8.2 验收交付

软件版本正式发布了，下面就要进入软件实施交付阶段，项目组要将工作成果交付给客户，由客户进行项目验收。项目验收是核查软件需求规定范围内各项工作是否已经全部完成，可交付成果是否令人满意，并将核查结果记录在验收文件中的一系列活动。

评定一个软件项目成功与失败的标准主要有 3 个：是否有可交付的合格成果；是否实现了项目目标；是否达到了客户的要求。

为了确保项目成功，项目组要注意以下要素。

（1）项目必须通过客户的正式验收。

（2）必须进行认真的财务核算，客户的应付项目款要结清，项目组的开发实施费用要结算清楚，保证资金落实到位。

（3）对项目的经验进行总结。

（4）与客户保持良好的关系。

因此，软件实施交付阶段是软件项目开发的重要阶段，是验证项目组工作成果的关键环节。软件项目的验收交付主要包括现场安装调试、用户培训、试运行和项目验收等活动。

8.2.1 现场安装调试

现场安装调试是指将软件系统部署到客户方的服务器上，培训并协助客户准备基础数据，使软件系统顺利上线运行的过程。这时，需要客户方的配合，但最重要的是要做好充分的准备。

（1）保证软件最终版本符合需求，质量过关。在实施开始前，需要完成集成测试和系统测试。如果需要，还要安排性能测试和安全测试。

（2）制定安装部署计划。编制计划之前，要准确了解项目开发进度和人员的实际情况，深入了解客户对软件项目运行环境的需求。在软件项目的安装部署计划中，应合理安排各种资源，在软件运行环境、要发布的代码版本、软件打包方式、数据库创建/导入/导出的方式、客户方软件和硬件网络环境的安装调试配置、软件系统安装调试、基础数据准备方式等事项上做好时间和人员安排。周密的计划和明确的工作目标能提高工作的预见性，是项目验收交付的重要保证。

（3）搭建运行环境。项目组与负责采购硬件设备、通用软件系统的相关部门联系，确保软件项目所需的设备、资源按时送达客户指定的位置。项目组还要根据合同约定，负责或协助设备供应商为客户搭建软件项目的（网络、软件、硬件）运行环境。

（4）部署调试软件。在检查确认运行环境能够满足软件要求后，项目组负责安装、部署、调试软件系统。为了保证版本正确无误，在安装部署之前，项目组要核对确认发布的软件版本。

（5）准备基础数据。在软件开始运行前，需要向客户的运行环境导入基础数据，基础数据应由客户方提供。导入客户运行环境有两种方式：一是项目组负责协助导入；二是客户自己录入，因为会有一些涉及客户商业机密的数据，如客户的员工信息、薪酬、产品价格等或许不方便让项目组人员接触。

好的开始是成功的一半。软件系统中，基础数据的正确性直接关乎其后期的项目交付验收。因此，这一步的关键是要引起客户方管理者的重视，得到客户方的支持。

8.2.2 用户培训

软件系统安装部署完成后，接下来就是组织客户方的用户培训。用户培训是典型的与最终用户接触的项目活动，优质的用户培训可以弥补项目实施中的过失。反之，糟糕的用户培训将使团队的辛苦劳动成果大打折扣。

通常，软件信息管理系统都会对客户方业务流程有一些改造。而客户方的操作人员早已形成行为惯性，对于新的软件系统会感到陌生，可能不熟悉新的业务流程，不适应软件系统中新的操作方式、单据的组织形式等。这种情况下，客户方的操作人员难免会有一些抵触心理。这时，负责用户培训的培训师不仅要深入了解客户方的业务，具有丰富的行业实战经验，同时还要非常熟悉新的软件系统的业务流程和操作。通过用户培训，帮助客户方的操作人员学习并掌握该软件系统的使用方法。

用户培训的效果直接影响新的软件系统被客户方人员接受和认可的程度。客户方人员认同新的软件系统，理解业务流程变更带来的好处，才会乐意使用。当通过新的软件系统的运行，帮助客户规范了管理制度，节约了成本，提高了工作效率和经济效益，才能真正地体现新的软件系统的价值，项目组也才能获得良好的口碑和收益。

参加用户培训的人员分为系统管理员和业务操作员两类。

1. 系统管理员

系统管理员负责系统日常的维护和管理工作，包括安装、配置软件系统，解决一般性故障，备份和恢复数据，管理和维护系统用户信息。因此，系统管理员的培训内容如下。

（1）软件系统的正确安装与日常维护。

（2）数据库安全机制的建立与维护。

（3）软件系统的参数配置与维护。

（4）软件系统服务器端与客户端运行环境的维护。

（5）软件系统常见问题的处理与维护。

2．业务操作员

业务操作员负责系统的日常使用。大多数情况下，根据软件系统的设计，可以按不同操作权限加以区分。通常，业务操作员的培训内容如下。

（1）软件系统各个功能模块的操作方法。

（2）各功能模块数据之间的关系。

（3）软件系统常见问题的处理与维护。

（4）用户界面的操作和内容。

（5）相关系统的切换操作。

由于在项目验收交付时，客户方日常业务的正常经营（或生产）不能停止，所以大多是分批次抽调人员参加用户培训的。而编制用户培训计划时，要与客户方管理人员做好沟通、协调、安排好每个事项。

通常，根据新系统的角色组织进行用户培训。因为相同角色的用户具有一样的处理权限，便于培训内容的整理和讲解，也便于参加培训的用户相互交流，深入理解新的软件系统的业务流程和操作方法。

为了达到预期的效果，用户培训要注意细节，可以考虑采取以下建议。

（1）用户培训之前，要先制定培训计划，并报给公司管理者和客户方管理者审批。

（2）培训计划要包括培训课程、培训时间、培训地点、培训对象、培训形式的描述。

（3）用户培训要提前编制签到表、培训意见反馈表。参加培训的用户现场签到，培训结束之前收集培训意见反馈。

（4）编制并提供培训教材，包括 PPT、用户手册、接口文档等。培训教材通常必须经过公司内部审核，不能由培训师自主决定。

（5）根据用户培训的内容，编制考试试卷。在培训期间或培训结束时，安排笔试或机试。项目组和客户方管理人员可以了解培训效果，对参加培训的人员进行考评。

（6）对培训现场拍照或录像，记录项目实施过程。

以上这些安排既能体现项目组工作的规范性，又能引起客户方对用户培训工作的重视程度。每一次用户培训结束后，需要将签到表、考试试卷和成绩、照片或视频存档，作为用户培训的依据。

总之，用户培训质量的高低直接影响试运行工作的进度和效果。

8.2.3 试运行

完成用户培训，软件项目进入试运行。在试运行阶段，以客户方人员为主，开发方项目组人员为辅。通过系统试运行，可以全面地检查软件系统是否满足客户方的实际业务需求，同时，客户方也能逐步熟悉并掌握软件项目的操作和管理，便于项目的顺利交付。

从开发项目组到最终用户，需要仔细检查软件系统是否满足需求、是否能够使用、是否好用、是否满意。只有得到用户的认可，软件系统的研发才算成功。

1．试运行的目的

软件系统试运行的目的如下。

（1）通过对实际业务的模拟操作，检验系统设计和实现的功能是否真正满足客户的实际业务需求，并在实际业务环境中，查找软件编码中潜在的问题和错误。

（2）通过操作人员的实际工作体验，对系统的可行性提前进行评价。

（3）体现在实际运行环境中，检验系统处理业务峰值数据的稳定性和系统的容错性。

（4）为系统正式运行积累宝贵的经验。

2．试运行的时间安排

试运行应选择客户的一个业务处理周期，时间不宜拖得太长。一般情况下，试运行的时间是一个月左右。

3．试运行过程的检查

在软件系统试运行的过程中，项目组要完成以下检查内容和方法。

1）检验功能满足要求

检查系统是否真正、正确地完成了客户全部的业务需求。需要通过对客户提供的具有广泛代表性的实际业务数据进行测试，将新系统运行后的结构或报表与实际业务的处理结果进行比较。

2）检验系统性能

通过人为地制造业务处理峰值，进行系统业务处理的压力测试，有效检查系统的处理性能及系统的容错性情况。

3）检查操作流程、接口数据

检查系统操作流程、接口数据的正确性。对于发现的问题进行分析，找出原因和解决方案。

4）检查系统实用性

检查软件系统的实用性、界面友好性、用户可接受性。

5）与其他系统进行横向比较

将软件系统与其他类似软件系统进行横向比较，明确该系统在结构设计上的先进性、实用性、可用性等。

4．系统的改进和完善

试运行中，可能会发现一些问题，项目组应具体问题具体分析并处理。

（1）对可能造成系统试运行停顿的问题和错误，必须立即进行修改。

（2）对可能影响系统性能的问题，可以通过收集汇总，进行集中处理。

（3）对用户提出一些新的本次项目合同以外的功能需求，应采取合理的方法，尽量避免马上增加新功能，而将这部分新的功能适当延迟到软件项目的第二阶段或者新一轮项目中，进行规划和实现。

根据系统试运行过程中所出现问题的修改情况，整理和修改软件项目的相关文档报告，以保证验收交付时提交给客户的文档是最新版本。

5. 生成最终软件版本

软件试运行后，项目组需要对最终形成的软件版本进行整理归档，制作系统的安装包，做好提交给客户的准备工作。

6. 准备投入正式运行

将最终版本的软件系统安装到客户方的实际运行环境中，并进入软件系统的正式运行。

8.2.4 项目验收

软件项目验收是指软件项目成功试运行后，正式交付给客户之前，客户方同项目组对软件项目成果进行审查，核查双方约定的项目计划中所规定范围内的各项工作或活动是否均已完成，应当交付的软件成果是否满足范围、功能和性能的要求。

软件项目无论是否按计划正常结束，项目验收都是非常必要的。对于非正常结束的软件项目，通过验收可以查明已经完成的工作和完成的程度，分析不能正常结束的原因。

项目顺利通过验收标志着软件项目的结束或阶段性结束，是软件项目成果交付客户，并开始正式使用的标志，也标志着项目的客户方与项目组之间的义务和责任基本结束，但不包括项目运行阶段的问题维护。

通常，项目验收标准的细节部分应当量化，做到可测量。

（1）全部程序已经在实际运行环境中进行了试运行，且运行稳定。

（2）程序总体功能完整，能满足业务要求和软件系统管理要求。

（3）文档完整，与程序保持一致，能满足软件正式运行的要求。

项目验收标准不仅要明确涵盖系统性能，还要包含系统交付情况。例如，在何时、何地交付系统的备份或安装版本，以什么形式交付，资料如何打包等，都要在标准中加以详细叙述。

按计划完成项目验收是保证按合同完成软件成果研发，保证软件项目成果质量的关键步骤。但要注意：项目验收结束并不等于终止双方签订的协议，因为还存在后续的项目维护工作。

既然项目验收如此重要，那么项目组需要做好验收的准备工作。具体包括以下内容。

1. 做好项目的收尾工作

收尾是项目临近完工的一段时间内的重要活动，虽然开发量不大，但涉及的工作大多琐碎，需要细致耐心地处理。收尾工作做不好将影响项目验收的进行。所以，必须正确处理项目收尾工作，做到有头有尾，善始善终。

2. 项目组自检工作

项目验收之前，项目组应对照验收标准和要求，进行自检自查，尽最大可能地找到软件系统中存在的问题、漏洞和不足，并尽快给予解决和完善。自检工作主要包括以下 3 项内容。

（1）确定参加自检的人员。

（2）制定自检的计划。按照软件系统的功能层次和性能要求划分并确定自检的顺序，确定自检的方法，编制自检计划。

（3）执行自检。参加自检的人员要对软件的每个功能逐个进行检查，确认其合理性和完整性。

3. 整理源程序并归档

整理源程序代码，包括清理废弃的程序代码、功能构件等。对已经全部完成的软件系统或子系统，按照软件配置管理的要求，将源程序、可执行程序及其构件进行归类、存储、备份、登记、防止丢失、损坏、泄露。

4. 准备项目验收文档

软件项目验收除验收开发的软件系统外，还要审核验收合同规定的需要提交给客户的全部文档资料，主要包括用户手册、交付清单、验收报告。如果合同上有特别的说明，还会为客户提供软件的详细设计、测试用例等文档。

注意

项目验收交付文档中的说明必须要和系统保持一致。

5. 提出验收申请

向客户方提交申请验收的请求报告，并同时附送项目验收的相关材料，以备项目接收方组织人员进行验收。

注意

软件项目交付验收时，因公司不同或项目不同，相关的软件项目试运行、正式交付和用户验收签字的时间顺序也会有所区别。

当客户在验收报告上签字之后，就一切尘埃落定了。为了营造软件企业的良好口碑和品牌形象，大中型的项目大都会举办一个签字验收仪式。

至此，软件系统正式上线运行，软件项目正式进入维护阶段。

8.3　项目维护

在软件开发完成交付用户使用后，就进入软件的运行维护阶段。在此后约定的一段时间内，项目组要为客户提供技术保障，从技术、操作使用、日常管理等方面及时解决客户方出现的问题，以保证软件能够正常运行。

1. 软件维护的种类

在软件运行维护阶段，对产品所进行的修改就是维护。要求进行维护的原因多种多样，归结起来有以下 3 种：改正在特定的使用条件下暴露出来的一些潜在程序错误或设计缺陷；因在软件使用过程中数据环境发生变化（如一个事务处理代码发生改变）或处理环境发生变化（如安装了新的硬件或操作系统），需要修改软件以适应这些变化。用户和数据处理人员在使用时常提出：改进现有功能，增加新的功能，以及改善总体性能等要求，为满足这些要求，需要修改软件，把这些要求纳入软件中。

由这些原因引起的维护活动分为校正性维护（Corrective Maintenance）、适应性维护 （Adaptive

Maintenance）、完善性维护（Perfective Maintenance）、预防性维护（Preventive Maintenance）4 类。

1）校正性维护

在软件交付使用后，由于开发时测试的不彻底、不完全，必然会有一部分隐藏的错误被带入运行阶段，这些隐藏的错误在某些特定的使用环境下就会暴露。为了识别和纠正软件错误，改正软件性能上的缺陷，排除实施中的误使用，应当进行的诊断和改正错误的过程，称为校正性维护。例如，校正性维护可以是改正原来程序中未使开关（Off | On）复原的错误，解决开发时未能测试各种可能情况带来的问题；解决原来程序中遗漏处理文件中最后一条记录的问题等。

2）适应性维护

随着计算机和互联网的飞速发展，外部环境（新的硬、软件配置）或数据环境（数据库、数据格式、数据输入/输出方式、数据存储介质）可能发生变化。为了使软件能适应这种变化，而进行修改软件的过程称为适应性维护。例如，适应性维护可以是为现有的某个应用问题实现一个数据库，对某个指定的事务编码进行修改，增加字符个数；调整两个程序，使它们可以使用相同的记录结构；修改程序，使其适用于另外一种终端设备。

3）完善性维护

完善性维护是根据客户的要求改进或扩充软件，使它更完善。当一个软件包交付使用并运行很成功的时候，软件用户会根据实际业务的需要不断提出增加新的功能，修改现有的功能和提供总体的性能等各种建议。为了满足这一类要求，就要进行完善性维护。例如，完善性维护可能是修改一个计算工资的程序，使其增加新的个人所得税扣除项目；缩短系统的应答时间，使其达到特定的要求；把现有程序的终端对话方式加以改造，使其具有方便用户使用的界面；改进图形输出；增加联机帮助功能；为软件的运行增加监控设施。

在全部软件维护工作量中，完善性维护活动占有很大的比例。

4）预防性维护

除了以上 3 类维护工作，还有一类维护活动，称为预防性维护。这是为了提高软件的可维护性、可靠性等，为以后进一步改进软件打下良好基础。通常，预防性维护定义为：把今天的方法学用于昨天的系统以满足明天的需要，即采用先进的软件工程方法对需要维护的软件或软件中的某一部分（重新）进行设计、开发和测试。

在维护阶段的最初 1～2 年，校正性维护的工作量较大。随着软件错误发现率的急剧降低，趋于稳定，进入了正常使用期。然而，由于改造的要求，适应性维护和完善性维护的工作量逐步增加，在这种维护过程中又会引入新的错误，从而加重了维护的工作量。实践表明，在这几种维护活动中，完善性维护所占的比重最大，即大部分维护工作是改变和加强软件功能，而不是纠错。所以，维护工作不一定是“救火”式的紧急维修，而可以是有计划、有预谋的一种再开发活动。事实证明，来自用户要求扩充、加强软件功能及性能的维护活动约占整个维护工作的 50%。在整个软件维护阶段所消耗的全部工作量中，预防性维护只占很小的比例。图 8.2 展示了各类维护工作量占全部项目维护工作量的比例。

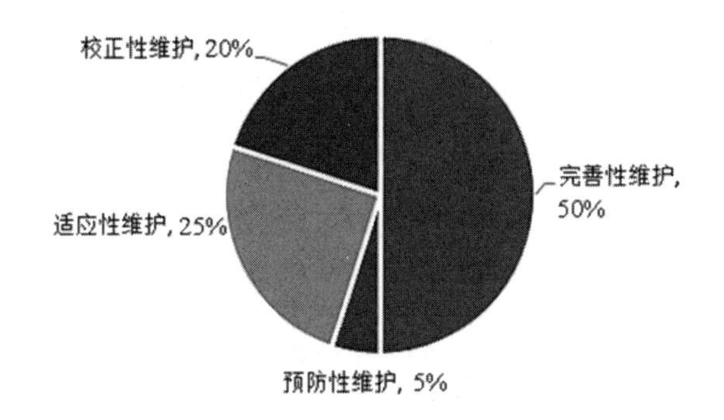

图 8.2　各种软件项目维护的工作量占比关系

据统计，软件维护活动所消耗的工作量占整个软件生存周期工作量的比例达 70%以上，这是由于在漫长的软件运行过程中需要不断对软件进行修改，以改正新发现的错误，适应新的环境和用户新的要求。这些修改需要花费很多精力和时间，而且有时修改不正确，还会引入新的错误。同时，软件维护技术不像开发技术那样成熟、规范化，自然消耗的工作量就比较多。

当客户业务调整较大，需要系统做很大的调整才能适应，几乎要重新开发一遍时，那就是“新需求”，而不是维护需要做的工作了。具体哪些要做，哪些不必做，需要依照和客户签订的软件项目维护合同来判断。

2．软件维护的工作流程

在软件维护阶段，响应客户的请求处理某个问题时，需要遵循一定的工作流程，推荐步骤如下。

（1）客户提出维护申请，维护负责人员对申请进行判断，对问题进行定性和记录。对于改变操作方法即可实现业务要求的缺陷，应对用户讲解正确的操作方法。

（2）维护负责人员对确实需要修改系统解决的问题（如严重的系统缺陷）进行业务和技术上的论证，提出解决方案，确定方案的可行性（不会引入新的缺陷，不会影响系统统一性），并报方案给部门（或公司）维护负责人审批，同时申请修改系统所需的资源（如人员、数据库、服务器等）。

（3）对修改方案论证并审批通过后，报给客户修改和发布的计划，开始进行修改。修改完成后进行测试，并按照发布计划进行发布。经客户确认后，修改完成。

维护过程中的修改工作同开发过程中的缺陷修正不同，因为负责维护的工程师对系统的业务流程和技术设计都未必有透彻的了解，所以在提出修改方案时一定要细心谨慎，仔细论证，不要提出看似解决了问题，实际上影响了整体流程的方案。对操作风格进行修改时，要从整个系统的角度考虑，要保证整个系统的一致性。

有人可能觉得维护工作比开发工作简单，事实不是这样的。开发时每个工程师只要处理好分配给自己的开发任务就可以了，而做维护工作，往往需要同时负责几个项目，而且需要了解整个系统业务和技术上的特点，同时还要协调好客户、维护公司的利益关系。在客户满意度、管理层满意度和自身所能承担的压力间做一个平衡。维护工作不需要负责维护的工程师做“多余”的事情。很多时候是“不求有功，但求无过”“No news is good news（没有消息就是好消息）”。

从个人角度来看，在维护工作中，个人的技术水平、业务水平更容易得到积累，而且在同客户交往、同公司管理层协调的过程中更容易锻炼自身多方面的能力。负责维护的工程师时刻要提醒自己，首先要对客户负责；其次要对项目成本负责；最后要对自己负责。

在维护工作结束的时候，需要对软件维护工作进行总结：归纳出各种类型的问题有多少个、平均用时多少，为改进软件的维护工作提供参考和依据。

8.4 项目总结

“复盘”本来是围棋术语，表示对弈后，棋手把下棋的过程重演一遍，看看哪几步下得好，哪几步下得不好，有哪些更好的走法。把下棋的过程还原并分析，讨论的过程就是复盘。

软件项目完成后，进行复盘可以回顾项目开发过程中做得好的地方和做得不好的地方，通过分析，讨论开发中出现的问题，总结成功的经验，吸取失败的教训，提升团队整体的能力。复盘时，对于所犯的错误，找出原因，做针对性改进，避免在后期的其他项目中再犯同样的错误。

有些项目组开过项目复盘总结会议，但是似乎没有什么效果。这样的项目复盘并没有价值，项目组还浪费了一次学习提升的机会。主要是因为项目组没有组织做好项目的复盘工作。

1）总结不出有效的结论

一些项目组对软件开发进行流水账式的回顾，感觉似乎有一些做得不好的地方，但又说不上是什么问题，所以也无法做进一步的总结。

2）没做好是客观原因导致的

一些项目组在复盘时，把结果归结为是客观原因导致的。例如，虽然这次做得不好，是因为这个客户不靠谱，下一次遇到一个好客户肯定能做好！其实这是当事人没有想清楚，到底是哪里做得不好，为什么做得不好，以及下一次遇到这样的客户怎么才能做好。

3）知道什么原因，但不知道该怎么办

有些项目组经过分析总结确实找到了原因，但却不知道如何应对。例如，发现主要原因是客户不停地变更需求从而导致了项目的延迟，但不知道如何才能应对客户的需求变更。

类似于这样的项目复盘，确实达不到好的总结效果，项目组和参与人员也难有提升。但并不是所有的项目复盘都没有价值。那么，怎样做才能做好项目复盘呢？

只要对比最初的项目目标和最终的项目结果，就可以发现差异。通过这些差异，可以清楚地知道哪些地方做得好，哪些地方做得不好。但只知道差异还不够，需要找出背后的原因。例如，为什么会导致项目延期？做了什么工作让项目质量提升了？也就是说，要从这些表面的现象中总结出规律，明确哪些做法是真正有效的，值得继续坚持或推广；哪些做法是无效的，后期要避免或制定出应对预案。

很多大公司都会在项目告一段落或结束后安排项目复盘总结。通过总结和分析，结合软件工程的理论和原则，提取出实践经验和教训，用以指导后续的项目开发，决定哪些工作要停止，哪些工作需要做改变，哪些工作需要继续做。下面以联想公司为例，介绍中大型软件企业在项目复盘时采用的四个基本步骤。

1）回顾项目目标

复盘的第一步就是要回顾最初的项目目标，以便于对最终结果进行评估。在这个环节，需要描述清楚当初制定的项目目标是什么，项目计划中制定的里程碑是什么。关键是对目标的描述要尽可能准确和客观，因为只有做到准确和客观，才能在后续工作中对目标的完成情况进行准确的评估。例如，我们的目标是做一款伟大的产品，这不算是准确客观。因为“伟大”是一个根据主观评判的形容词，每个人对“伟大”的理解是不同的，可能得到的结论也是千差万别的。因此，需要将这类形容词换成具体、可考核的检查项，如可以总结出类似这样的目标“3 个月时间完成一款在线学习网站产品，包括注册、登录、在线学习、留言等主要功能模块，上线后出现的 bug 数要低于上一款产品的”。

最后，再加上最初定的里程碑，如“两个月开始内部测试，3 个月正式上线”，让项目组所有成员对项目目标和完成情况有清晰的认识。

2）评估项目结果

在回顾项目目标后，可以查看项目的实际结果和最初目标的差异，需要好的差异和坏的差异两方面内容。例如，项目的结果是“花费了 4 个月时间完成整体项目，3 个月开始内部测试。原有功能做出了调整，学生留言、老师回复的功能改成了类似于讨论的形式。大家一起讨论的功能上线后质量稳定， bug 数低于上一款产品的”。

好的差异是：上线后质量很稳定，严重的 bug 很少：没有出现需求遗漏，开发和测试能及时同步需求的变更。

坏的差异是：功能发生了变化，中间有比较多的需求变更，项目发生了延期。

注意

在这一步，项目组成员只需要客观描述项目结果，不需要分析原因，以避免思维发散，过早地陷入对细节的讨论中。

3）分析原因

在评估完项目结果后，就可以分析原因了。主要从两个方面着手进行分析：是什么原因导致了好的差异？是什么原因导致了坏的差异？

例如，导致好的差异的原因如下。

（1）增加了自动化测试代码在总测试代码中的比例，改进了开发流程，代码合并之前安排了代码审核环节，并要通过自动化测试。

（2）增加了工具的使用，如持续集成系统的搭建，每次提交后可以清楚地看到测试结果。

（3）改进了项目开发流程，对于所有的需求细分后，都创建成了 Ticket，记录到任务跟踪系统。这样可以及时了解任务进程，相关人员也能及时了解需求变更的情况。

例如，导致坏的差异的原因如下。

（1）管理层对于产品干预过多，导致需求变更频繁。

（2）项目周期过长，难以适应需求的变化。

（3）设计时没有考虑到需求的变更，导致需求变更后，很多设计需要修改，最终导致项目延期。

在对项目结果进行分析时，需要营造一个宽松的氛围，让项目组成员都能畅所欲言，讨论时要做到对事不对人，尽可能客观地分析清楚成功和失败的原因。只有分析清楚原因，才能总结出规律。

4）总结规律，落实行动

在分析得到原因后，还要总结，寻找出背后的规律。只有这样，才能真正地把成功或失败的经验转变成个人和团队的能力。

例如，从上面示例中可以继续总结，得到的规律如下。

（1）需求变更时导致项目延期的主要因素有哪些，你需要在后续项目中控制好需求的变更。

（2）自动化测试加上代码审查，再配合持续集成工具，可以有效地提升产品质量。

（3）任务跟踪系统可以方便地跟踪需求的执行情况，也能保证项目组成员能及时同步需求的变更。总结出规律后，还需要落实到行动中，才能真正做出有效的改变，帮助项目组在以后的项目中做得更好。落实行动的关键是：对于好的实践，继续保持，对于不好的实践，停止并寻求改变。在上面的示例中可以继续整理出需要在后续项目中落实成行动的事项如下。

①针对需求变更，缩短项目周期，采用快速迭代的开发模式，及时响应需求变更；同时在一个迭代中，如没有特殊情况，将不做需求上的变更，如有必要的需求变更，将其放到下一个迭代中。

② 继续增加自动化测试代码在总测试代码中的比例，代码在合并之前要进行审查，用好持续集成工具。

③ 继续使用任务跟踪系统，对需求任务进行跟踪，并可以尝试对一些临时性的任务进行跟踪。通过分析目标、评估结果、分析原因和总结规律四个步骤对项目复盘，能有效帮助项目组人员发现项目中做得好的地方和不好的地方，找出背后的原因，最终总结出规律，并落实为行动，做出积极的改变，把经验变成团队和个人的能力。

注意

项目复盘并不是只有到项目快结束时才去做。在项目开发的过程中总会遇到一些特殊的事情，可以根据实际情况，随时组织总结复盘，以预防类似的现象再次发生。例如，当发生线上故障时，也可以及时总结复盘。在每一个迭代开发结束之后，也可以阶段性地复盘。例如，敏捷开发中每个 Sprint 的项目回顾会议。当然，在项目结束时，都会组织项目组进行全面的总结复盘。

项目复盘可以通过团队会议的形式进行，但要想使项目复盘会议有效率，需要在会议之前做好准备工作，包括事先收集内容，会议进行中组织者需要注意掌控会议的节奏，既要引导大家积极发言讨论，避免陷入细节的争吵中，又要避免相互甩锅、人身攻击等极端情况的发生。会议结束后，要将会议结论落实到行动中。

8.5 过程改进

很多软件企业在软件开发过程中，都可能存在以下类似的问题。

（1）某个项目进行得非常成功，还是原班人马，承担的下一个项目居然失败了。

（2）同一公司的不同部门之间的项目实施能力迥异。同等规模的项目，乙部门总是比甲部门周期长、成本高，而且容易发生风险。

（3）同类的错误反复重犯。要么是需求没有控制好，要么是参与项目的多个部门在对项目进行工作划分时没有明确职责权限，要么是项目压力大，人员纷纷离职。

（4）某个行业的项目只有几个人能做，其他人做不了；某种对技术有特殊要求的项目只有几个人能做，其他人没有这方面的实施能力；关键人物离开部门或离开公司后，部门或公司就丧失了这方面的实施能力。

（5）企业内的成功经验没有积累和推广。某个项目中积累了一个有益的做法，如果推广不利，也产生不了生产力。

（6）在项目开发过程中，人们觉得频繁地进行“代码评审”意义不大，而且影响开发效率，但鉴于公司的开发流程，不得不组织这样的活动。

在软件项目开发过程中，大多不会一帆风顺，往往会存在这样或那样的错误。其实，出错并不可怕，可怕的是同样的错误在下一个项目（过程）中再犯。大多数软件项目失败的主要原因不是技术达不到，而是管理和协调不足。如果能将项目开发的成功经验稳定地固化，形成规范并推广实施，将可以成为软件企业和项目组按计划高质量完成项目开发的保证。

实践中，很多人只是单纯追求有一个好的结果，往往忽视或不注重过程。通过控制过程可以控制结果，通过改进过程可以持续创造好的结果。如此多的企业争相通过 ISO 9000 认证就是一个明证。

8.5.1　过程改进定义

软件过程改进（Software Process Improvement，SPI）是指在软件过程的实施中为了更有效地达到优化软件过程所实施的改善或改变其软件过程的系列活动。

软件过程改进的根本目的是提高质量，提高生产率并降低开发成本。在认知现有软件过程的基础之上，利用过程运作和监控中所获得的反馈信息，发现软件过程中存在的问题和缺陷。提出改进的意见，进而实现软件过程的改进和完善。

软件过程改进能够帮助软件企业对其软件开发过程的改进进行计划和实施。随着计算机和互联网技术的发展，客户对软件系统实现的功能、性能的要求越来越高，软件项目的业务逻辑越来越复杂。这就使软件企业更清楚地认识到要想高效率、高质量、低成本地开发软件，必须以改善软件生产过程为中心，全面开展软件工程和质量管理手段。

大家都知道，软件开发过程可以划分为需求分析、概要设计、详细设计、开发、测试、实施和维护等多个阶段。每个阶段都有一个明确的目标，当一个阶段结束时，将会有一定的可交付物。

在开发过程中，如何才能保证软件项目开发的进度和质量？很多软件企业选择了能力成熟度模型（CMM）。

8.5.2　CMM

CMM 是用于衡量软件过程能力的事实标准，同时也是目前软件过程改进最好的参考标准。它是由美国卡内基-梅隆大学软件工程研究所（Software Engineering Institute，SEI）研制的。它分为 5 个等级，分别是初始级（initial）、可重复级（repeatable）、已定义级（defined）、已控制级（managed）、优化级（optimizing）。图 8.3 是 CMM 成熟度过程等级。

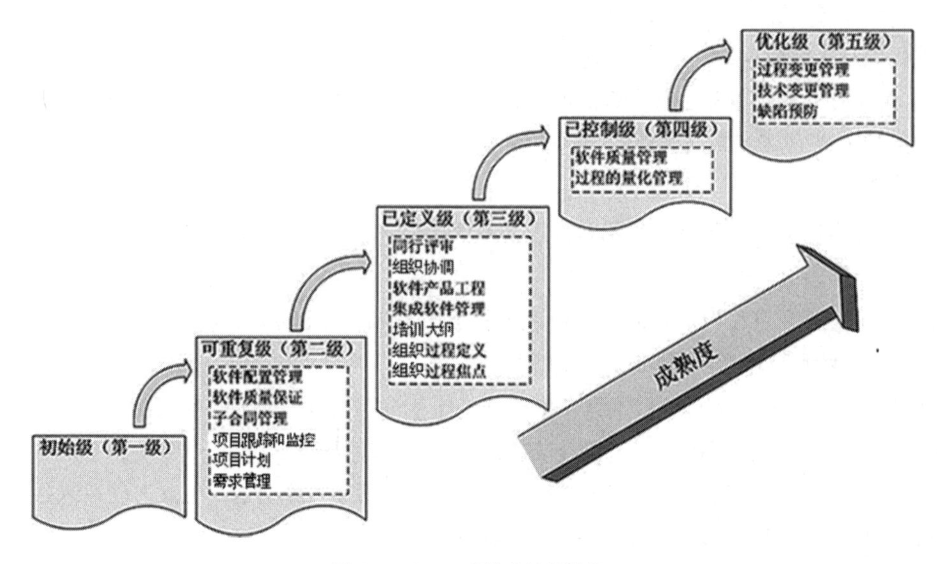

图 8.3 CMM 成熟度过程等级

在 CMM 成熟度过程的第二～五级中，分布有 18 个关键过程域（Key Process Area，KPA），如表 8-1 所示。所谓关键过程域是指软件企业为改进其软件过程所应集中关注的区域，即为了达到成熟度所必须着手解决的问题和必须满足的要求。

表 8-1 CMM 5 个等级的特点及关键过程域

序号	能力等级	特点	关键过程域
1	第一级 初始级	软件过程是混乱无序的，对过程几乎没有定义，成功依靠的是个人的才能和经验，管理方式属于反应式	没有关键过程域
2	第二级 可重复级	建立了基本的项目管理来跟踪进度、费用和功能特征，制定了必要的项目管理，能够利用以前类似的项目应用取得成功	需求管理、项目计划、项目跟踪和监控、子合同管理、软件质量保证、软件配置管理
3	第三级 已定义级	已经将软件管理和过程文档化、标准化，同时综合成该组织的标准软件过程，所有的软件开发都使用该标准软件过程	组织过程焦点、组织过程定义、培训大纲、集成软件管理、软件产品工程、组织协调、同行评审
4	第四级 已控制级	收集软件过程和产品质量的详细度量，对软件过程和产品质量有定量的理解和控制	过程的量化管理和软件质量管理
5	第五级 优化级	软件过程的量化反馈和新的思想、技术促进过程的不断改进	缺陷预防、技术变更管理和过程变更管理

CMM 在软件企业中的用途如下。

（1）软件过程的改进：帮助软件企业对其软件（制作）过程的改变进行计划（措施）的制定及实施。

（2）软件过程评估：在评估中，一组经过培训的软件专业人员确定出一个企业软件过程的状态，找出该企业所面对（存在）的与软件过程有关的、最迫切的所有问题，以及取得企业领导层对软件过程改进的支持。

（3）软件能力评鉴（Software Capability Evaluation）：在能力评鉴中，一组经过培训的专业人员鉴别出软件承包者的能力资格，或者是检查正用于（进行）软件制作的软件过程的状况。

软件企业可以根据组织的自身状况对某些关键过程域进行裁剪，没必要全部完全按照 CMM 某个等级规定的流程活动执行，而应在保证项目规范性和产品质量的前提下，从所有的活动中挑选出对具体项目有意义的活动来执行。

例如，对于 CMM 第二级的关键过程域“子合同管理”，如果没有子合同关系，那么这个关键过程域就可能不适用了。相反，无法想象，哪个组织可能把同行评审这个关键过程域省略。这是关于能力的专业判断问题。

8.6　实战训练

任务 1 练习　对项目实训进行总结复盘

※　需求说明

结合本章内容，以开发小组为单位对项目实训进行总结复盘。

本章总结

- 软件版本包含两部分含义，一部分是代表特定功能集合，一部分代表某次特定代码的构建结果。软件版本的命名规范：主版本号.子版本号.[修订版本号].[日期版本号].[希腊字母版本号]。
- 项目验收是核查软件需求规定范围内各项工作或活动是否已经全部完成，可交付成果是否令人满意，并将核查结果记录在验收文件中的一系列活动。
- 在软件运行维护阶段，项目组要为客户提供技术保障，从技术、操作使用、日常管理等方面及时解决客户方出现的问题，以保证软件能够正常运行。
- 软件维护活动分为校正性维护、适应性维护、完善性维护、预防性维护四类。很多大公司都会在项目告一段落或结束后安排项目复盘总结。
- 通过总结和分析，结合软件工程的理论和原则，提取出实践经验和教训，用以指导后续的项目开发，决定哪些工作要停止，哪些工作需要做改变，哪些工作需要继续做。
- 软件过程改进是指在软件过程的实施中为了更有效地达到优化软件过程所实施的改善或改变其软件过程的系列活动。
- CMM 是软件成熟度模型，它描述了一个企业或组织软件开发过程的成熟程度。CMM 有 5 个等级，分别是初始级、可重复级、已定义级、已控制级、优化级。

本章作业

一、选择题（每个题目中有一个或多个正确答案）

1．经过一系列测试版本之后，最终交付客户使用的是（　　）版本。

A．base　　B．alpha　　C．beta　　D．RC　　E．release

2．下面有关项目验收的正确描述是（　　）。

A．软件项目验收是指软件项目成功试运行并正式交付给客户之后，项目组邀请客户方对软件项目成果进行审查

B．只会对正常结束的项目进行软件项目验收，而非正常结束的软件项目不需做项目验收

C．项目验收标准的细节部分应当量化，且可测量

D．在项目验收之前，项目组需要做好验收的准备工作

3．下面（　　）不是软件维护的种类。

A．补救性维护　　B．校正性维护　　C．适应性维护

D．完善性维护　　E．预防性维护

4．联想公司对软件项目总结有以下要求，正确的执行步骤是（　　）。

（1）回顾项目目标

（2）分析原因

（3）总结规律、落实行动

（4）评估项目结果

A．（1）→（2）→（3）→（4）　　B．（1）→（3）→（2）→（4）

C．（1）→（4）→（2）→（3）　　D．（4）→（1）→（2）→（3）

5．下面（　　）属于已定义级的关键过程域。

A．需求管理　　B．项目计划　　C．项目跟踪与监督　　D．培训大纲

二、简答题

1．请对项目实训进行总结复盘。

2．你平时是否对项目进行复盘总结？你是如何进行项目复盘总结的？你觉得哪些地方可以做得更好？你有哪些好的经验可以和同学们分享讨论？